21 世纪高职高专电子信息类实用规划教材

电子产品工艺与实训

龚国友　主　编

严三国　胡　蓉　吴　峰　副主编

清华大学出版社

北　京

内 容 简 介

为培养现代社会急需的适用型专业人才，本书以现代电子企业生产工艺为主线，在学习基本理论知识的基础上，突出了手工电子技能的训练与培养，给出了可操作的实训项目和工艺文件的编制项目。为读者了解电子企业、融入企业打下良好的基础。这是一本实用的电子产品工艺实训教材。

本书共分8章。主要内容包括现代电子企业生产程序和安全用电，主要电子元器件及其检测技术，常用工具和设备仪器，部件装配工艺技术(包括手工电子焊接工艺及其基本训练、自动焊接技术等)，整机组装工艺技术，技术文件与标准化管理，以及电子产品品质管理(包括质量管理和质量检验实用知识)等，第8章为实训项目。

本书可作为高等职业院校电工电子类专业或相近专业的实训教材，也可供有关电子企业的电工电子技术人员、工艺技术人员等参考。

图书在版编目(CIP)数据

电子产品工艺与实训/龚国友主编；严三国，胡蓉，吴峰副主编. --北京：清华大学出版社，2012
(21世纪高职高专电子信息类实用规划教材)
ISBN 978-7-302-29530-3

Ⅰ. ①电…　Ⅱ. ①龚…　②严…　③胡…　④吴…　Ⅲ. ①电子产品—生产工艺—高等职业教育—教材
Ⅳ. ①TN05

中国版本图书馆CIP数据核字(2012)第169968号

责任编辑：李春明　　桑任松
装帧设计：杨玉兰
责任校对：周剑云
责任印制：张雪娇

出版发行：清华大学出版社
　　　　网　　　址：http://www.tup.com.cn，http://www.wqbook.com
　　　　地　　　址：北京清华大学学研大厦A座　　　　邮　　编：100084
　　　　社　总　机：010-62770175　　　　　　　　　邮　　购：010-62786544
　　　　投稿与读者服务：010-62776969，c-service@tup.tsinghua.edu.cn
　　　　质　量　反　馈：010-62772015，zhiliang@tup.tsinghua.edu.cn
　　　　课　件　下　载：http://www.tup.com.cn，010-62791865
印　装　者：三河市金元印装有限公司
经　　　销：全国新华书店
开　　　本：185mm×260mm　　　印　张：21.5　　　字　　数：521千字
版　　　次：2012年9月第1版　　　　　　　　　印　　次：2012年9月第1次印刷
印　　　数：1～4000
定　　　价：39.00元

产品编号：046699-01

前　言

"电子产品工艺与实训"是高职高专机电及电气类专业必修的一门专业技术课程，其目的是让学生在基本掌握电子技术的基础上，通过对电子产品生产技术、工艺技术及品质管理的系统学习，并结合对实际电子产品项目的分析和实际制作，培养学生策划项目、分析问题和解决问题的能力，系统掌握一定电子产品的制作和生产工艺技能。这门课程首先以现代电子企业产品开发设计、生产工艺及品质管理的实际状况，介绍电子产品的设计技术和程序、生产工艺技术和程序及品质管理程序，为学生进入电子企业提供了了解企业、熟悉企业和融入企业的必备知识。通过对设计技术、常用电子元器件技术、部装工艺技术、整机组装工艺技术和品质管理技术的学习，可使学生初步接触电子产品生产实际，了解和掌握一般电子工艺知识和技能，包括常用电子元器件及材料的类别、型号规格、主要性能及测量方法；熟悉电子焊接工艺基本知识和原理；了解电子产品生产工艺流程以及产品质量检验技巧和流程。通过自己动手对元器件进行检测、焊接，对整机产品进行组装、调试等一系列的过程，培养学生的动手能力，同时掌握电子产品生产工艺流程、工艺文件的拟制和产品检验等技能。

通过本课程的学习既巩固电子技术的理论知识、了解和理解电子产品的生产技术，又锻炼、提高学生的动手能力和综合分析能力。现代电子技术和电子产品生产技术日新月异，新知识、新材料、新技术、新工艺不断涌现。为了满足当前实际的电子工艺技术和实训及电子产品生产实际的需要，结合作者多年来在电子企业的实际设计、生产和品质管理的经验以及在学校电子产品工艺与实训的教学改革实践，并以当前电子技术和生产技术的发展趋势，针对培养学生适应社会需要、具有实践能力和创新能力的目标，我们特编写了这本实用的电子产品工艺与实训教材。

本书主要特点如下：

(1) 以现代电子企业设计开发、生产工艺、品质管理的实际程序，深入浅出地展开电子产品从开发设计到整机成品的过程，使学生明确所学电子技术的用途和在电子产品制造过程中所发挥的作用。

(2) 从电子产品整机设计、工艺和生产的角度学习电子元器件及其检测技术，在一般使用万用表检测元器件的基础上，注重介绍现代电子企业使用专用仪器检测电子元器件的技术，体现高等职业技术教育与社会需求的实际结合。

(3) 从实际动手能力的培养开始，介绍手工焊接技术，并通过实训项目让学生掌握手工焊接技能。在对焊接技术的理解基础上，讲述现代企业批量生产所采用的波峰焊和贴片焊接等技术。让学生能掌握产品设计制作或批量生产的基本动手能力。

(4) 在电子产品组装工艺中，除了对基本装配工艺进行介绍外，还特别讲述了电子产品生产的标准和标准化管理知识，其中着重介绍了技术文件的拟制、标准化管理，并以实训项目、实际产品例子要求学生按照标准化编制主要工艺文件的相关内容，也为学生提高了进入电子企业的能力。

(5) 电子产品的质量备受人们关注，本课程除了以电子企业简单介绍质量管理以外，还专设一章讲述电子产品品质管理，从质量的基本概念开始，贯穿电子产品形成过程均应用品质管理技术，特别对抽样检验技术作了讲解，这是现代电子企业的必需要求。

(6) 包含较多的类型不一、应用不同、由易到难的典型电子实训项目。要求学生在教师指导下查阅资料，选择方案，设计电路，组织试验，设计印制电路板及制作与调试实际电路，拟制相应工艺文件、撰写报告等，系统地进行电子工程训练，可操作性强。

本书由龚国友任主编，严三国、胡蓉和吴峰任副主编。龚国友负责全书的组织、审核和统编工作，并编写了第 1 章、第 4 章、第 7 章和部分实训项目及附录部分；严三国编写了第 5 章、第 6 章和部分实训项目；胡蓉编写了第 2 章及其相关实训项目；吴峰编写了第 3 章。在本书的编辑过程中得到了李可为、蔡方凯、张玉平教师和 TCL 集团成都公司邓飞先生的大力支持和帮助，在此深表感谢！

由于编者水平有限，书中难免有不妥和错误之处，恳请读者批评指正。

编　者

目　　录

第 1 章

概　述

教学目标

通过本章的学习，了解本课程的学习意义，理解电子产品设计、工艺、生产、质量管理的基本含义，明确电子产品从开发设计开始到产品形成直到成品出厂的基本程序，同时掌握电子产品生产中的安全用电常识。

改革开放 30 多年来，我国电子工业在引进、消化、吸收、创新的方针指导下，电子信息工业无论从电子材料、元器件制造、整机设计、生产工艺、检测手段等方面都有了飞跃的发展，电子信息产品在军事、工业、农业、金融等行业大量应用，特别是随着计算机信息技术、网络技术的发展，在人们日常工作和生活中已经完全离不开电子信息产品，在城市中几乎每一个家庭都有诸如计算机、电视机、洗衣机、空调、微波炉、电冰箱等家电产品，大多数人都在使用现代通信工具——手机，这些都是电子产品，那么这些电子产品是怎样设计和生产出来的呢？这就是本课程要回答的问题。本书将按照现代电子产品企业的开发设计、生产工艺、生产管理、品质管理等实际操作技术进行描述。

1.1 电子产品的设计、工艺与生产简介

1.1.1 电子产品的组成与生产企业

1. 电子产品的组成

简单地说，电子整机产品是由电子元器件、印制电路板、导线连接件、外壳与输入/输出接口等零部件和软件组成的。图 1.1 所示为手机的组成。

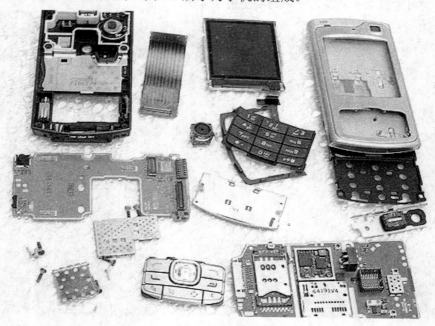

图 1.1 手机的组成

从图 1.1 中可以看到，手机是由液晶显示屏、按键键盘、机芯电路板、传声器、扬声器、连接线、结构件及其紧固件与软件组成；机芯电路板由电子元器件、集成电路与印制电路板焊接而成，外壳基本上为塑料件，屏蔽罩为金属件。通过这一典型电子产品的组成可知，

要设计一部电子整机产品，就必须掌握基本的电子元器件技术、电子电路技术、软件编程技术及外壳结构设计技术等，才能设计出满足人们要求的电子整机产品。

2. 现代电子产品生产企业简介

从电子产品的组成来看，要批量装配电子产品需要一个电子产品的设计、生产系统，要进行产品设计、工艺及生产管理、质量管理等一系列的工作，才能制造出能满足人们需要的、符合质量要求的电子产品，这个系统就是电子企业或电子公司。一般电子企业的设置有总经理、副总经理(包括总工程师)、营销部门、财务部门、生产部门、产品开发部门、质量部门、采购部门、工艺部门、设备动力部门、仪表计量部门和生产车间等，图 1.2 所示为电子企业机构设置。

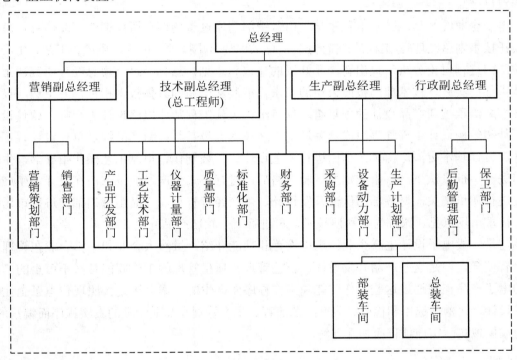

图 1.2 电子企业机构设置

相关机构的主要基本职能如下。

(1) 技术副总经理(即总工程师)：主要负责产品技术开发、工艺技术保障和品质保障等工作。

(2) 产品开发部门：主要负责技术开发、产品设计，为工艺和生产部门提供符合技术标准的产品及其设计文件。

(3) 工艺技术部门：主要负责产品工艺技术、工装设计、工艺规程、工时计算、工艺指导等工作。

(4) 仪器计量部门：主要负责仪器仪表的管理，包括仪器仪表的购置、库管、配备、计量、维修等工作，确保所生产产品的测试参数是符合技术标准并且是准确的。

(5) 质量部门：主要负责质量管理、元器件质量认定、进货检验、成品检验、产品例行试验、质量数据管理等质量把关工作。

(6) 采购部门：主要负责按照产品设计部门提供的零部件汇总表和品质部门提供的合格文件向供应厂商进行采购工作以及库房管理、零部件配套等工作。

(7) 设备动力部门：主要负责生产、开发产品用设备和动力的保障工作，包括设备的采购、安装、调试、动力的提供及其保证等工作。

(8) 生产计划部门：主要负责生产计划的编制、安排、指挥、协调和督促工作。部装车间即部件装配车间，是为整机组装做好各种部件、组件准备的部门，总装车间是按照工艺文件的要求，具体对产品进行组合装配，并进行过程质量控制和检验，最终生产出合格的电子整机产品。

电子企业的产品经营基本程序是：由营销部门通过市场调查所反馈的产品信息，总经理委托技术副总经理(总工程师)进行分析，总工程师召集技术、市场、质量、工艺、生产等相关部门进行讨论分析，提出新产品开发的建议和意见，意见经过公司总经理研究决定后由技术部门实施，技术部门按照公司的要求，拟制新产品的具体技术指标，并下达《设计任务书》给承担新产品设计的项目组，项目组由主任工程师、电路设计工程师、软件设计工程师和结构设计工程师等组成，并邀请工艺技术人员参与，新产品经过草样设计、正样设计、设计基本定型，由工艺部门进行工艺设计、工装制作、拟制工艺操作指导书，生产部门进行小批量试生产、生产定型试验合格后，进行正式生产，质量部门在设计、生产过程中进行质量把关，财务部门保证开发设计、生产经营资金，产品由营销部门进行市场销售。征求市场意见、跟踪先进科研技术，再进行下一轮新产品开发。

这是一般电子设计生产企业的机构设置和功能介绍，虽然大企业和中小企业在管理机构上有差异，但是这些产品开发设计、工艺管理、质量管理的工作职能是必不可少的。合格的电子产品正是通过这些工作职能和工作程序而诞生的。本书正是按照现代电子企业的开发设计、元器件选用和检验、生产工艺流程、生产管理和品质管理的真实程序而编写的，并通过模拟实际实训项目而加深理解。

1.1.2 电子产品的设计

电子产品设计是一个将人的某种目的或需要转换为一个具体的物理形式或工具的过程，是把一种计划、规划设想、解决问题的方法，通过具体的载体，以美好的形式表达出来的一种创造性活动过程。电子产品设计及其结果也反映着一个时代的经济、技术和文化程度。电子产品的新产品开发设计一般按照图1.3所示的程序来进行。

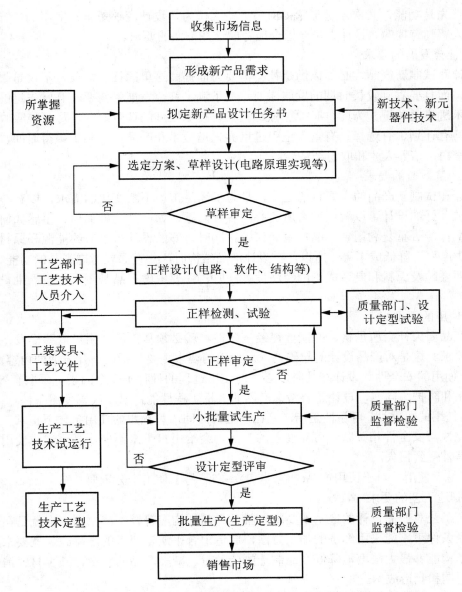

图 1.3　电子产品新产品开发设计程序

其中新产品设计任务书应包括：电子产品的功能、性能指标要求；安全要求；外观要求；质量要求；完成时间和项目负责人等内容。设计部门在正样评审以前要提供《设计文件》。工艺部门技术人员的提前介入，有利于产品生产工装的准备和工艺流程、工艺文件的拟制。质量部门对其设计过程和产品进行质量监督和检验。

1. 产品设计的要求

一项成功的设计，应满足多方面的要求。这些要求，有社会发展方面的，有产品功能、质量、效益方面的，也有使用要求或制造工艺方面的。一些人认为产品要实用，因此，设

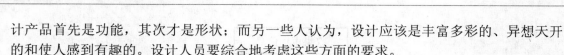

计产品首先是功能，其次才是形状；而另一些人认为，设计应该是丰富多彩的、异想天开的和使人感到有趣的。设计人员要综合地考虑这些方面的要求。

1) 社会发展的要求

设计和试制新产品，必须以满足社会需要为前提。这里的社会需要，不仅是眼前的社会需要，而且要看到较长时期的发展需要。为了满足社会发展的需要，开发先进的产品，加速技术进步是关键。为此，必须加强对国内外技术发展的调查研究，尽可能吸收世界先进技术。有计划、有选择、有重点地引进世界先进技术和产品，有利于赢得时间，尽快填补技术空白，培养人才和取得经济效益。

2) 经济效益的要求

设计和试制新产品的主要目的之一，是为了满足市场不断变化的需求，以获得更好的经济效益。好的设计可以解决顾客所关心的各种问题，如产品功能如何、手感如何、是否容易装配、能否重复利用、产品质量如何等；同时，好的设计可以节约能源和原材料、提高劳动生产率、降低成本等。所以，在设计产品结构时，一方面要考虑产品的功能、质量；另一方面要顾及原料和制造成本的经济性；同时，还要考虑产品是否具有投入批量生产的可能性。

3) 使用的要求

新产品要为社会所承认，并能取得经济效益，就必须从市场和用户需要出发，充分满足使用要求。这是对产品设计的起码要求。使用的要求主要包括以下几方面的内容。

(1) 使用的安全性。设计产品时，必须对使用过程的种种不安全因素，采取有效措施，加以防止和防护。同时，设计还要考虑产品的人机工程性能，易于改善使用条件。

(2) 使用的可靠性。可靠性是指产品在规定的时间内和预定的使用条件下正常工作的概率。可靠性与安全性相关联。可靠性差的产品，会给用户带来不便，甚至造成使用危险，使企业信誉受到损失。

(3) 易于使用。对于民用产品(如家电等)，产品易于使用十分重要。

4) 制造工艺的要求

生产工艺对产品设计的最基本要求，就是产品结构应符合工艺原则。也就是在规定的产量规模条件下，能采用经济的加工方法，制造出合乎质量要求的产品。这就要求所设计的产品结构能够最大限度地降低产品制造的劳动量，减轻产品的重量，减少材料消耗，缩短生产周期和制造成本。

产品要有美观的外形和良好的包装。产品设计时还要考虑和产品有关的美学问题、产品外形和使用环境、用户特点等的关系。在可能的条件下，应设计出用户喜爱的产品，提高产品的欣赏价值。

2. 电子产品设计程序

新产品设计一般分为 3 个设计阶段。

1) 第一阶段——草样设计

草样设计阶段也称技术设计阶段，技术设计的目的是在已批准的技术任务书的基础上，完成产品的功能、性能的设计，包括电路选型和设计、计算、选择主要元器件、外观设计等，其中必须注重可靠性和安全性设计。选择适合设计任务书对产品要求的电路方案，设

21世纪高职高专电子信息类实用规划教材

计出基本电路图，在设计小组内对电路方案进行计算、研究和分析。在对电路方案、电路原理讨论认同的基础上进行电路实验(可以利用计算机辅助设计软件进行模拟实验)，电路实验可以利用典型电路或现有电路板进行，其目的是要实现新产品的所有功能和基本性能的要求，设计过程中必须进行试验研究(新电子元器件原理结构、材料元件工艺的功能或模具试验)。一次实验可能不成功，可以继续改进，直到满足要求为止。完成草样设计后，召集有关技术管理、设计、工艺、质量、生产、营销等部门对草样进行评审，与会人员根据草样试验结果提出意见，并最终由总工程师作出评审结论性意见。如果评审不合格，设计人员根据提出的意见对草样进行改进，改进后再次进行评审，评审合格后进行下一步设计工作；如果草样设计评审一次性合格，即进行下一步正样设计。

草样设计一般为 1～3 台样品。

2) 第二阶段——正样设计

(1) 首先整理草样评审会的意见，将这些意见转换为设计的具体要求。

(2) 整理草样设计中的电路，并根据评审意见改进。

(3) 利用计算机辅助设计软件(如 Protel、Power 等)进行正样电路设计，设计中一定考虑安全性、电磁兼容性、使用方便性、结构合理性和可靠性等内容。

(4) 电路排版设计时要与结构设计人员密切沟通，才能做到外观与电路板的密切结合，工艺安装性良好，并实现安全性、电磁兼容性、使用方便性、结构合理性和可靠性等内容。

(5) 运用价值工程，在满足电路和安全要求的同时，选择适用的元器件、零部件，并编制"元器件明细表"和"元器件技术规格书"，将两表提供给相关部门进行采购，一般正样机为 10 台左右。

(6) 将电路图资料按照企业技术管理程序提供外协加工企业制作印制电路板、结构件图纸资料，按照企业技术管理程序提供外协加工企业制作成品。

(7) 按照电路设计和结构设计的要求，在外购件和外协件购回并经检验后，进行整机试装。试装过程中，对于某些元器件和零部件不合适的可以进行修改。

(8) 试装完成后，对新产品的功能、性能进行基本测试，认为基本满足设计要求后，按照新产品设计要求和产品有关技术标准进行鉴定试验。鉴定试验主要包括功能性能测试、安全测试、电磁兼容试验、环境试验(温度、湿度、气压等)、机械试验(振动、跌落、冲击等)，对测试和试验数据与标准进行比对分析，有问题可以改进，当测试和试验合格后，由试验单位(或部门)出具《鉴定试验报告》。

(9) 召开新产品正样评审会，会议由企业技术管理部门(一般由总工程师办公室召集)，总工程师或主管副总工程师，相关设计部门、工艺部门、生产部门、质量部门、采购部门、营销部门、顾客代表等参加评审。主设计师先对产品进行较全面的介绍，然后对新产品进行现场使用演示，新产品的电路板、外壳及其结构件等均放在现场。与会人员针对主设计师的介绍、《鉴定试验报告》、电路组件、结构组件、安装工艺等，从不同的角度对新产品提出评审意见，由总工程师根据评审意见、设计任务书的要求和《鉴定试验报告》，最终决定产品是否鉴定合格，一般在满足功能性能的基础上，无重大的安全性、工艺性等问题即可通过鉴定，或经过改进后通过鉴定。

(10) 将所有设计资料按照企业标准化管理要求进行整理，编制成《设计文件》，其主要内容有产品介绍、使用说明书、电路原理图、软件程序、结构图、元器件明细表、元器件技术规格书、结构件明细表以及产品标准。这些资料按照标准管理规定，交给企业标准化部门进行管理、发放，设计人员不能擅自发放或更改。

3) 第三阶段——小批量试制阶段

(1) 设计部门将正式样机交给工艺部门，并协助工艺人员编制《工艺文件》。

(2) 工艺部门从标准化部门领到《设计文件》。

(3) 工艺人员根据正样、设计文件和企业生产条件(设备仪器、生产线、工厂布局、人员等)编制《工艺文件》。

(4) 为保证批量生产并确保产品质量，设计制作基板检测工装、调试工装；设计制作专有装配工装、配备工具。

(5) 按照批量生产的原则编制《工艺流程图》、《操作说明书》。

(6) 根据《设计文件》中的"元器件明细表"，编制《元器件汇总表》，以供元器件采购部门采购和财务部门核算使用。

(7) 按照《工艺流程图》、《操作说明书》的具体内容到生产线现场指导现场工艺人员或操作工人进行小批量试装工作。

(8) 根据产品种类不同，一般电子产品小批量试装数量为一个班的日产数量，试产完成后，质量部门在这批产品中进行随机抽样，将抽样产品进行新产品鉴定试验，鉴定试验主要包括功能性能测试、环境试验、安全试验，试验完成后出具新产品《鉴定试验报告》。同时部分产品提供给有关客户进行试用，使用后出具《新产品试用报告》。

(9) 新产品鉴定。当小批量试生产和鉴定试验完成后，由总工程师办公室或产品开发部召集召开新产品鉴定会议，由相关设计、工艺、质量、生产、销售、客户代表等人员参加，对新产品是否达到设计任务书的要求、质量水平、生产适应性、用户使用情况等进行鉴定，鉴定合格者即纳入公司正式生产管理序列进行标准化管理，有问题者仍然需要进行整改，直至达到要求为止。如果该项新产品是由上级(如市级、省级或部级)下达的新产品开发计划，新产品由上级部门进行鉴定，届时可以邀请有关专家进行鉴定。

1.1.3 电子产品生产工艺

1. 工艺的概念

工艺的基本概念是：人类利用生产工具对各种原材料、半成品进行加工和处理，改变它们的几何形状、外形尺寸、表面状态、内部组织、物理和化学性能及相互关系，最后使之成为预期产品的方法及过程。国家标准《机械制造工艺基本术语》(GB/T 4863—1985)对工艺的定义：使各种原材料、半成品成为产品的方法和过程。

1) 生产工艺技术的概念

生产工艺技术是生产者利用设备和生产工具，对各种原材料、半成品进行加工或处理，改变它们的几何形状、外形尺寸、表面状态、内部组织、物理和化学性能及相互关系，最后使之成为预期产品的工序、方法或技术。

2) 工艺管理的概念

工艺管理就是从系统的观点出发，对产品制造过程的各项工艺技术活动进行规划、组织、协调、控制及监督，以实现安全、优质、高产、低消耗的既定目标。

工艺工作是企业组织生产和指导生产的一种重要手段，是企业生产技术的中心环节。从本质上讲，工艺工作是企业的综合性活动，是企业各个部门工作的纽带，它把生产各个环节联系起来，使各部门成为一个完整的制造体系。工艺工作水平的高低决定了企业在一定设计条件下，能制造出多少种产品，能制造出什么水平的产品。工艺工作体现在企业产品怎样制造、采用什么方法、利用什么生产资料去制造的整个过程中。

工艺工作可分为工艺技术和工艺管理两大方面。工艺技术是人们在生产实践中或在应用科学研究中的技能、经验及研究成果的总结和积累。工艺工作的更新换代，都是以提高工艺技术水平为标志的，所以工艺技术是工艺工作的中心。工艺管理是为保证工艺技术在生产实际中的贯彻，对工艺技术的计划、组织、协调与实施。一般任何先进的技术都要通过管理才能得以实现和发展。研究工艺管理的学科称为工艺管理学，工艺管理学是不断发展的管理科学，现已成为管理学中的一个重要分支。

2. 电子产品生产工艺

对于电子产品而言，生产过程都涵盖从原材料进厂到成品出厂的每一个环节。这些环节主要包括原材料和元器件检验、单元电路或配件制造、单元电路和配件组装成电子产品整机系统等过程。在生产过程中的每一个环节，企业都要按照特定的规程和方法去制造，这种特定的规程和方法就是通常所说的工艺。

生产一个整机电子产品，会涉及方方面面的很多技术，且随着企业生产规模、设备、技术力量和生产产品的种类不同，工艺技术类型也不同。但电子产品制造工艺并不是无法归纳，与电子产品制造有关的工艺技术主要包括以下几种。

1) 制造过程中工艺技术的种类

(1) 机械加工和成形工艺。

电子产品的结构件是通过机械加工而制成的，机械类工艺包括车、钳、刨、铣、镗、磨、铸、锻、冲等。机械加工和成形的主要功能是改变材料的几何形状，使之满足产品的装配连接。机械加工后，一般还要进行表面处理，提高表面装饰性，使产品具有新颖感，同时也起到防腐抗蚀的作用。表面处理包括刷丝、抛光、印刷、油漆、电镀、氧化、铭牌制作等工作。如果结构件为塑料件，一般采用塑料成形工艺，主要可分为压塑工艺、注塑工艺及部分吹塑工艺等。

(2) 装配工艺。

电子产品生产制造中装配的目的是实现电气连接，装配工艺包括元器件引脚成形、插装、焊接、连接、清洗、调试等工艺；其中，焊接工艺又可分为手工烙铁焊接工艺、浸焊工艺、波峰焊工艺、再流焊工艺等；连接工艺又可分为导线连接工艺、胶合工艺、紧固件连接工艺等。

(3) 化学工艺。

为了提高产品的防腐抗蚀能力且使外形装饰美观，一般要进行化学处理，化学工艺包括电镀、浸渍、灌注、三防、油漆、胶木化、助焊剂和防氧化等工艺。

(4) 其他工艺

其他工艺包括保证质量的检验工艺、老化筛选工艺和热处理工艺等。

2) 电子产品制造过程中的工艺管理工作

企业为了提高产品的市场占有率，在促进科技进步、提高工艺技术的同时，会在产品生产过程中采用现代科学理论和手段，加强工艺管理，即对各项工艺工作进行计划、组织、协调和控制，使生产按照一定的原则、程序和方法有效地进行，以提高产品质量。企业工艺管理的主要内容有以下几点。

(1) 编制工艺发展计划。

一个企业工艺水平的高低反映该企业的生产水平的高低，工艺发展计划在一定程度上是企业提高自身生产水平的计划。一般，工艺发展计划编制应适应产品发展需要，遵循先进性与适用性相结合、技术性与经济性相结合的方针，在企业总工程师的主持下，以工艺部门为主组织实施。编制内容包括：工艺技术措施规划，如新工艺、新材料、新装备和新技术攻关规划等；工艺组织措施规划，如工艺路线调整、工艺技术改造规划等。

(2) 生产方案准备。

企业设计的新产品在进行批量生产前，首先要准备产品生产方案，其内容主要包括以下几点：

① 新产品开发的工艺调研和考察，产品生产工艺方案设计。

② 产品设计的工艺性审查。

③ 设计和编制成套工艺文件，工艺文件的标准化审查。

④ 工艺装备的设计与管理。

⑤ 编制工艺定额。

⑥ 进行工艺质量评审、验证、总结和工艺整顿。

(3) 生产现场管理。

产品批量生产时，在生产现场，为了提高产品质量，需要加强现场生产控制，主要工作包括以下内容：

① 确保安全文明生产。

② 制定工序质量控制措施，进行质量管理。

③ 提高劳动生产率，节约材料，减少工时和能源消耗。

④ 制定各种工艺管理制度并组织实施。

⑤ 检查和监督执行工艺情况。

(4) 开展工艺标准化工作。

为了使产品符合国际标准，增强产品的竞争力，必须开展工艺标准化工作，工艺标准化工作的主要内容有以下几点：

① 制定推广工艺基础标准，如术语、符号、代号、分类、编码及工艺文件的标准。

② 推广工艺技术标准，如材料、技术要素、参数、方法、质量的控制与检验和工艺装备的技术标准。

③ 制定推广工艺管理标准，如生产准备、生产现场、生产安全、工艺文件、工艺装备和工艺定额。

(5) 开展工艺技术研究和情报工作。

企业为了了解国内外同类企业的生产技术和工艺水平，必须开展工艺技术的情报工作，以找出差距，提高自身生产水平，同时还必须开展工艺技术的研究，使企业立于不败之地。主要内容包括以下几点：

① 掌握国内外新技术、新工艺、新材料、新装备的研究与使用情况，借鉴国内外的先进科学技术，积极采取和推广已有的、成熟的研究成果。

② 进行工艺技术的研究和开发工作，从各种渠道搜集有关的新工艺标准、图纸手册及先进的工艺规程、研究报告、成果论文和资料信息，并进行加工、管理。

③ 有计划地对工艺人员、技术工人进行培训和教育，为他们更新知识、提高技术水平和技能开展服务。

④ 开展群众性的合理化建议与技术改进活动，进行新工艺和新技术的推广工作，对在实际工作中做出创造性贡献的人员给予奖励。

3) 生产条件对制造工艺提出的要求

产品要顺利地生产，必须符合生产条件的要求；否则，不可能生产出优质的产品，甚至根本无法投产。企业的设备情况、技术和工艺水平、生产能力和周期及生产管理水平等因素都属于生产条件。生产条件对工艺的要求，一般表现为以下几个方面：

(1) 产品的零部件、元器件的品种和规格应尽可能地少，尽量使用由专业生产企业生产的通用零部件或产品，应尽可能少用或不用贵重材料，立足于使用国产材料和来源多、价格低的材料。这样便于生产管理，有利于提高产品质量并降低成本。

(2) 产品的机械零部件，必须具有较好的结构工艺，装配也应尽可能简易化，尽量不搞选配和修配，力求减少装配工人的体力消耗，能够适合采用先进的工艺方法和流程，即要使零件的结构、尺寸和形状便于实现工序自动化。

(3) 原材料消耗要低，加工工时要短，如尽可能提高冲制件、压塑件的数量和比例等。

(4) 产品的零部件、元器件及其各种技术参数、形状、尺寸等应最大限度地标准化和规格化。

(5) 应尽可能充分利用企业的生产经验，用企业以前曾经使用过的零部件，使产品生产技术具有继承性。

(6) 产品及零部件的加工精度要与技术条件要求相适应，不允许盲目追求高精度。在满足产品性能指标的前提下，其精度等级应尽可能低，同时也便于自动流水生产。

(7) 正确设计制订方案，按最经济的生产方法设计零部件，选用最经济、合理的原材料和元器件，以求降低产品的生产成本。

4) 产品使用对制造工艺提出的要求

(1) 产品的外形、体积与重量方面的要求。

据调查显示，一个电子产品能赢得市场，得到广泛使用，在同等质量条件下，很大程度取决于产品是否有吸引顾客的外形，而外形一方面与设计有关，另一方面与制造质量有关，因此，制造时需要保证有良好的外形质量保证工艺。同时顾客还对电子产品的体积和重量有着苛刻要求，比如手提电脑，顾客大多要求体积小、重量轻。因此对制造工艺而言，通过何种方式来保证体积小、重量轻的产品的制造，具有非常重要的意义。

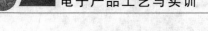

(2) 产品的操作方面的要求。

电子产品的操纵性能如何，直接影响到产品被顾客的接受程度。在生产过程中需要用一定的工艺技术，使产品为操纵者创造良好的工作条件；保证产品安全可靠，操作简单；读数指示清晰，便于观察。

(3) 维护与维修方面的要求。

电子产品使用后有可能需要维护与维修，制造电子产品应在结构工艺上保证维护修理方便。应重点考虑以下几点：第一，在发生故障时，便于打开维修或能迅速更换备用件，如采用插入式和折叠式结构、快速装拆结构及可换部件式结构等；第二，可调元件、测试点应布置在设备的同一面，经常更换的元器件应布置在易于装拆的部位；第三，对于电路单元应尽可能采用印制板并用插座与系统连接；第四，元器件的组装密度不宜过大，以保证元器件有足够的空间，便于装拆和维修等。

1.2 电子产品生产企业工艺与品质管理

产品的生产和全面质量管理产品的生产过程是一个质量管理的过程，产品生产过程包括设计阶段、试制阶段和制造阶段。如果在产品生产的某一个阶段有质量问题，那么该产品最终的成品一定也存在质量问题。由于一个电子产品有许多元器件、零部件经过多道工序制造而成，全面的质量管理工作显得格外重要。质量是衡量产品适用性的一种量度，它包括产品的性能、寿命、可靠性、安全性、经济性等方面的内容。产品质量的优劣决定了产品的销路和企业的命运。为了向用户提供满意的产品和服务，提高电子企业和产品的竞争力，世界各国都在积极推行全面质量管理。全面质量管理涉及产品的品质质量、制造产品的工序质量和工作质量以及影响产品的各种直接或间接的质量工作。全面质量管理贯穿于产品从设计到售后服务的整个过程，要动员企业的全体员工参加。

1.2.1 产品设计阶段的质量管理

设计过程是产品质量产生和形成的起点。要设计出具有高性价比(性能与价格的比值较高)的产品，必须从源头上把好质量关。设计阶段的任务是通过调研，确定设计任务书，选择最佳设计方案，根据批准的设计任务书，进行产品全面设计，编制产品设计文件和必要的工艺文件。本阶段与质量管理有关内容主要有以下几个方面。

(1) 对新产品设计进行调研和用户访问，调查市场需求及用户对产品质量的要求，搜集国内外有关的技术文献、情报资料，掌握它们的质量情况与生产技术水平。

(2) 拟订研究方案，提出专题研究课题，明确主要技术要求，对各专题研究课题进行理论分析、计算，探讨解决问题的途径，编制设计任务书草案。

(3) 根据设计任务书草案进行试验，找出关键技术问题，成立技术攻关小组，解决技术难点，初步确定设计方案。突破复杂的关键技术，提出产品设计方案，确定设计任务书，审查批准研究任务书和研究方案。

(4) 下达设计任务书,确定研制产品的目的、要求及主要技术性能指标,进行理论计算和设计。根据理论计算和必要的试验,合理分配参数,确定采用的工作原理、基本组成部分、主要的新材料及结构和工艺上主要问题的解决方案。

(5) 根据用户的要求,从产品的性能指标、可靠性、价格、使用、维修及批量生产等方面进行设计方案论证,形成产品设计方案的论证报告,确定产品最佳设计方案和质量标准。

(6) 按照适用、可靠、用户满意、经济合理的质量标准进行技术设计和样机制造。对技术指标进行调整和分配,并考虑生产时的裕量,确定产品设计工作图纸及技术条件;对结构设计进行工艺性审查,制订工艺方案,设计制造必要的工艺装置和专用设备;制造零件、部件、整件与样机。

(7) 进行相关文件编制。编制产品设计工作图纸、工艺性审查报告、必要的工艺文件、标准化审查报告及产品的技术经济分析报告;拟定标准化综合要求;编制技术设计文件;试验关键工艺和新工艺,确定产品需用的原材料、协作配套件及外购件汇总表。

1.2.2　试制阶段的质量管理

试制过程包括产品设计定型、小批量生产两个过程。该阶段主要工作是要对研制出的样机进行使用现场的试验和鉴定,对产品的主要性能和工艺质量作出全面的评价,进行产品定型。补充完善工艺文件,进行小批量生产,全面考验设计文件和技术文件的正确性,进一步稳定和改进工艺。本阶段与质量管理内容有关的主要有以下几个方面。

(1) 现场试验检查产品是否符合设计任务书规定的主要性能指标和要求,通过试验编写技术说明书,并修改产品设计文件。

(2) 对产品进行装配、调试、检验及各项试验工作,做好原始记录,统计分析各种技术定额,进行产品成本核算,召开设计定型会,对样机试生产提出结论性意见。

(3) 调整工艺装置,补充设计制造批量生产所需的工艺装置、专用设备及其设计图纸。进行工艺质量的评审,补充完善工艺文件,形成对各项工艺文件的审查结论。

(4) 在小批量试制中,认真进行工艺验证。通过试生产,分析生产过程的质量,验证电装、工装、设备、工艺操作规程、产品结构、原材料、生产环境等方面的工作,考察能否达到预定的设计质量标准,如达不到标准要求,则需进一步调整与完善。

(5) 制定产品技术标准、技术文件,取得产品监督检查机构的鉴定合格证书,完善产品质量检测手段。

(6) 编制和完善全套工艺文件,制订批量生产的工艺方案,进行工艺标准化和工艺质量审查,形成工艺文件成套性审查结论。

(7) 按照生产定型条件,进行产品鉴定,召开生产定型会,审查其各项技术指标(标准)是否符合国际或国家的规定,不断提高产品的标准化、系列化和通用程度,得出结论性意见。

(8) 培训人员,指导批量生产,确定批量生产时的流水线,拟定正式生产时的工时及材料消耗定额,计算产品劳动量及成本。

1.2.3 批量生产的质量管理

电子产品在设计和工艺质量保证的前提下，要确保批量产品的质量，应加强元器件(零部件)的质量认证和进货检验、生产过程质量管理、成品检验等质量把关工作。

1. 元器件质量认定

当电子产品设计定型后，设计部门拟定《设计文件》中的"元器件明细表"和"元器件技术条件"是供批量采购零部件的依据，首先质量部门的技术人员(部品技术认定人员)应该根据这两项技术文件及所掌握的元器件技术知识，对元器件进行分类管理，在所及的范围内按照质量、价格、交货期的原则对元器件厂家进行认定，认定工作主要包括以下几点：

(1) 对厂家提供的元器件样品进行测试、试验。

(2) 对厂家进行考察，考察的内容主要有生产规模、技术先进性、质量管理、原材料进货管理、价格和交货期等。

(3) 对厂家提供元器件样品进行上机替换使用试验。

(4) 在测试和替换使用合格的基础上进行小批量上机试验、批量上机试验。

(5) 在以上均合格的基础上，将此元器件供货厂家列为合格供应厂商目录并提供采购部，采购按照元器件汇总表和合格供应厂商目录进行批量采购。

2. 进货检验

其主要是指企业购进的原材料、外购配套件和外协件入厂时的检验，这是保证生产正常进行和确保产品质量的重要措施。为了确保外购物料的质量，入厂时的验收检验应配备专门的质检人员，按照规定的检验内容、检验方法及检验数量进行严格认真的检验。从原则上说，供应厂所供应的物料应该是"件件合格、台台合格、批批合格"。大批量进货的元器件一般不能使用全检，而只能使用抽样检验时，抽检一般按照国标《抽样检验标准》(GB 2828—2003)执行。判定为合格的元器件入库，不合格产品应立即向供货厂家进行质量反馈，做退货处理。

3. 过程检验

过程检验是指在过程质量控制中对关键元器件、组合部件、半成品和成品的规定参数进行的检测和验收。过程检验的目的是为了防止出现大批不合格品，避免不合格品流入下道工序去继续进行加工。因此，过程检验不仅要检验产品，还要检定影响产品质量的主要工序要素(如 5M1E，即人、机、料、法、环、测 6 个方面因素)是否符合要求。实际上，在正常生产成熟产品的过程中，任何质量问题都可以归结为 5M1E 中的一个或多个要素出现变异导致，因此，过程检验可起到以下两种作用。

(1) 根据检测结果对产品作出判定，即产品质量是否符合规格和标准的要求。

(2) 根据检测结果对工序作出判定，即过程各个要素是否处于正常的稳定状态，从而决定工序是否应该继续进行生产。

4. 成品检验

成品检验又称最终检验或出厂检验。对完工后的成品质量进行检验，其目的在于保证不合格的成品不出厂、不入库，以确保用户利益和企业自身的信誉。

(1) 成品检验工作应按生产进度、检验任务通知单及时进行。做到生产一批，及时检验一批，以确保产品符合质量要求。

(2) 成品质量检验前应做好各项准备工作：熟悉受检产品的技术标准、检验细则，检查受检样的状况及数量是否符合要求。

(3) 国家监督抽查检验产品质量的依据是国家标准、行业标准或国家有关规定；尚未制定国家标准或行业标准的，依据地方标准或备案的企业标准。

(4) 成品包装检验。是否严密不漏、坚实美观、衬垫托实、标签标识清晰牢固、包装重量适宜等。外包装要求按国家有关规定。

(5) 产品应由生产厂的质量监督检验部门进行检验，生产厂应保证所有出厂的产品均符合该产品标准的要求。每批出厂的产品应附质量证明书。

(6) 产品按批检验，同一包装规格相同质量的产品为一批。

(7) 如果检验结果有一项指标不符合该产品标准时，则判定整批成品均为不合格品。

以上就是电子产品从设计、生产、检验、工艺管理和质量管理的过程，本书将按照电子产品生产企业设计生产电子产品的这个过程，着重介绍电子产品的生产工艺技术。

1.3　安全用电常识

电子产品是一个用\供电设备，设计和生产电子产品也必须使用电子设备，即必须用电，作为一个电子工程师必须掌握必要的用电知识，才能在电子产品的设计、工艺、制造中确保人身、设备、产品的安全。没有电就没有电子产品诞生，也无法生产电子产品，但是电同时又是危害人类的肇事者之一，触电的事故、电能损坏电器的事故时有发生，从使用电能开始，科技工作者就为减少、防止电气事故而不懈努力。长期实践中，人们总结积累了大量安全用电的经验。本节仅对一般环境，就最常见的用电安全问题进行介绍。

1.3.1　人身安全

人的生命是第一宝贵的，在电子产品的开发设计、生产制造中都首先必须保护自身的用电安全，同时设计的产品也必须符合安全性的要求。

1. 触电危害

1) 电伤

电伤是由于发生触电而导致的人体外表创伤，一般有以下 3 种：

(1) 灼伤。灼伤是指由于电的热效应而对人体皮肤、皮下组织、肌肉甚至神经产生的伤害，灼伤会引起皮肤发红、起泡、烧焦、坏死。

(2) 电烙伤。电烙伤是指由电流的机械和化学效应造成人体触电部位的外部伤痕，通常是皮肤表面的肿块。

(3) 皮肤金属化。皮肤金属化是指由于带电体金属通过触电点蒸发进入人体造成的局部皮肤呈现出相应金属的特殊颜色。触电对人体造成的电伤为表面伤，一般是非致命的。

2) 电击

电击是指电流通过人体，严重干扰人体正常的生物电流，造成肌肉痉挛(抽筋)、神经紊乱，甚至导致呼吸停止，心脏窦性颤抖，严重危害生命的触电。

3) 影响触电危险程度的因素

(1) 电流的大小。人体内是存在生物电流的，一定限度的电流不会对人造成损伤。比如一些电疗仪就是利用电流刺激穴位来达到治疗病痛的目的。电流对人体的作用如表 1.1 所示。

表 1.1　电流对人体的作用

电流/mA	电流对人体的作用
<0.7	无感觉
1	有轻微感觉
1～3	有刺激感，一般电疗仪设定的电流
3～10	感到痛苦，可自行摆脱
10～30	可引起肌肉痉挛，短时间无危险，长时间有危险
30～50	肌肉产生严重痉挛，时间超过 60s 即有生命危险
50～250	产生心脏窦性颤抖，丧失知觉，严重危害生命
>250	短时间内(1s 以上)造成心跳骤停，造成体内电灼伤

(2) 电流的类型。电流的类型不同对人体的损伤也不同，一般直流电引起电伤，而交流电则引起电伤与电击同时发生，特别是频率为 40～100Hz 的交流电对人体危害性最大，人们日常使用的工频市电(我国为 50Hz)正是在这个危险的频段，所以要尤其小心。当交流电频率达到 2kHz 时对人体危害很小，电疗仪一般采用这个频段。

(3) 电流作用时间。电流对人体的伤害与作用时间密切相关，通常用电流与时间乘积(即电击强度)来表示电流对人体的危害。通用的触电保护器的主要指标之一就要求额定断开时间与电流乘积小于 30mA·s，实际触电保护器产品可以达到小于 3mA·s，可有效防止触电事故的发生。

(4) 人体电阻。实际上人体是一个不确定的电阻，并因人而异，皮肤干燥时电阻可呈现 100Ω 以上，潮湿皮肤，电阻可降到 1kΩ 以下。

人体电阻可以看作是一个非线性电阻，随着电压的升高，电阻值就会减小，表 1.2 给出人体电阻值随电压高低的变化值。

表 1.2 人体电阻值随电压的变化

电压/V	1.5	12	31	62	125	220	380	1000
电阻/kΩ	>100	16.5	11	6.24	3.5	2.2	1.47	0.64
电流/mA	可忽略	0.8	2.8	10	35	100	268	1560

2. 触电原因

人体触电主要有两种原因：直接或间接接触带电体及跨步电压。前者又可分为单极接触和双极接触。

1) 单极接触

一般工作和生活场所供电为 380V/220V 中性点接地系统，当处于地电位的人体接触带电体时，人体承受相电压，如图 1.4 所示。这种接触往往是人们粗心大意、忽视安全造成的。

如图 1.5 所示，这是发生触电事故的几个实例。

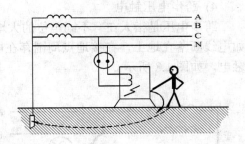

图 1.4 单极接触触电示意图

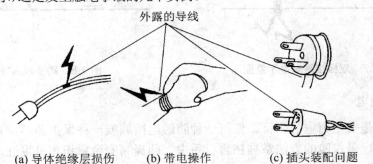

(a) 导体绝缘层损伤　　(b) 带电操作　　(c) 插头装配问题

图 1.5 发生触电事故的实例

图 1.6 所示为有人在实验室用非隔离自耦调压器取得低电压做实验而发生触电，如果碰巧电源插座的零线插到调压器 2 端，则不会触电，当然这是侥幸的。

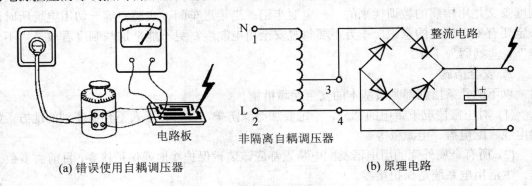

(a) 错误使用自耦调压器　　　　　　　　　　(b) 原理电路

图 1.6 误用非隔离自耦调压器

2) 双极接触

人体同时接触电网的两根相线发生触电，如图 1.7 所示，这种接触电压高，一般是在带电作业时才发生的，而且一般保护措施都不起作用，因而危险极大。

3) 静电接触

在检修电器电子产品时或科研工作中时有发生，此时电气设备已断开电源，但在接触设备某些部位时发生触电，特别是在有高压大容量电容器的情况下有一定危险。这是由于大电容器储存的大量电荷而引起的，切记不能忽略。

4) 跨步电压触电

跨步电压是指人在有不同电位的大地上行走，两脚之间承受的电压。在故障设备附近，如电线断落在地上，在接地点周围存在电场，当人走进这一区域时，将因跨步电压而使人触电，如图 1.8 所示。

图 1.7　双极接触触电示意图

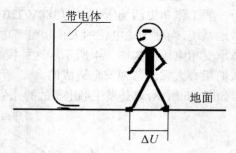

图 1.8　跨步电压使人触电

3. 防止触电

防止触电是安全用电的宗旨。任何一种防触电措施或一种保护器不一定都能做到万无一失。最安全、最保险的方法掌握在自己手中，即提高安全意识和警惕性。最基本、最有效的安全措施如下。

1) 安全制度

在电子产品企业、科研院所、实验室等用电单位，均制定有各种各样的安全用电管理制度，制度都是在科学分析基础上制定的，很多条文是在实际应用中总结出的经验，很多制度条文是用惨痛的教训换来的。一定要牢记：当走进车间、实验室等一切用电场所时，一定要有安全用电的意识，千万不要忽视安全用电制度，更不能把这些制度看成是"不合理"、"妨碍"工作。

2) 安全措施

以下的几条措施都是最基本的安全保障措施。

(1) 对正常情况下带电的部分，一定要加绝缘防护，并且置于人不容易碰到的地方，如输电线、配电盘、电源板等。

(2) 所有金属外壳的用电器及配电装置都应该装设保护接地或保护接零，目前大多数工作、生活用电系统是保护接零。

(3) 在所有使用市电场所装设漏电保护器。

(4) 经常检查所用电器插头、电线，发现破损或老化应及时更换。

(5) 手持电动工具尽量使用安全电压(低电压)工作，我国规定常用安全电压为 36V 或 24V 电源，危险场所使用 12V 电源。

3) 安全操作

(1) 任何情况下检修电路和电器都要确保断开电源，不仅是断开设备上的开关，还要拔下电源插头。

(2) 切记不要用湿手去开关电源或插拔电器。

(3) 当遇到不明情况的电线，首先认为它是带电的，确认断电后才能触摸。

(4) 电工作业时，尽量养成单手操作的习惯。

(5) 不要在疲倦、带病等状态下进行电工作业。

(6) 对装有较大体积或电容量大的电容器的电器，断电后要先行放电，再进行检修。

1.3.2　设备安全

这里所指的设备就是用电设备，可以理解为电子电器产品、仪器仪表、生产设备、生产线、电源设备、机械电加工设备等，设备安全是极其重要的。下面提及的也是最基本的安全用电常识。

1. 设备通电前的检查

将用电设备接入电源，这个问题看起来很简单，其实不然。使用不当可能会造成数十万元昂贵设备在接上电源的一瞬间就变成废物，有的设备本身若有故障会引起整个供电网的异常，甚至造成难以挽回的损失。因此，建议用电设备通电前进行"三检查"。

(1) 检查设备铭牌。按照国家标准，用电设备都应在醒目处贴有该设备要求的工作电源电压、频率、容量的铭牌或标志。

(2) 检查环境电源。检查电压、频率、容量是否与设备相符合。

(3) 检查设备本身。检查电源线是否完好，外壳是否可能带电，有无接地装置。通常用万用表欧姆挡进行如图 1.9 所示的简单检测即可。

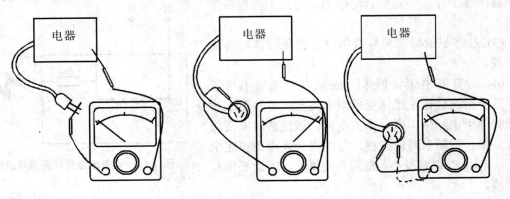

图 1.9　用万用表检查用电设备

2. 电气设备基本安全防护

一般使用交流电源的电气设备均存在绝缘材料损坏或绝缘电阻下降而漏电的问题。按电工标准将电气设备分为 4 类，各类电气设备特征及安全防护见表 1.3。

表 1.3　电气设备分类及基本安全防护

类　型	主要特性	基本安全防护	使用范围及说明
O 型	一层绝缘，二线插头，金属外壳，且没有接地(零)线	用电环境为电气绝缘(绝缘电阻大于 50kΩ)或采用隔离变压器	O 型为淘汰电器类型，但一部分旧电器仍在使用
I 型	金属外壳接出一根线，采用三线插头	接零(地)保护 3 孔插座，保护零线可靠连接	较大型电气设备多为此类
II 型	绝缘外壳形成双重绝缘，采用二线插头	防止电线破损	小型电气设备
III 型	采用 8V/36V、24V/12V 低压电源的电器	使用符合电气绝缘要求的变压器	在恶劣环境中使用的电器及某些工具

3. 用电设备使用异常的处理

用电设备在使用中一般可能发生以下几种异常情况。

(1) 设备外壳或手持部位有麻电感觉。

(2) 开机或使用中熔丝烧断。

(3) 出现异常声音，如噪声加大、有内部放电声、电机转动声音异常等。

(4) 异味最常见为塑料味，绝缘漆挥发出的气味，甚至烧焦的气味。

(5) 机内打火，出现烟雾。

(6) 仪表指示超范围。有些指示仪表数值突变，超出正常范围。

异常情况的处理办法如下。

(1) 凡遇上述异常情况之一，应尽快断开电源，拔下电源插头，对设备进行检修。

(2) 对烧断熔断器的情况，绝不允许换上大容量熔断器继续工作，一定要查清原因后再换上同规格熔断器。

(3) 及时记录异常现象及部位，避免检修时再通电查找。

(4) 对有麻电感觉但未造成触电的现象不可忽视。这种情况往往是绝缘受损但未完全损坏，图 1.10 所示相当于电路中串联一个大电阻，虽然暂时未造成严重后果，但随着时间推移，绝缘将会逐渐地被完全破坏，电阻 R_0 急剧减小，危险也会增大，因此必须及时检修。

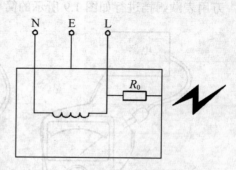

图 1.10　设备绝缘受损漏电示意图

1.3.3　电气火灾

随着电气设备的大量使用，在火灾总数中，电气火灾所占比例逐年上升，而且随着城市化进程，电气火灾损失的严重性也在上升，研究电气火灾原因及其预防措施的意义重大。表 1.4 中列出了有关电气火灾的基本分析。

表 1.4　电气火灾及预防

原　因	分　析	预防措施
线路过载	输电线的绝缘材料大部分是可燃材料，过载则温度升高，引燃绝缘材料	(1) 使输电线路容量与负载相适应 (2) 不准超标更换熔断器 (3) 线路安装过载自动保护装置
线路或电气火花、电弧	由于电线断裂或绝缘损坏引起放电，可点燃本身绝缘材料及附近易燃材料、气体等	(1) 按标准接线，及时检修电路 (2) 加装自动保护
电热器具	电热器具使用不当，点燃附近可燃材料	正确使用，使用中要有人监视
电器老化	电器超期服役，因绝缘材料老化、散热装置老化引起温度升高	停止使用超过安全期的产品
静电	在易燃、易爆场所，静电火花引起火灾	严格遵守易燃、易爆场所安全制度

1.3.4　用电安全技术简介

1. 接地和接零保护

在低压配电系统中，有变压器中性点接地和不接地两种系统，相应的安全措施有接地保护和接零保护两种方式。

1) 接地保护

在中性点不接地的配电系统中，电气设备宜采用接地保护。这里的"接地"同电子电路中简称的"接地"(在电子电路中"接地"是指接公共参考电位"零点")不是一个概念，这里是真正的接大地。即将电气设备的某一部分与大地土壤做良好的电气连接，一般通过金属接地体，并保证接地电阻小于 4Ω。接地保护原理如图 1.11 所示。

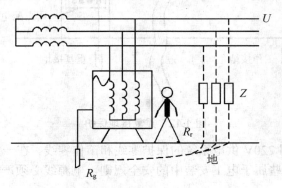

图 1.11　接地保护示意图

如果没有接地保护，则流过人体的电流为

$$I_r = \frac{U}{R_r + \dfrac{Z}{3}} \qquad (1.1)$$

式中：I_r 为流过人体的电流；U 为相电压，R_r 为人体电阻；Z 为相线对地阻抗。当接上保护地线时，相当于给人体电阻并上一个接地电阻 R_g，此时流过人体的电流为

$$I_r' = \frac{R_g}{R_g + R_r} I_r \qquad (1.2)$$

由于 $R_g = R_r$，故可有效保护人身安全。

由此也可看出，接地电阻越小，保护越好，这就是为什么在接地保护中总要强调接地电阻要小的缘故。

2) 接零保护

对变压器中性点接地系统(现在普遍采用电压为 380V/220V 的三相四线制电网)来说，采用外壳接地已不足以保证安全。参考图 1.11，因人体电阻 R_r 远大于设备接地电阻 R_g，所以人体受到的电压就是相线与外壳短路时外壳的对地电压 U_a，而 U_a 取决于式(1-3)，即

$$U_a \approx \frac{R_g}{R_0 + R_g} U \qquad (1.3)$$

式中：R_0 为工作接地的接地电阻；R_g 为保护接地的接地电阻；U_a 为相电压。

如果 $R_0 = 4\Omega$，$R_g = 4\Omega$，$U = 220V$，则 $U_a \approx 110V$，这个电压对人来说是不安全的。因此，在这种系统中，应采用保护接零，即将金属外壳与电网零线相接。一旦相线碰到外壳即可形成与零线之间的短路，产生很大的电流，使熔断器或过流开关断开，切断电流，因而可防止电击危险。这种采用保护接零的供电系统，除工作接地外，还必须有重复接地保护，如图 1.12 所示。

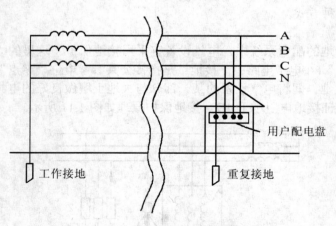

图 1.12　重复接地保护

图 1.13 所示为民用 220V 供电系统的保护零线和工作零线。在一定距离和分支系统中，必须采用重复接地，这些属于电工安装中的安全规则，电源线必须严格按有关规定制作。

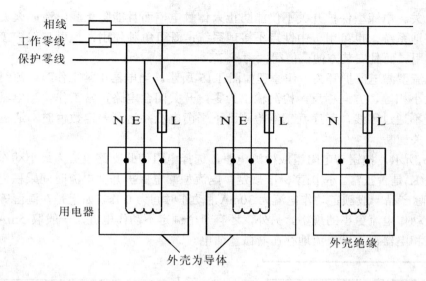

图 1.13　单相三线制用电器接线

应注意的是这种系统中的保护接零必须是接到保护零线上，而不能接到工作零线上。虽然保护零线与工作零线对地的电压都是 0V，但保护零线上是不能接熔断器和开关的，而工作零线上则根据需要可接熔断器及开关。这对有爆炸、火灾危险的工作场所为减轻过负荷的危险是必要的。

图 1.14 所示为室内有保护零线时，用电器外壳采用保护接零的接法。

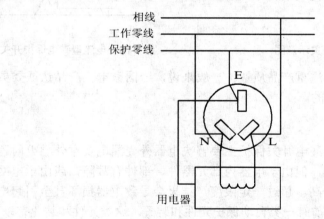

图 1.14　三线插座接线

2．漏电保护开关用电器

漏电保护开关也叫触电保护开关，是一种保护切断型的安全技术产品，它比保护接地或保护接零更灵敏、更有效。漏电保护开关有电压型和电流型两种，其工作原理有共同性，即都可把它看作是一种灵敏继电器，如图 1.15 所示，检测器 JC 控制开关 S 的通断。对电压型而言，JC 检测用电器对地电压；对电流型则检测漏电流，超过安全值即控制 S 动作切断电源。由于 S 和 JC 电压型漏电保护开关安装比较复杂，因此目前发展较快，使用广泛的是电流型保护开关。电流型保护开关不仅能防止人体触电，而且能防止漏电造成火灾，既可用于中性点接地系统，也可用于中性点不接地系统；既可单独使用，也可与保护接地、保护接零共同使用。而且安装方便，值得大力推广。

典型的电流型漏电保护开关工作原理如图 1.15 所示。当电器正常工作时，流经零序互感器的电流大小相等、方向相反，检测输出为零，开关闭合电路正常工作。当电器发生漏电时，漏电流不通过零线，零序互感器检测到不平衡电流并达到一定数值时，通过放大器输出信号将开关切断。

如图 1.16 所示，按钮与电阻组成检测电路，选择电阻使此支路电流为最小动作电流，即可测试开关(K)是否正常。按国家标准规定，电流型漏电保护开关电流时间乘积为不少于 30mA·s。实际产品一般额定动作电流为 30mA，动作时间为 0.1s。如果是在潮湿等恶劣环境下，可选取动作电流更小的规格。另外，还有一个额定不动作电流，一般取 5mA，这是因为用电线路和电器都不可避免地存在着微量漏电。

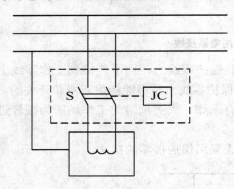

图 1.15　漏电保护开关示意图

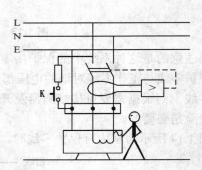

图 1.16　电流型漏电保护开关

选择漏电保护开关更要注重产品质量。一般来说，经国家电工产品认证委员会认证，带有安全标志的产品是可信的。

3．过限保护

上述接地、接零保护及漏电开关保护主要解决电器外壳漏电及意外触电问题。另有一类故障表现为电器并不漏电，但由于电器内部元器件、部件有故障，或由于电网电压升高引起电器电流增大、温度升高，超过一定限度，结果会导致电器损坏甚至引起电气火灾等严重事故。对这种故障，目前有一类自动保护元件和装置。这类元件和装置有以下几种。

1) 过压保护装置

过压保护装置有集成过压保护器和瞬变电压抑制器。

(1) 集成过压保护器是一种安全限压自控部件，其工作原理如图 1.17 所示，使用时并联于电源电路中。当电源正常工作时功率开关断开。一旦设备电源失常或失效超过保护阈值，采样放大电路将使功率开关闭合、电源短路，使熔断器断开，保护设备免受损失。

(2) 瞬变电压抑制器(TVP)是一种类似稳压管特性的二端器件，但比稳压管响应快，功率大，能"吸收"高达数千瓦的浪涌功率。TVP 的特性曲线如图 1.18(a)所示，正向特性类似二极管，反向特性在 U_B 点处发生"雪崩"式放电效应，其响应时间可达 10^{-12}s。将两只

TVP 开关管反向串接，即可具有"双极"特性，可用于交流电路，如图 1.18(b)所示。选择合适的 TVP 就可保护设备不受电网或意外事故产生的高压危害。

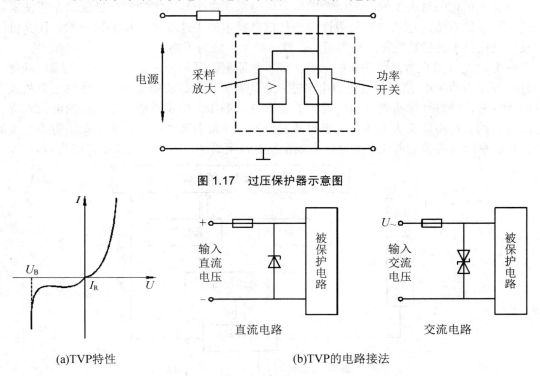

图 1.17　过压保护器示意图

(a)TVP特性　　　　　　　　　　(b)TVP的电路接法

图 1.18　TVP 特性及电路接法

2) 温度保护装置

电器温度超过设计标准是造成绝缘失效，引起漏电、火灾的关键原因。温度保护装置除传统的温度继电器外，还有一种新型、有效且经济、实用的元件——热熔断器。其外形如同一只电阻器，可以串接在电路中，置于任何需要控制温度的部位，正常工作时相当于一只阻值很小的电阻，一旦电器温升超过阈值，立即熔断，从而切断电源回路。

3) 过流保护装置

用于过电流保护的装置和元件主要有熔断丝、电子继电器及聚合开关，它们串接在电源回路中以防止意外电流超限。熔断器用途最普遍，主要特点是简单、价廉。不足之处是反应速度慢且不能自动恢复。电子继电器过流开关，也称电子熔断丝，反应速度快，可自行恢复，但较复杂，成本高，在普通电器中难以推广。

聚合开关实际上是一种阻值可以突变的正温度系数电阻器。当电流在正常范围时呈低阻(一般为 0.05～0.5Ω)，当电流超过阈值后阻值很快增加几个数量级，使电路电流降至数毫安。一旦温度恢复正常，电阻又降至低阻，故其有自锁及自恢复特性。由于其体积小，结构简单，工作可靠且价格低，故可广泛用于各种电气设备及家用电器。

4．智能保护

随着现代化的进程加快，配电、输电及用电系统越来越庞大、越来越复杂，即使采取上述多种保护方法，也总有其局限性。当代信息技术的飞速发展，传感器技术、计算机技术及自动化技术的日趋完善，使得用综合性智能保护成为可能。

图 1.19 是计算机智能保护系统示意图。各种监测装置和传感器(声、光、烟雾、位置、红外线等)将采集到的信息经过接口电路输入到计算机，进行智能处理，一旦发生事故或有事故预兆时，通过计算机判断及时发出处理指令。例如，切断事故发生地点的电源或者总电源，启动自动消防灭火系统，发出事故警报等，并根据事故情况自动通知消防或急救部门。保护系统可将事故消灭在萌芽状态或使损失减至最小，同时记录事故详细资料。

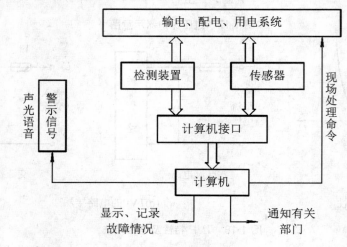

图 1.19　计算机智能保护系统

1.3.5　电子装接操作安全

这里所说的电子装接泛指工厂规模化生产以外的各种电子电器操作，如电器维修、电子实验、电子产品研制、电子工艺实习及各种电子制作等。其特点是大部分情况下为少数甚至个人操作，操作环境和条件千差万别，安全隐患复杂且没有明显的规律。

1．用电安全

尽管电子装接工作通常称为“弱电”工作，但实际工作中免不了接触“强电”。一般常用的电动工具(如电烙铁、电钻、电热风机等)、仪器设备和制作装置大部分需要接市电才能工作，因此用电安全是电子装接工作的首要关注点。以下 3 个要点是安全用电的基本保证。

1) 安全用电观念

增强安全用电的观念是安全的根本保证。任何制度、任何措施，都是由人来贯彻执行的，忽视安全是最大的隐患。

2) 基本安全措施

工作场所的基本安全措施是保证安全的物质基础。基本安全措施包括以下几条:

(1) 工作室电源符合电气安全标准。

(2) 工作室总电源上装有漏电保护开关。

(3) 使用符合安全要求的低压电器(包括电线、电源插座、开关、电动工具、仪器仪表等)。

(4) 工作室或工作台上有便于操作的电源开关。

(5) 从事电力电子技术工作时,工作台上应设置隔离变压器。

(6) 调试、检测较大功率电子装置时工作人员不得少于两人。

3) 养成安全操作习惯

习惯是一种下意识的行为方式,安全操作习惯可以经过培养逐步形成,并使操作者终身受益。主要安全操作习惯有以下几条:

(1) 人体触及任何电气装置和设备时先断开电源。断开电源一般指真正脱离电源系统(如拔下电源插头、断开刀闸开关或断开电源连接),而不仅仅是断开设备电源开关。

(2) 测试、装接电力线路采用单手操作。

(3) 触及电路的任何金属部分之前都应进行安全测试。

2. 机械损伤

电子装接工作中机械损伤比在机械加工中要少得多,但是如果放松警惕、违反安全规程仍然存在一定危险。例如,戴手套或者披散长发操作钻床是违反安全规程的,实践中曾发生手臂和头发被高速旋转的钻具卷入,造成严重伤害的事故。再如,使用旋具紧固螺钉可能打滑伤及自己的手;剪断印制板上元件引线时,线段飞射打伤眼睛等事故都曾发生过。而这些事故只要严格遵守安全制度和操作规程,树立牢固的安全保护意识,是完全可以避免的。

3. 防止烫伤

烫伤在电子装接工作中是频繁发生的一种安全事故,这种烫伤一般不会造成严重后果,但也会给操作者造成伤害。只要注意操作安全,烫伤完全可以避免。造成烫伤的原因及防止措施如下。

1) 接触过热固体

常见有下列两类造成烫伤的固体。

(1) 电烙铁和电热风枪。特别是电烙铁为电子装接必备工具,通常烙铁头表面温度可达 $400 \sim 500℃$,而人体所能耐受的温度一般不超过 $50℃$,直接触及电烙铁头肯定会造成烫伤。工作中电烙铁应放置在烙铁架并置于工作台右前方。观测烙铁温度可用烙铁头熔化松香,不要直接用手触摸烙铁头。

(2) 电路中发热电子元器件,如变压器、功率器件、电阻、散热片等。特别是电路发生故障时有些发热器件可达几百摄氏度高温,如果在通电状态下触及这些元器件不仅可能造成烫伤,而且可能有触电危险。

2) 过热液体烫伤

电子装接工作中接触到的主要有熔化状态的焊锡及加热的溶液(如腐蚀印制板时加热腐蚀液)。

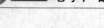

3) 电弧烫伤

准确地讲，应称为"烧伤"，因为电弧温度可达数千摄氏度，对人体损伤极为严重。电弧烧伤常发生在操作电气设备过程中。例如，图 1.20 所示的较大功率电器不通过启动装置而直接接到刀闸开关上，当操作者用手去断开刀闸时，由于电路感应电动势(特别是电感性负载，如电机、变压器等)在刀闸开关之间可产生数千甚至上万伏高电压，因此击穿空气而产生的强烈电弧容易烧伤操作者。

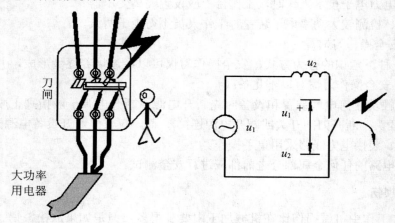

图 1.20　电弧烧伤

本 章 小 结

本章主要分为两部分，第一部分介绍了现代电子企业电子产品的实际开发设计、工艺、生产和质量管理程序。

(1) 电子产品生产企业的基本机构及其在电子产品开发生产中的作用。

(2) 电子产品的设计中各阶段的工作内容、评审方法。

(3) 电子产品工艺及工艺技术、工艺管理的概念和重要性。

(4) 电子产品生产中品质管理的概念，质量管理在电子产品设计、工艺、生产和采购中发挥的作用。

第二部分介绍了安全用电的知识。

(1) 从人身安全的重要角度出发，介绍了触电危险、触电机理和防止触电及安全管理制度的内容。

(2) 通过设备安全，了解正确使用设备、检测设备的安全性及安全防护措施的内容。

(3) 安全用电技术，介绍了设备的接地技术、漏电保护等防护措施。

(4) 电子装配操作安全，主要介绍了安全用电的观念、防止烫伤和机械损伤等措施。

本章的内容为大学生顺利进入电子企业提供了必备和实用的知识。

习　题　1

1. 电子产品主要由哪些部件组成？举例说明。
2. 一般电子企业由哪些主要部门组成？
3. 电子产品设计主要考虑哪些因素？
4. 电子产品设计一般分为哪几个阶段？简单描述各阶段的作用。
5. 什么是工艺技术？什么是工艺管理？
6. 对于电子产品而言，生产过程都涵盖哪些内容？
7. 电子产品装配工艺有哪些内容？
8. 电子产品设计阶段涉及哪些质量管理的内容？
9. 元器件质量认定主要有哪些工作？
10. 进货检验和成品检验的基本含义是什么？
11. 为防止触电一般要采取哪些安全措施？
12. 为保证人身和设备安全，设备通电前要做哪些基本检查？
13. 电气设备的接地保护是什么意思？
14. 接零保护方式是如何保护设备和人身安全的？

第 2 章

主要电子元器件及其检测技术

教学目标

通过本章的学习，了解电子产品所采用的主要电子元器件的基本参数、结构和特点；掌握电子元器件的命名方式和识别方法；掌握部分电子元器件的检测技术；了解电子产品常用材料的基本特性。便于在电子产品设计生产中对元器件的选用和检测验收。

从硬件来看，电子产品是由电子元器件、电子材料等组合而成的，因此，熟悉元器件和常用电子材料的性能特点，合理选用元器件和材料，对电子产品设计和生产极为重要。因此本章从工程应用的角度介绍电子产品中常用电子元器件的基本性能、结构、型号命名方法和基本检测技术，并在附录中列出了部分常用电子元器件的规格型号和主要参数，以供电子产品设计和生产时选用。现代电子技术发展迅速、元器件品种繁多，新产品、新材料也不断涌现，其详细技术参数可查阅有关手册或厂家提供的相关技术规格说明书。

2.1 电阻器与电位器

2.1.1 固定电阻器

在电子产品中使用最多的是电阻器，在电路中具有电阻性能的实体元件称为电阻器，阻值不能改变的称为固定电阻器。电阻器是组成电路的基本元件之一，在电路中电阻器的主要作用是用来稳定和调节电流、电压，组成分流器和分压器，在电路中起到限流、降压、去耦、偏置、负载、匹配、取样等作用，还可以用来调节时间常数、抑制寄生振荡等。

1. 表示固定电阻器性能的主要参数

当对照电路图去购买电阻器时，并不是买到与图中标记相同电阻值的产品就可以了，还需要考虑其他表征电阻器性能的参数，比如是几瓦(额定功率)、多大的误差(允许偏差)、什么材料的(分类)等，表征电阻器性能的参数多达十几种，下面主要介绍标称阻值、允许偏差、额定功率、温度系数、噪声和频率特性等。

1) 标称阻值和允许偏差

电阻器不可能做到要什么阻值就有什么阻值，为了达到既满足使用者对规格的各种要求，又便于大量生产，使规格品种简化到最低程度，国家规定只按一系列标准化的阻值生产，这一系列阻值叫作电阻器的标称阻值系列。

通常电阻值采用 E6、E12、E24、E96 系列，E 后面的数目越大表示其允许偏差越小，分别适用于允许偏差为 ±20%、±10%、±5%、±1% 的电阻器，其中 E24 为常用系列，E96 为高精密系列，如表 2.1 所列。

表 2.1　电阻器的标称值 E 系列

电阻值系列	允许偏差	电阻标称值
E6	±20%	1.0, 1.5, 2.2, 3.3, 3.9, 4.7, 5.6, 6.8, 8.2
E12	±10%	1.0, 1.2, 1.5, 1.8, 2.2, 2.7, 3.3, 3.9, 4.7, 5.6, 6.8, 8.2
E24	±5%	1.0, 1.1, 1.2, 1.3, 1.5, 1.6, 1.8, 2.0, 2.2, 2.4, 2.7, 3.0, 3.3, 3.6, 3.9, 4.3, 4.7, 5.1, 5.6, 6.2, 6.8, 7.5, 8.2, 9.1

允许偏差就是电阻标称值与实际阻值之间的偏差，常称为精度，是以%为单位表示标称值与实际值之间误差的最差保证值。例如，标称阻值为 1kΩ，允许偏差为 ±5% 的电阻器，在规定测试条件下，全部合格产品都应该在 950～1050Ω 的范围内。

2) 额定功率

电阻器在正常大气压力和额定温度条件下，能长期连续负荷而不损坏或不显著改变其性能所允许消耗的最大功率，称为该电阻器的额定功率，单位为瓦，用 W 表示。常用的有 1/8W、1/4W、1W、2W、5W、10W 等。

在电路设计选用电阻器时，应充分估计电阻的工作条件，留足功率余量，以保证电阻稳定、可靠地工作。当环境温度高于额定环境温度时，为使电阻的发热温度不致超过其最高允许值，电阻应降负荷使用。当电阻在低气压下工作时，由于散热条件不好，负荷功率也应降低。

根据电阻器的额定功率和标称阻值可以算出电阻器的额定电压，当在电阻器上施加额定电压时，电阻器满负荷工作，电阻值越大，额定电压越高。额定电压是与额定功率不同的两个使用限制条件，额定电压的规格有 3 种，即最高工作电压、最大过载电压、最高脉冲电压。电阻器上允许施加的最大连续工作电压称为最高工作电压，即通常所指的额定电压，它取决于电阻器的尺寸和结构因素。后两个是在使用功率开关、浪涌抑制电路情况下的短时间耐压规格。

3) 温度系数

电阻器的电阻值会因为温度的变化而变化，这种变化的比例就称为电阻温度系数，用 α_R 表示。它是温度每变化 1℃时阻值的相对变化率，在工程中常采用平均温度系数来表示，即

$$\alpha_R = \frac{R_2 - R_1}{R_1(t_2 - t_1)} \qquad (1/℃) \qquad (2.1)$$

式中，R_2 是温度为 t_2 时的阻值，R_1 是温度为 t_1 时的阻值。通常 α_R 的值很小，工程上以 10^{-6} 量级来表示，用 ppm/℃ 表示。例如，某电阻的温度系数为 200ppm/℃，如果工作温度范围是 25℃±55℃，则会有 0.0002×(±55)=±1.1% 的电阻值变化。从图 2.1 中可以看出，不同种类的电阻温度系数是很不同的，即使同类电阻也会因为电阻值的不同而不同。

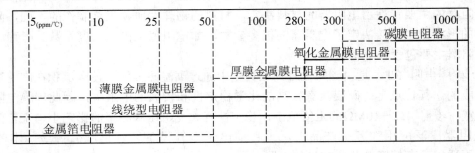

图 2.1 主要电阻器的电阻温度系数

4) 噪声

当电阻器通以直流电流时，电阻器两端的电压往往不是一个恒定不变的电压，而是有着不规则的电压起伏，有如在直流电压上叠加了一个交变分量，这个交变分量称为噪声电动势。

电阻器的噪声包括热噪声和电流噪声。热噪声是由于电阻器中自由电子的不规则热运动，而使电阻器内任意两点间产生的随机电压。任何类型的电阻器都存在热噪声，降低电阻器的工作温度，有利于降低热噪声。电流噪声是当电阻器通过电流时，导电颗粒之间及

非导电颗粒之间不断发生碰撞，使颗粒之间的接触电阻不断变化，因而电阻器两端除直流电压降之外还有一个不规则的交变电压分量。例如，热分解碳膜和金属膜电阻器的薄膜微观结构细密、晶粒小，其电流噪声就比合成实心电阻要小得多。线绕和合金箔电阻器内部没有分散性的导电不连续结构，可避免电流噪声。

5) 频率特性

实际的电阻器除了固有的电阻成分外，还有电感和电容的寄生成分。在直流或低频情况下，电阻器表现出电阻的性能。在较高工作频率下，电容、电感的影响就变得明显，主要有电阻体单位长度的分布电感、分布电容、端引间(即端子和引脚间)的集中电容和引出部分的电感等。与线圈结构相同的线绕电阻就具有较大的电感和电容，这种影响更为明显，因而不宜用于高频和脉冲电路。电阻器的寄生参数如图2.2所示。

2. 固定电阻器的结构特点

电阻器的结构特点主要由材料、形状和封装决定，图2.3是碳膜电阻器的结构示意图。

图 2.2　电阻器的寄生参数　　　　　图 2.3　碳膜电阻器的结构示意图

1) 电阻器的材料

电阻器的主要特性由电阻器的材料决定，材料的物理性质和工艺制作的不同，限制了电阻器的形状，也间接决定了电阻器的很多参数，如电阻值范围、温度系数、噪声、价格等。电阻器主要包含以下材料。

(1) 碳膜电阻 RT，是由碳氢化合物在真空中通过高温热分解，使碳沉积在陶瓷基体表面上形成的。其特点是：碳膜具有较高的化学稳定性和较大的电阻率，因此碳膜电阻的阻值范围宽，覆盖 $1\Omega \sim 10M\Omega$ 的阻值范围，稳定性好、受电压和频率的影响小、工艺简单。碳膜电阻器广泛应用在各类产品上，是目前电子电气设备、资讯产品等最基本的零部件，但不适用于高精度及微小信号的电路。

(2) 金属膜电阻 RJ，采用真空蒸发或阴极溅射法制造，导电膜层是金属或合金材料，性能优良，其特点是：工作环境温度范围大($-55\sim +125\,^{\circ}\!C$)，利于小型化，温度系数和噪声等性能都较优越。缺点是制造工艺较复杂、成本较高，由于膜层结构不均匀，所以脉冲负载能力差。

(3) 金属氧化膜电阻 RY，它是利用高温燃烧技术在高热传导的瓷棒上面烧附一层金属氧化薄膜(如氧化锌)，然后在外层喷涂不燃性涂料。特点是：耐热性好、化学稳定性高、力学性能好、膜层附着性好、阻值稳定性高、耐受脉冲的性能好，它还兼备低杂音、稳定、

21世纪高职高专电子信息类实用规划教材

高频特性好的优点。缺点是：在潮湿的空气中，直流电压下氧化膜会发生还原反应，使膜层与金属引线间的接触电阻较大。它主要用于仪器或装置需要长期在高温的环境下工作的情况，因为使用一般的电阻不能保持其稳定性。

(4) 线绕电阻 RX，是用镍铬合金、锰铜合金等电阻合金线在绝缘基体上绕制而成，其外表涂有耐热的釉层。特点是：功率大，能经受高热，本身产生的噪声小，稳定性也好。由于结构的特点，其体积大，分布电感和分布电容较大，高频性能差，时间常数大。

(5) 金属玻璃釉电阻 RI，又称为金属陶瓷电阻器，是以金属、金属氧化物或难熔化合物作为导电介质，以玻璃釉作粘接剂，与有机粘接剂混合成浆料，被覆于陶瓷或玻璃基体上，然后经烘干、高温烧结而成，又称厚膜电阻器。其特点是耐高温、高压，阻值范围宽，通常在 $100k\Omega \sim 100M\Omega$，温度系数小、稳定可靠、耐潮湿性好。宜于制成小型化的分立元件，广泛用于厚膜电路中。

(6) 合成膜电阻 RH，可制成高压型和高阻型。高压型的外形大多是一根无引线的电阻长棒，表面涂红色，耐压越高长度越长。高阻型的电阻体封装在真空玻璃管中，防止合成膜受潮或氧化，以提高稳定性。高压型的阻值范围为 $47 \sim 1000M\Omega$，高阻型的阻值范围为 $10 \sim 10^6 M\Omega$。

2) 电阻器的结构

电阻器的结构决定了电阻器的阻值系列、允许偏差及寄生参数等，电阻器的结构和特点如下：

(1) 薄膜电阻器包括刻槽型和无槽型两种，利用真空喷涂技术在瓷棒上面喷涂一层碳膜，再将碳膜外层加工切割成螺旋纹状，依照螺旋纹的多寡来确定其电阻值，螺旋纹越多时表示电阻值越大，然后铆压金属端帽作为电极，最后在外层涂上环氧树脂密封保护而成。薄膜电阻器的结构如图 2.3 所示。刻槽型电阻器因其螺旋形状，会产生寄生电感和寄生电容，在频率较高时使用会比较明显，因此也制作无槽电阻器，一般阻值较低。

(2) 印刷型直接把厚膜型金属膜或碳膜系列电阻材料浆料印刷在陶瓷基板或其他绝缘基板上，加热形成电阻器，形成后的电阻器再通过激光或刻刀进行调整，使之达到电阻值系列的阻值和允许偏差。印刷型电阻器的形状自由度大，容易批量生产，广泛应用在片式电阻、电阻排和高压电阻上。采用寄生电感低的模式，控制调整量，可以获得频率特性好的电阻器。

(3) 薄膜真空蒸发型与印刷型相似，是在陶瓷基板上真空蒸发电阻金属膜，电阻图形取决于真空蒸发掩膜和光刻，阻值和允许偏差好，具有薄膜型特有的温度系数，常用于高精度的薄膜片式电阻器。

(4) 线绕型是在绝缘基体上绕上电阻丝或电阻带，通过改变电阻材料和线圈数来得到阻值，因此，电阻值的改变和允许偏差受到限制，电阻值的范围也偏小。线绕型的结构与线圈相同，寄生电感较大，应避免在高于音频波段中使用。

(5) 金属板型是在金属板的两端焊接导线，通过改变金属板的材料和形状来改变阻值，阻值较小。但结构上耐瞬时大电流能力强，寄生电感小，常用于功率电路中。

(6) 金属箔型是在陶瓷基板上贴金属箔，通过腐蚀形成电阻图形，得到所需要的电阻值和允许偏差，具有低温度系数、长期稳定性、无寄生电感、低电容、快速高热稳定性和低噪声的特点。

3) 电阻器的封装

电阻器封装的不同，会使得额定功率、额定电压、失效类型、尺寸大小等参数都有很大的不同，电阻器的封装主要有绝缘型、绝缘涂层型、实芯型、外壳型、玻璃釉型、片式等。

绝缘型封装，是在做好的电阻外层涂上漆和环氧系列涂料，用于保护膜型电阻，这种封装价格便宜，散热性好，体积小，重量轻，一般作为通用电阻器使用，如广泛应用的碳膜电阻器就是采用这种封装。

绝缘涂层型的绝缘涂层比绝缘型封装更细致，一般用于中功率的保护膜和线绕型、高压电阻等。涂层多为环氧树脂或硅胶系列，绝缘性、散热性、防潮性好，用于过载时一般还采用阻燃材料。

实芯型是把电阻器封装在苯酚树脂、环氧树脂等塑料或玻璃里面，电阻器完全被包裹，因此机械强度、绝缘性、防潮性及可靠性都很好，但重量和体积较大，常用于高精度金属膜电阻器和超高阻值的电阻器。

外壳型是把电阻器装入到陶瓷、环氧树脂等制成的外壳内，再用无机材料如水泥或环氧树脂把周围填满，最常见的就是水泥电阻。水泥电阻的电阻体在低阻时常采用线绕型，高阻时采用金属氧化膜电阻。金属板电阻器也是采用相同的结构，特点是耐热性和绝缘性好。

玻璃釉型是把陶瓷釉的浆料涂覆到陶瓷筒上，经过烧结后再在表面被覆一层绝缘层，其耐热性和散热性好，常见的如使用金属线或金属带的大功率线绕型电阻器就是采用这种封装。在大功率电阻器中，甚至还有在电阻器上做出散热片，以加大散热面积。

片式封装一般是用于表面安装工艺中，是在陶瓷板上形成厚膜型电阻器或薄膜型电阻器后，用低熔点玻璃保护层密封，最后装上电极，如图2.4所示。片式电阻器的特点是尺寸小、重量轻、形状标准化、无引线或短引线，适合在印制板上进行表面安装。

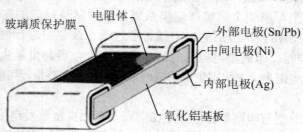

图2.4　片式电阻器的结构示意图

3. 固定电阻器的标识方法

根据国标《电容的型号命名方法》(GB 2470—81)，电阻的命名由4个部分组成，见表2.2。第一部分表示主称，用字母表示，R表示固定电阻器，W表示电位器，M表示敏感电阻器；第二部分表示材料，用字母表示；第三部分表示分类，一般用数字表示，个别用字母表示；第四部分表示序号，用数字表示。

表 2.2　电阻器、电位器型号命名方法

第一部分：主称		第二部分：材料		第三部分：分类			第四部分：序号
字　母	含　义	字　母	含　义	符　号	含　义		
					电　阻	电位器	
R	电阻	T	碳膜	1	普通	普通	
		H	合成膜	2	普通	普通	
		S	有机实芯	3	超高频		
		N	无机实芯	4	高阻		
		J	金属膜	5	高温		
		Y	氧化膜	6			
		C	沉积膜	7	精密	精密	
		I	玻璃釉膜	8	高压		
W	电位器	X	线绕	9	特殊	特殊	
				G	高功率		
				T	可调		
				W		微调	
				D		多圈	

例如，RJ-71 表示是精密金属膜电阻器，RXT-2 表示是可调线绕电阻器，RT-2 表示是普通碳膜电阻器。

在电阻器上一般会标出电阻值和允许偏差，这些标识的方法有直接标识法、文字符号法、色环标识法 3 种。

1) 直接标识法

直接标识法是在大功率等外形较大的电阻器上用数字或字母直接标出，为防止小数点消失，就把 2.2Ω±10%表示为 2R2K。例如，电阻器的表面上印有 RXYC-50-T-1k5-K，表示其种类是耐潮被釉线绕可调电阻器，额定功率为 50W，阻值为 1.5kΩ，允许偏差为±10%。

2) 文字符号法

文字符号法就是用文字、数字有规律地组合起来，直接标注在电阻器的表面，表示出电阻器的阻值与允许偏差。规定如下。

对于允许偏差大于±2%的电阻，阻值用 3 位数字表示，前两位数字代表有效数字，最后一位表示加零的个数。例如：100 表示其阻值是 $10 \times 10^0 = 10\Omega$，223 表示其阻值是 $22 \times 10^3 = 22000 = 22k\Omega$。其中小于 1Ω 的电阻则用字母"R"代表小数点，后面跟着有效数字，例如：R10=0.10Ω。

对于允许偏差小于±2%的电阻，阻值用 4 位数字表示，前 3 位数字代表有效数字，最后一位表示加零的个数，例如：1922 表示 19200Ω=19.2KΩ。小于 10Ω 的电阻字母"R"表示小数点，例如：1R53=1.53Ω。

允许偏差用一单独字母表示，如表 2.3 所列。

表 2.3 电阻器允许偏差的字母表示

字母	C	D	F	G	J	K	M
允许偏差/%	±0.25	±0.5	±1	±2	±5	±10	±20

3) 色环标识法

色环在电阻器上有不同的含义，它具有简单、直观、方便等特点，色环电阻中最常见的是四环电阻和五环电阻。

普通电阻多用四环表示其阻值和允许偏差。其中第一、二环表示有效数字，第三环表示倍率(即 0 的个数)，第四环表示允许偏差，国际统一的色码识别规定见表 2.4。例如，橙橙红金，表示其阻值是 $33×10^2=3300\Omega=3.3k\Omega$，允许偏差为±5%。

表 2.4 色码识别定义

颜色	黑	棕	红	橙	黄	绿	蓝	紫	灰	白	金	银	无 色
有效数字	0	1	2	3	4	5	6	7	8	9			
倍率	10^0	10^1	10^2	10^3	10^4	10^5	10^6	10^7	10^8	10^9	0^{-1}	0^{-2}	
允许偏差/%		±1	±2			±0.5	±0.25	±0.1			±5	±10	±20

精密电阻常采用五环标注，其允许偏差在±2%以下，其中前 3 环表示有效数字，第四环表示倍率，第五环表示允许偏差。例如，棕黑绿棕棕，表示其阻值是 $105×10^1\Omega=1050\Omega=1.05k\Omega$，允许偏差为±1%。

4. 固定电阻器的检测

对电阻器的检测主要是看其实际阻值与标称阻值是否相符。具体的检测方法如下。

在电子企业进行正规检验一般使用数字 RCL 电桥测试仪进行检测，一般程序是：打开测试仪电源开关，预热 15min，设置 RCL 测试仪为电阻测试挡，将电阻器接入测试端，在测试仪数字显示器读出电阻值(某些 RCL 测试仪需要根据阻值大小选择阻值测试挡位)。然后根据被测电阻器允许误差进行比较，若超出误差范围，则说明该电阻器不合格。

在实验室也常用万用表测量电阻，用万用表的欧姆挡，欧姆挡的量程应视电阻器阻值的大小而定。一般情况下，应使表针落到刻度盘的中间段，以提高测量精度。这是因为万用表的欧姆挡刻度线是非线性的，而中间段分度较细而准确。将两支表笔分别接电阻器的两端引脚即可测出实际电阻值。

2.1.2 电位器

电阻值可以调节的称为可变电阻器，又分为微调电位器和电位器两种。微调电位器，主要用在阻值不经常变动的电路中，其转动结构较简单。而电位器则是在一定范围内阻值连续可变的一种电阻器。

电位器的作用是用来分压、分流和作为变阻器。电位器在电路中如作为分压器，它是一个四端电子元件，当作变阻器使用时，它是一个两端电子元件，如图 2.5 所示。

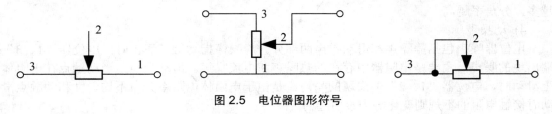

图 2.5　电位器图形符号

1. 表示电位器性能的主要参数

1) 标称值、零位电阻和额定功率

标称值：电位器的标称值与电阻器的系列相同，采用 E12 和 E6 系列，其允许误差范围为 ±20%、±10%、±5%、±2% 和 ±1% 等。

零位电阻：电位器的最小电阻，即动片端与任一定片端之间的最小电阻。

额定功率：电位器的额定功率是指两个固定端之间允许耗散的最大功率，滑动头与固定端之间所承受的功率要小于额定功率。非线绕电位器的额定功率优选值为 0.063W、0.135W、0.25W、0.5W、0.75W、1W、2W 和 3W；对线绕电位器为 0.5W、0.75W、1W、1.6W、3W、5W 和 10W；大功率电位器可高达 16W、25W、40W、100W。

2) 输出特性

电位器的输出特性是指当旋转滑动片触点时，阻值随之变化的关系。按照输出特性，电位器可分为线性和非线性两大类。常用的电位器有直线式、对数式和指数式，阻值变化规律如图 2.6 所示，其中 D 是对数式，X 是直线式、Z 是指数式。

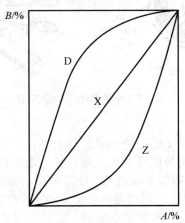

图 2.6　电位器阻值变化规律

A—旋转角度百分比；B—阻值百分比(以标称阻值为基数)

线性电位器：常用于精密仪器、示波器、万用表等，其线性精度为 ±2%、±1%、±0.3%、±0.1% 和 ±0.05%。

对数式电位器：特点是先粗调后细调，常用于对比度调节。

指数式电位器：特点是先细调后粗调，常用于收音机的音量调节。

3) 分辨率

分辨率是在有效的电性能行程内，电位器可以实现的对输出参量精细调节的能力。对线绕电位器来讲，其输出比是呈阶梯上升的，每个阶梯的高度就是最小调节量，当动接触点每移动一圈时，输出电压的变化率与输出电压的比值为分辨率。可见，电位器的总匝数越多，分辨率越高。

4) 动噪声

电位器噪声包括静噪声和滑动噪声两部分。静噪声指动触点静止时，电位器"1、3"端出现的噪声，主要是电阻器中存在的热噪声和电流噪声。滑动噪声是当动触点在电阻体上滑动时，电位器"1、2"端出现的噪声，是由于电阻体电阻率分布不均匀性和动触点滑动时接触电阻的不规则变化等因素引起的。

2. 电位器的结构特点

1) 电位器的结构

一般电位器由电阻体、滑动臂、外壳、转柄、电刷和焊片等组成，如图 2.7 所示。电阻体的两端和焊片 A、C 相连，因此 A、C 之间的电阻值即为电阻体的总阻值。转柄是和滑动臂相连的，调节转柄时，滑动臂随之转动。滑动臂的一头装有簧片或电刷，它压在电阻体上，并与其紧密接触；滑动臂的另一头则和焊片 B 相连。当簧片或电刷在电阻体上移动时，AB 和 BC 之间的电阻值就会发生变化。有的电位器上还装有开关，开关则由转柄控制。

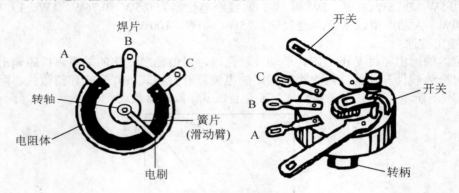

图 2.7　电位器的结构示意图

2) 电位器的材料

(1) 合成碳膜电位器。电阻体是用经过研磨的炭黑、石墨、石英等材料涂敷于基体表面而成，该工艺简单，是目前应用最广泛的电位器。额定功率有 0.125W、0.5W、1W、2W 等，精度一般为±20%。其特点是：阻值变化连续、分辨率高，阻值范围宽，通常为 100Ω～5MΩ，对温度和湿度的适应性差，成本低。缺点是电流噪声，非线性大，耐潮性及阻值稳定性差。

(2) 有机实芯电位器。这是一种新型电位器，它是用加热塑压的方法，将有机电阻粉压在绝缘体的凹槽内。其特点是：耐热性好、功率大、寿命长、可靠性高。但温度系数大、动噪声大、耐潮性能差、制造工艺复杂、阻值精度较差，阻值范围是 47Ω～4.7MΩ，功率在 0.25～2W 之间，精度有±5%、±10%、±20%几种。在小型化、高可靠、高耐磨性的电子设备以及交、直流电路中用作调节电压、电流。

(3) 金属膜电位器。电阻体可由合金膜、金属氧化膜、金属箔等分别组成。特点是分辨力高、耐高温、温度系数小、动噪声小、平滑性好。

(4) 金属玻璃釉电位器。用丝网印刷法按照一定图形，将金属玻璃釉电阻浆料涂覆在陶瓷基体上，经高温烧结而成。特点是：阻值范围宽，耐热性好，过载能力强，耐潮、耐磨等都很好，是很有前途的电位器品种。缺点是接触电阻和电流噪声大。

(5) 绕线电位器。这是将康铜丝或镍铬合金丝作为电阻体，并把它绕在绝缘骨架上制成。根据用途，可制成普通型、精密型、微调型线绕电位器。根据输出特性，又有线性和非线性两种。绕线电位器特点是接触电阻小，精度高，温度系数小，噪声小、耐压高，但阻值范围较窄，在几欧姆到几万欧姆，分辨力差，高频特性差。其主要用作分压器、变阻器、仪器中调零和工作点等。

3. 电位器的检测

在电子企业进行正规检验一般使用数字 RCL 电桥测试仪进行检测，一般程序是：打开测试仪电源开关，预热 15min，设置 RCL 测试仪为电阻测试挡，将测试仪端口接在电位器两个固定引脚焊片之间，先测量电位器的总阻值是否与标称阻值相同；然后测试仪端口分别接电位器中心头与两个固定端中的任一端，慢慢转动电位器手柄，使其从一个极端位置旋转至另一个极端位置，正常的电位器，显示器指示的电阻值应从标称阻值连续变化至 0Ω。整个旋转过程中，指针应平稳变化，而不应有任何跳动现象。若在调节电阻值的过程中，指针有跳动现象，则说明该电位器存在接触不良的故障。

然后根据被测电位器的允许误差进行比较，若在范围之内，则判断该电位器为合格，若超出误差范围，则判断该电位器不合格。

实验室测试电位器，可选用万用表欧姆挡的适当量程，将两表笔分别接在电位器两个固定引脚焊片之间，先测量电位器的总阻值是否与标称阻值相同。若测得的阻值为无穷大或较标称阻值大，则说明该电位器已开路或变值损坏。

然后再将两表笔分别接电位器中心头与两个固定端中的任一端，慢慢转动电位器手柄，使其从一个极端位置旋转至另一个极端位置，正常的电位器，万用表指针指示的电阻值应从标称阻值连续变化至 0Ω。整个旋转过程中，指针应平稳变化，而不应有任何跳动现象。若在调节电阻值的过程中，指针有跳动现象，则说明该电位器存在接触不良的故障。

2.2　电　容　器

广义地说，由绝缘材料(介质)隔开的两个导体即形成一个电容，它是具有存储电荷能力的电子元件，在电路中用字母 "C" 表示，其容量基本单位为法拉(F)，这种单位在实际应用时过大，因此更常用的是 pF(皮法)和 μF(微法)。电容器具有隔直流、提供容抗参数和储存电能等作用，广泛地被用于隔直流、谐振、信号耦合、滤波、移相、能量转换和传感等电路中。电容器在电路中的符号如图 2.8 所示。

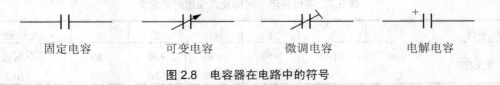

固定电容　　　　可变电容　　　　微调电容　　　　电解电容

图 2.8　电容器在电路中的符号

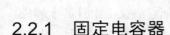

2.2.1 固定电容器

电容器容量大小用 C 表示，C 由式(2.2)决定，即

$$C = \frac{\varepsilon S}{4\pi d} \tag{2.2}$$

式中：ε 为电介质的介电常数；S 为两极板相对重叠部分的极板面积；d 为两极板之间的距离。

1. 表示固定电容器性能的主要参数

1) 标称容量及允许偏差

标在电容器外壳上的电容量数值称为电容器的标称容量，电容器实际电容量与标称电容量的偏差称允许偏差，也称精度。电容器一般不能通过制造后的调整改变容量，因此电容器的允许偏差一般为±5%～±20%，不太高。

电容量的规定与电阻器一样，也是采用 E 系列，通常更多的是采用 E6、E3 系列，纸介、金属化纸介及低频有机薄膜介质电容器的容量在不大于 1μF 时采用 E6 系列，可用 E12 系列补充。容量在 1～100μF 时，按 1、2、4、6、8、10、15、20、30、50、60、80、100 数值生产，电解电容器采用 E6 系列。

一般电容器的允许偏差常用Ⅰ、Ⅱ、Ⅲ级，电解电容器用Ⅳ、Ⅴ、Ⅵ级，其允许偏差系列为±10%、±20%、+50/−20%、+100%/−10%等，根据用途选取，如表 2.5 所列。

表 2.5　电容器精度与允许偏差对应关系

精度等级	Ⅰ	Ⅱ	Ⅲ	Ⅳ	Ⅴ	Ⅵ
允许误差/%	±5	±10	±20	+20 −10	+50 −20	+50 −30

电容器的允许偏差也常用字母表示，如表 2.6 和表 2.7 所列，分为对称和不对称允许偏差两种。

表 2.6　字母表示对称允许偏差时的含义

字母	B	C	D	F	G	J	K	M	N
含义/%	±0.1	±0.25	±0.5	±1	±2	±5	±10	±20	±30

表 2.7　字母表示不对称允许偏差时的含义

字母	H	R	T	Q	S	Z	无标记
含义/%	+100 0	+100 −10	+50 −10	+30 −10	+50 −20	+80 −20	+不规定 −20

例如，CJ1-63-0.022-K，表示非密封金属化纸介电容器，耐压 63V，容量为 0.022μF±10%；CT1-100-0.01-M，表示圆片低频瓷介电容器，耐压 100V，容量为 0.01μF±20%。

字母表示绝对允许偏差时只适用于标称电容量小于 10pF 的电容量，如表 2.8 所示，表中的允许偏差值的单位是 pF。如 D 表示绝对允许偏差为 ±0.5，表示该电容器的实际容量在比标称值大 0.5pF 和比标称值小 0.5pF 的范围内。

表 2.8　字母表示不对称允许偏差时的含义

字母	B	C	D	E
含义/pF	±0.1	±0.25	±0.5	±5

2) 电容器的介电强度

电容器的介电强度是表征电容器电性能的主要指标之一，是指电容器两端所能承受的最高电压。它主要取决于电容器介质材料的介电强度及性质，和电容器的结构特点、极板面积及散热情况等有关，主要有击穿电压和额定电压。

击穿电压：是在短时间内加到电容器上导致电容器击穿的电压。

额定电压：是指在一定工作期限内(5000～10000h)，能长期、可靠工作的最大直流电压，称为电容器的额定电压。额定电压通常都在电容器上标出，一般都符合 E5 系列，即 1.6、2.5、4、6.3、10、16、25、40 等。电解电容器还有 32V、50V、125V、300V、450V 等几挡额定电压。电容器的工作寿命是与额定电压有关的，使用时一般应留有余量。

3) 电容器损耗角正切

实际的电容器在电场作用下均有能量损耗，消耗的能量转变为热能，会使电容器发热，如果损耗特别大会导致电容器的损坏，因此大电流使用时要注意。单位时间的能量损耗称为电容器的损耗功率，损耗功率主要取决于介质损耗和金属部分的损耗。用损耗功率与储存功率的比值可真实地反映电容器的损耗特性，即损耗角正切值 tanδ。

一般情况下，温度的升高会使电容器的损耗增大，tanδ 也随频率的升高而增大，当相对湿度增大时，电容器的 tanδ 也将随之增大。

4) 绝缘电阻、时间常数和漏电流

电容器的绝缘电阻、时间常数和漏电流都是用来表征和判别电容器的绝缘品质的。

(1) 绝缘电阻。当电容器容量较小时，常用绝缘电阻 R 来判定。当给电容器施加的直流电压为 U，产生的漏电流为 I，则 U 与 I 之比称为电容器的绝缘电阻，一般是 MΩ 大小，测量绝缘电阻时，要考虑时间、温度、电压的影响，一般的测试条件是：常温(20℃±5℃)，在 100V 或 10V 电压作用下，测试时间为 1min。

(2) 时间常数。当电容器的容量较大时，对于原材料、制造工艺均相同的同类电容器而言，其容量越大则绝缘电阻越小，所以不能凭绝缘电阻的值来衡量其绝缘质量，实践中常用时间常数 $τ$，单位为 MΩ·μF，即绝缘电阻与电容量的乘积(RC)来评价，它仅仅与电介质的体积电阻系数和 $ε$ 的乘积有关系，而与 RC 电路中的时间常数是毫无共同之处的。

(3) 漏电流。各类电解电容器的绝缘品质取决于氧化膜的质量，而氧化膜上的孔洞、裂缝等疵点决定着电容器的漏电流，所以用漏电流的大小作为判断其绝缘品质的依据。电解电容器的漏电流的大小与容量和施加的工作电压有关。

5) 频率特性

随着频率的上升，一般电容器的电容量呈现下降的规律。在高频工作时，由于电容器的金属极板、引线和外壳等导电材料的存在，当电流通过它们时，电容器的分布参数，如极片电阻、引线和极片间的电阻、极片的自身电感、引线电感等，都会影响电容器的性能，如图2.9所示。

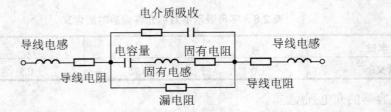

图2.9　实际电容器的等效电路

所有这些，使得电容器的使用频率受到限制，限制了电容器的上限工作频率 f_T，f_T 实际上远低于谐振频率 f_r，因为当工作频率超过 f_r 时，电容器阻抗转化为感性而失去电容的功能。作为高频信号通路应用的电容器，由于固有电感存在而阻碍了高频电流的通过，使高频通路效果变差，会影响通过电容器的脉冲信号波形，会影响电容器的充、放电作用。交流信号在电容器的电感上会有损耗，引起发热而使电容器损坏。

不同品种的电容器，最高使用频率不同。小型云母电容器在 250MHz 以内，圆片型瓷介电容器为 300MHz，圆管型瓷介电容器为 200MHz，圆盘型瓷介电容器可达 3000MHz，小型纸介电容器为 80MHz，中型纸介电容器只有 8MHz。

总之，固有电感的存在会增大电容器的损耗，改变电容器的阻抗频率特性，尤其在高频、大容量、大电流的使用场合，这种影响会更大。

6) 温度系数

温度的影响，常用电容温度系数 α_C 表示，就是温度变化 1℃时电容量的相对变化率，单位为 ppm/℃。

$$\alpha_C = \frac{C_2 - C_1}{C_1(t_2 - t_1)} \times 10^6 \ (\text{ppm/℃}) \tag{2.3}$$

式中，C_2 是温度为 t_2 时的电容值，C_1 是温度为 t_1 时的电容值。α_C 常用来表征温度稳定性较好的电容器，如Ⅰ类瓷介、云母、玻璃釉、聚苯乙烯、聚四氟乙烯电容器等。电容量是随着温度变化而变化的，当温度升高时，有的电容量会变大，称为正温度系数的电容器；有的则变小，称为负温度系数的电容器。例如，CBB22 的温度系数约为-300ppm/℃，则表示每升高 1℃，电容量减小万分之三，即 0.03%。如果温度上升 40℃，则 0.03%×40=1.2%，电容量要下降 1.2%。

7) 介质吸收

与理想电容器相比，实际电容器的充、放电时间要比计算值长得多，即呈现充、放电过程的延迟现象，这种现象称为介质吸收现象，介质吸收的存在，延长了电容器的充、放电时间，限制了电容器在高速响应电路中的应用，是模拟积分器等电路产生误差的原因。

2. 固定电容器的结构特点

电容器的参数比电阻器多，而影响这些参数的主要是电介质和机械结构，下面就从电介质和机械结构的不同对电容器进行分类。

1) 根据电介质的种类对电容器的分类及其特点

电容器的电介质主要分为有机介质电容器、无机介质电容器和电解电容器 3 种，具体分类如表 2.9 所示。

表 2.9　固定电容器按照电介质种类的分类

有机介质电容器	纸介	普通纸介、金属化纸介
	有机薄膜	涤纶、聚碳酸酯、聚苯乙烯、聚四氟乙烯、聚丙烯、漆膜等
无机介质电容器	云母	
	瓷介	瓷片、瓷管、独石
	玻璃	玻璃膜、玻璃釉、独石
电解电容器	铝电解、钽电解、铌电解	

下面分别介绍这些材料电容器的特点。

(1) 纸介电容器(CZ)。这是用较薄的电容器专用纸作为介质，用铝箔或铅箔作为电极，经卷绕成形、真空干燥、浸渍、密封而成。具有比电容量大、电容量范围宽(100pF～100μF)、工作电压高，最高耐压值可达 6.3 kV、成本低的特点，是有机介质电容器中生产和使用历史最悠久的品种。缺点是：体积大、容量精度低、损耗大、稳定性较差，只适用于直流和低频电路。

(2) 金属化纸介电容器(CJ1)。金属化纸介是纸介的改进产物，不同之处在于纸介电容器采用箔式极板，金属化纸介是在纸上蒸发一层金属薄膜为极板，与普通纸介电容相比，体积小，容量大，击穿后自愈能力强，常见的有 CJ10、CJ11 等系列。

(3) 涤纶薄膜电容器(CL)。它是用极性聚酯薄膜为介质制成的具有正温度系数的无极性电容。优点是涤纶电容器只能在室温至 100℃ 范围内工作，适用于对损耗要求不高、频率较低的情况下，一般用于直流及脉动电路中作为隔直流、旁路、去耦电容器，对要求体积小、重量轻，又符合上述要求的晶体管电路尤为适用，常用的型号有 CL11、CL21 等系列。

(4) 聚苯乙烯电容器(CB)。聚苯乙烯是非极性介质，其特点是介电常数和介质损耗较小，且随温度和频率的变化很小，所以聚苯乙烯电容器的容量精度高且容量的稳定性高，常用作标准电容器。有箔式和金属化式两种类型，箔式绝缘电阻大，介质损耗小，容量稳定，精度高，但体积大，耐热性较差；金属化式防潮性和稳定性较箔式好，且击穿后能自愈，但绝缘电阻偏低，高频特性差。一般应用于中、高频电路中。常用的型号有 CB10、CB11(非密封箔式)、CB14～16(精密型)、CB24、CB25(非密封型金属化)、CB80(高压型)、CB40(密封型金属化)等系列。

(5) 聚丙烯电容器(CBB)。用无极性聚丙烯薄膜为介质制成的一种负温度系数无极性电容，有非密封式(常用有色树脂漆封装)和密封式(用金属或塑料外壳封装)两种类型。聚丙烯电容器兼具有非极性和极性薄膜电容器的优良特性，严格要求容量精度和稳定性的场合常选用聚苯乙烯电容器。特点是损耗小，性能稳定，绝缘性好，容量大，在 0.1～150μF，一般应用于中、低频电子电路或作为电动机的启动电容。常用的箔式聚丙烯电容有 CBB10、CBB11、CBB60、CBB61 等；金属化式聚丙烯电容有 CBB20、CBB21、CBB401 等系列。

(6) 云母电容器(CY)。这是以云母为介质，大多采用叠层结构，在云母表面喷一层金属膜如银作为电极，按需要的容量叠片后经浸渍压塑在胶木壳、陶瓷或塑料等外壳内构成，有全密封和半密封两种。全密封云母电容器采用金属或陶瓷外壳，这种结构的防潮性能好，温度稳定性好。半密封大多采用模压塑料包封而成，这种结构的防潮性较好，可靠性好，且工艺简单，电容器可工作到 125℃。云母电容器稳定性好、分布电感小、精度高、损耗小、绝缘电阻大、温度特性及频率特性好、工作电压高(50V～7kV)等优点，容量为 4.7nF～4.7μF，一般在高频电路中作信号耦合、旁路、调谐等使用，以及对稳定性和可靠性要求非常高的场合，也可用作高频高压电容器和精密电容器。常用的有 CY、CYZ、CYRX 等系列。

(7) 瓷介电容器(CC)。这是用陶瓷材料作介质，在陶瓷表面涂覆一层银薄膜，再经高温烧结后作为电极而成。瓷介电容器又分Ⅰ类电介质(NPO、CCG)、Ⅱ类电介质(X7R、2X1)和 Ⅲ类电介质(Y5V、2F4)瓷介电容器。这类电容器是目前电容器最主要的品种之一，其用量占全部电容器的 40%～50%。Ⅰ类瓷介电容器具有温度系数小、稳定性高、损耗低、耐压高等优点。最大容量不超过 1000pF，常用的有 CC1、CC2、CC18A、CC11、CCG 等系列，主要应用于高频电路中。Ⅱ、Ⅲ 类瓷介电容器的特点是材料的介电系数高，容量大(最大可达 0.47μF)、体积小、损耗和绝缘性能较Ⅰ类的差，广泛应用于中、低频电路中作隔直、耦合、旁路和滤波等电容器使用，常用的有 CT1、CT2、CT3 等 3 种系列。

(8) 独石电容器。独石电容器是用钛酸钡为主的陶瓷材料烧结制成的多层叠片状超小型电容器。它具有性能可靠、耐高温、耐潮湿、容量大(容量范围 1pF～1μF)、漏电流小等优点。缺点是工作电压低(耐压低于 100V)，广泛应用于谐振、旁路、耦合、滤波等。常用的有 CT4(低频)、CT42(低频)、CC4(高频)和 CC42(高频)等系列。

电解电容器与其他电容器的不同之处，在于它从结构到生产工艺都广泛涉及了电化学原理。阳极和阴极分别是阀门金属(如铝、钽等)和电解质，其介质是形成在阀门金属上的氧化物。由于氧化物介质的单向导电性，使用电解电容器必须注意极性，且不能工作于交流电路，在直流电源中作滤波电容使用时极性不能接反；否则会引起发热、击穿或爆炸。

电解电容器的介质氧化物很薄，仅为 10^{-2}～10^{-3}μm，介电常数又较大，因此它的优点是比电容很大，是各类电容器中比电容最大的，即对于相同的容量和耐压，其体积比其他电容器都要小几到十几个数量级，在低压时尤为突出，在要求大容量的场合，均选用电解电容器。除此之外，它们的介质损耗较大，温度、频率特性差，绝缘特性差，漏电流大，长期存放可能因电解液干涸而老化，因此，除体积小外，其他电性能均不如其他类型的电容器。常见的电解电容器有铝电解电容器、钽电解电容器和铌电解电容器。

(9) 铝电解电容器(CD)。这是有极性的电容器，它的正极板用铝箔，将其浸在电解液中进行阳极氧化处理，铝箔表面上便生成一层 Al_2O_3 薄膜，其厚度一般为 0.02～0.03μm，这层氧化膜便是正、负极板间的绝缘介质。电容器的负极是由电解质构成的，电解液一般由硼酸、氨水、乙二醇等组成，其结构如图 2.10 所示。将上述的正、负极按其中心轴卷绕，便构成了铝电解电容器的芯子，然后将芯子放入铝外壳封装，便构成了铝电解电容器。为了保持电解质溶液不泄漏、不干涸，在铝外壳的口部用橡胶塞进行密封，外形封装有管式、立式，并在铝壳外有蓝色或黑色塑料套。铝电解电容器具有体积小、容量范围大，一般为 1～10000μF，额定工作电压范围为 6.3～450V，价格便宜，工作温度为-40～+55℃和-55～+85℃。但电性能不好，介质损耗、容量误差大，耐高温性较差，存放时间长容易失效。通常在直流电源电路或中、低频电路中起滤波、退耦、信号耦合及时间常数设定、隔直流等作用。

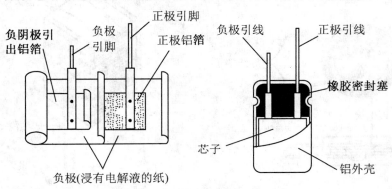

图 2.10　铝电解电容器的结构示意图

(10) 钽电解电容器(CA)。用钽粉压制成形，经过烧结后作为电容器的阳极，再经过化学方法在其表面生成氧化膜作为介质，而在表面生成二氧化锰作为阴极。钽电解电容器在工作过程中，具有自动修补或隔绝氧化膜中的疵点的性能，使氧化膜介质随时得到加固和恢复其应有的绝缘能力，而不致遭到连续的累积性破坏。这种独特自愈性能，保证了其长寿命和可靠性的优势。钽电解电容器具有非常高的工作场强度，并较同类型电容器都大，以此保证它的小型化。与铝电解电容器相比，具有绝缘电阻大、漏电流小、寿命长、长期储存的稳定性好、可靠性高、参数的温度和频率特性好等优点。钽是稀有贵金属，成本高，主要用于对电性能要求较高的电路，如计时、延时开关、伺服控制电路等。其结构如图 2.11 所示。

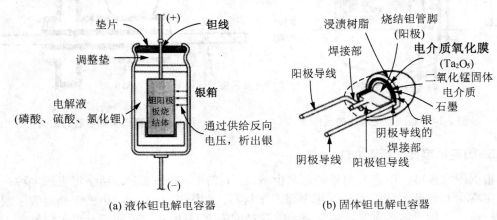

(a) 液体钽电解电容器　　　　(b) 固体钽电解电容器

图 2.11　液体钽电解电容器和固体钽电解电容器的结构示意图

2) 电容器的结构

电容器的结构主要有圆片型、叠层型、卷绕型、穿心型、电解电容等。

(1) 圆片型是最基本的电容器结构，最典型的就是圆片瓷介电容器，在圆片形的陶瓷电介质的两面镀银，再附上电极，连上导线，进行整体绝缘涂层后，为防潮再浸渍石蜡，如图 2.12 所示，常用于小容量电容器。

(2) 叠层型是把电介质和两个对向电极相互重叠起来，从而增加电极面积。在叠层型中，电极的两侧都构成电容器，因此电容量很大，容易实现电容器小型化，表面封装用的片式电容常采用这种结构，如图 2.13 所示。

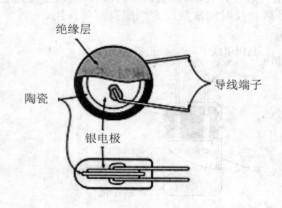

图 2.12　圆片瓷介电容器的结构　　　　图 2.13　叠层型电容器的结构

(3) 卷绕型是把两个不同的电介质和两个电极重叠并卷绕起来，如图 2.14 所示，这样的结构可以使电容量变成 2 倍，多用于薄膜电容器，但这样的结构会有寄生电感，因而高频特性不好。为了减小寄生电感，需要在中途进行反绕。

(4) 穿心型电容器的结构如图 2.15 所示，具有体积小、便于安装、性能稳定可靠等优点，适合在军用及各种电子设备、仪器、仪表等电路中作高频旁路电路。

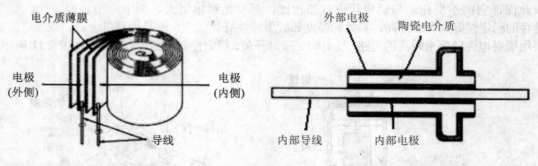

图 2.14　卷绕型电容器的结构　　　　图 2.15　穿心型电容器的结构

3. 固定电容器的标识方法

根据国家标准，电容器型号的命名由 4 部分组成。第一部分，用字母表示主称，电容器的主称用 C 表示。第二部分，用字母表示材料，如表 2.10 所示。第三部分用数字或字母表示特征，字母表示的含义，数字表示的含义如表 2.11 所示。第四部分表示序号，大多数电容器的型号都由 3 部分组成。

表 2.10　电容器型号命名方法(1)

第一部分：主称		第二部分：材料		第三部分：特征		第四部分：序号
字　母	含　义	字　母	含　义	符　号	含　义	
C	电容器	C	瓷介	T	铁电	
		I	玻璃釉	W	微调	
		O	玻璃膜	J	金属化	
		Y	云母	X	小型	
		V	云母纸	S	独石	
		Z	纸介	D	低压	
		J	金属化纸	M	密封	
		B	聚苯乙烯	Y	高压	
		F	聚四氟乙烯	C	穿心式	
		L	涤纶			
		S	聚碳酸酯			
		Q	漆膜			
		H	纸膜复合			
		D	铝电解			
		A	钽电解			
		G	金属电解			
		N	铌电解			
		T	钛电解			
		M	压敏			
		E	其他材料			

表 2.11　电容器型号命名方法(2)

符　号	特征的含义			
数　字	瓷介电容器	云母电容器	有机电容器	电解电容器
1	圆片		非密封	箔式
2	管型	非密封	非密封	箔式
3	叠层	密封	密封	烧结粉——液体
4	独石	密封	密封	烧结粉——固体
5	穿心		穿心	
6				
7				无极性
8	高压	高压	高压	
9			特殊	特殊

电容器的标注与电阻器类似，也分直接标识法、字母与数字的混合标注法、色环标识法等。

直接标注法：是指在电容器的表面直接用数字或字母标注出标称容量、额定电压等参数的标注方法。铝电解电容器是一种容量和体积都较大的电容器，由于体积较大，所以其容量和耐压可直接标注在外壳上。铝电解电容内含有电解质，所以电解电容器的两根引脚有极性之分。使用时"+"极接电路中直流电位的高端，"−"极接直流电位的低端。例如，CD11-16-22，表示为箔式铝电解电容器，额定电压为 16V，标称容量为 22μF。

字母与数字的混合标注法，通常采用以下几种形式：

数字加字母表示法，是用 2～4 位数字和一个字母混合后表示电容器的容量大小，其中数字表示有效数值，字母表示单位或小数点，常用的字母有 m、μ、n、p 等，mF 表示毫法，μF 表示微法、nF 表示纳法、pF 表示皮法。例如，7p5=7.5pF，4μ7=4.7μF，56=56pF，2200=2200pF。

用数字表示法：直接用小数点和数字表示，此法较常用，通常用的单位为 μF。如.01=0.01μF、033=0.033μF。

数码表示法：此法一般用于小容量电容。电容数值有 3 位数字，第一、第二位数为有效值，第三位数为倍数，即 0 的个数，单位通常是 pF。如 103 表示其容量为 $10×10^3$=10000pF=0.01μF，475 表示其容量为 $47×10^5$=4700000pF=4.7μF，特别的，第三位是 9，表示是 10^{-1}，如 479=$47×10^{-1}$pF=4.7pF。这类电容常带有后缀字母，用于表示精度。例如，103K=10000pF±10%，223J=22000pF±5%，479F=4.7pF±1pF。

色环标识法：电容器的标称值、允许偏差及工作电压均可采用颜色进行标志，电容器的色标法与电阻相同。

4. 固定电容器的检测

电容器工厂测量：用 RCL 数字电桥测试仪测试容量、损耗、误差等参数，一般程序是：打开测试仪电源开关，预热 15min，设置 RCL 测试仪为电容测试挡，将电容器接入测试端，在测试仪数字显示器读出电容量和损耗角正切值 tanδ、Q 值(某些 RCL 测试仪需要根据容量大小选择测试挡位)；用漏电流测试仪测试漏电流参数；用耐压测试仪测试耐电压参数。注意：电解电容器检测前，先将电解电容器的两根引脚碰一下，以便放掉电容器内残存的电荷。

2.2.2 可变电容器

凡工作时电容量在一定范围内可以调节的电容器称为可变电容器，可变电容器主要用于调谐，常用于无线电设备的振荡回路、谐振回路中，以改变回路的参数(如频率)等。

1. 表示可变电容器性能的主要参数

可变电容器的电气性能主要有电容量范围、容量变化规律、容量同步性、容量回差和动片的接触电阻等。

1) 电容量范围

当可变电容器的动片组全部旋进定片组时的电容量，称为最大电容量(C_{max})。当动片组全部旋出时的电容量，称为最小电容量(C_{min})。最大容量与最小容量之差，称为电容器的电容量范围。可变电容器的 C_{max} 是根据电子线路的频率覆盖要求进行设计的，其 C_{min} 则取决于电容器本身的结构、尺寸、C_{max} 的数值、动片与定片组的相对位置等，一般希望 C_{min} 值小，以获取较大的电容量范围和较小外形尺寸。

2) 电容量变化规律

容量变化规律即容量曲线，根据需要可以把容量 C 与转角 θ 的关系设计成各种形状的平滑曲线，常见的有直线电容式、直线波长式、直线频率式和对数容量式。

3) 多联可变电容器的同步性

在许多电子整机中常采用多联可变电容器来达到同时调整几个相的调谐回路频率的目的。为了使几个调谐回路得到统调，要求多联可变电容器的各联电容量在任何转角上完全相等，这称为容量的同步性。

在大批量生产中，要使多联可变电容器在不同的转角上各联容量完全相等是很困难的，实际上允许有一定的偏差，不同步的原因是片子的间距偏差、片子表面不平整或扭变及定片装配得不够均匀等。为此，常在各联动片组的两侧加上带有切口的槽片或称花片，花片上有 3～6 条长约 2/3 半径的辐射状切口，以方便生产过程中和使用过程中的容量统调。

2. 可变电容器的结构特点

常见的可变电容器因其采用的介质和用途不同，有空气介质、薄膜介质、玻璃介质、陶瓷介质、真空介质及可变、半可变(微调)之分，使用最多的是空气介质或薄膜介质的可变电容器和微调瓷介电容器。可变电容器种类如表 2.12 所列。一般来说，使用微调电容器时，经过一次设定后，就基本不会再作变动。

表 2.12　可变电容器种类概述

按照介质分类	空气介质可变电容器
	薄膜介质可变电容器
按照结构分类	单连可变电容器
	双连可变电容器
	四连可变电容器
按照容量变化规律分类	直线电容式连可变电容器
	直线波长式连可变电容器
	直线频率式连可变电容器
	对数电容式连可变电容器

(1) 空气可变电容器。这是以空气为介质，由两组可以相对转动但互相绝缘的金属片构成，如图 2.16 所示，定片组固装在座架上并用绝缘片与座架绝缘，动片组则由动片和转轴组合而成，在座架上装有轴承以支持转轴并保证转动的平稳、可靠，动片组通过弹性金属接触引片接入电路，使电气接触可靠。其特点是：介质损耗小、稳定性好、调谐精度高，但体积较大，防尘性稍差。

(2) 薄膜可变电容器。这是在其动片与定片之间加上塑料薄膜作为介质，外壳为透明或半透明塑料封装，因此也称密封单连、密封双连和密封四连可变电容器。薄膜介质由于厚度很薄，因而动、定片间距离极近，而且有机薄膜的介电常数比空气大，所以不大的极片面积就可获得所需的容量，与空气可变电容器相比，其体积小、重量轻，但稳定性稍差，易产生静电噪声。这类电容器一般都有塑料罩壳，用以防尘，其结构如图 2.17 所示。

图 2.16　空气可变电容器　　　　　　　图 2.17　薄膜可变电容器

(3) 瓷介微调电容器(CC)。这是用陶瓷作为介质。在动片与定片上均镀有半圆形的银层，通过旋转动片改变两银片之间的相对位置，即可改变电容量的大小，其结构和外形如图 2.18 所示。其体积小，可反复调节，使用方便。

(4) 云母微调电容器(CY)。这是由定片和动片构成，定片为固定金属片，其表面贴有一层云母薄片作为介质，动片为具有弹性的铜片或铝片，通过调节动片上的螺钉调节动片与定片之间的距离，来改变电容量。云母微调电容器有单微调和双微调之分，电容量均可以反复调节，如图 2.19 所示。

图 2.18　瓷介微调电容器　　　　　　　图 2.19　云母微调电容器

(5) 薄膜微调电容器。这是用有机塑料薄膜作为介质，即在动片与定片(动、定片均为半圆形金属片)之间加上有机塑料薄膜，调节动片上的螺钉，使动片旋转，即可改变容量，其结构如图 2.20 所示。其体积小、重量轻，可反复调节，使用方便。

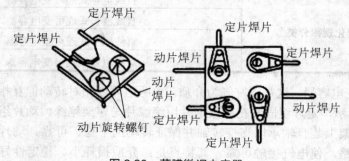

图 2.20　薄膜微调电容器

3. 可变电容器的检测

可变电容器的电参数检测和固定电容器方法一样，另外还应检测动片与定片之间的绝缘电阻，用万用表的 $R \times 10k$ 挡，用两表笔分别接触电容器的动片、定片，然后慢慢旋转动片，如碰到某一位置阻值为零，则表明有碰片短路现象，应予以排除再用。如动片转到某一位置时，表针不为无穷大，而是出现一定的阻值，则表明动片与定片之间有漏电现象，应清除电容器内部的灰尘后再用。如将动片全部旋进、旋出后，阻值均为无穷大，表明可变电容器良好。

2.3　磁 性 器 件

电感是一个利用自感作用进行能量传输的元件，通常电感由线圈构成，用字母 "L" 表示，称为电感线圈。电感线圈在电路图中的符号如图 2.21 所示。电感的作用是对交流信号有抵抗作用而对直流信号完全通过，即通直流、隔交流。初学者必须记住的一句话是电感电流不能突变。电感线圈的应用很广泛，它在无线电设备中的调谐回路、振荡回路，以及耦合、匹配回路；滤波、陷波、延迟、补偿、偏转聚焦等电路中都必不可少。

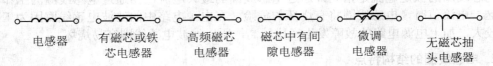

| 电感器 | 有磁芯或铁芯电感器 | 高频磁芯电感器 | 磁芯中有间隙电感器 | 微调电感器 | 无磁芯抽头电感器 |

图 2.21　电感线圈在电路图中的符号

2.3.1　电感线圈

1. 表示电感线圈性能的主要参数

1) 电感量

电感量的基本单位是亨利(H)，电感量取决于工作频率和用途，频率越高 L 越小，所以实际电路中所用线圈的电感量都很小，一般都只有毫亨(mH)或微亨(μH)。如高频电路中，电感量通常都小于 30μH。

2) 允许偏差

对电感量的精度要求取决于它的用途，如振荡回路用线圈，其允许偏差为 0.2%～0.5%；一般线圈为 1%～2%；对耦合线圈、高频扼流圈等则是 10%～15%。对线圈精度要求越高，则加工越困难，成本也越高。工程中常采用带螺纹的磁芯或改变线圈抽头来调整电感量，也从电路中考虑来降低对电感线圈精度的要求，除特殊用途外，一般都不提精度的要求。

3) 固有电容

电感线圈的各匝绕组之间通过空气、绝缘层和骨架存在有分布电容，以及在屏蔽罩之间、多层绕组的每层之间、绕组与底板之间也存在分布电容，如图 2.22 所示的等效电路，图中的固有电容就是电感线圈的分布电容。由于固有电容的存在，使线圈有一个固有谐振频率 f_0，它使得电感线圈的工作频率受到限制，只能远低于 f_0，所以希望固有电容越小越好。

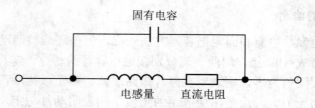

图 2.22　电感线圈的等效电路

电感线圈固有电容的大小取决于绕组形式，以及线圈的结构、几何尺寸、介质材料等，如单层间绕绕组的固有电容最小，仅为 1~2pF，简单的蜂房绕组的固有电容为 5~10pF，单层密绕绕组的固有电容介于上述两种绕组之间，采用分段绕法可使固有电容减少 1/3~1/2。

4) 品质因数 Q

电感线圈的品质因数是无功功率与有功功率之比，也称 Q 值，如式(2.4)，即

$$Q=\omega L/r \tag{2.4}$$

式中：ω 是工作频率；L 为线圈的电感量；r 为其损耗电阻。Q 值表征线圈中损耗的大小，线圈的 Q 值对回路的工作特性影响很大，所以一般希望 Q 值越大越好，但提高 Q 值并不容易，须根据具体的使用场合提出合适的要求。

5) 额定电流

电感线圈的额定电流是指允许通过电感线圈的最大电流，当通过电感线圈的工作电流大于这一电流值时，电感线圈将有烧坏的危险。在电源电路中的滤波电感线圈因为工作电流比较大，加上电源电路的故障发生率比较高，所以滤波电感线圈容易烧坏。

2. 电感线圈的结构特点

电感线圈的基本结构是在一个线圈骨架上按一定的几何形状和尺寸缠绕成一个或几个绕组，绕组的线端以机械方法固定，或焊接在引线片上。有的线圈还安装有屏蔽罩、密封盒等，有的还带有调整电感量的磁芯或非磁性芯子的移动导轨装置等。

1) 线圈骨架

线圈骨架就是绕制电感的支架，常用的线圈骨架结构形式有管筒形、线轴形、凸筋形、筋条形、支撑条形等，如图 2.23 所示。用在不同电路中的骨架其结构形式和使用的材料是不同的，如回路线圈和部分耦合线圈的骨架，大多采用聚丙烯、聚砜、聚苯醚等材料；高频扼流圈的骨架常用聚砜、聚苯醚、增强聚碳酸酯、增强涤纶等材料；在短波、超短波机中，常用高频瓷、超高频瓷的线圈骨架；小型电感线圈的骨架则用环氧玻璃纤维管。

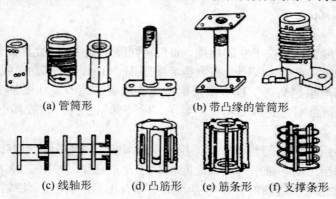

(a) 管筒形　　　　　　　　(b) 带凸缘的管筒形

(c) 线轴形　　(d) 凸筋形　　(e) 筋条形　　(f) 支撑条形

图 2.23　线圈骨架的常见结构形式

2) 绕组

绕组就是由导线缠绕成的固定形状，绕组的形式和尺寸决定了电感线圈的各种参数。常见的绕组形式有单层圆柱形绕组、多层平绕绕组、蜂房式绕组、平面螺旋形绕组、环形绕组和线框式绕组等，如图 2.24 所示。

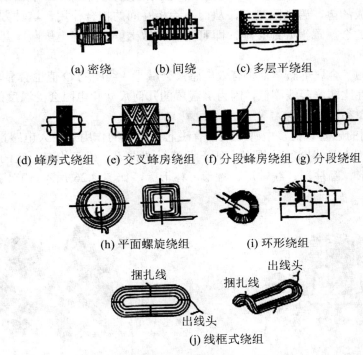

(a) 密绕　　　(b) 间绕　　　(c) 多层平绕组

(d) 蜂房式绕组　(e) 交叉蜂房绕组　(f) 分段蜂房绕组　(g) 分段绕组

(h) 平面螺旋绕组　　　　(i) 环形绕组

(j) 线框式绕组

图 2.24　电感线圈的几种绕组形式

(1) 单层圆柱形绕组。其分为密绕和间绕，如图 2.24(a)、(b)所示。密绕是用带绝缘的导线，而间绕的导线可以不带绝缘。单层绕组的特点是固有电容小，Q 值高，具有高的稳定性，广泛用于短波、中短波和超短波回路中。

(2) 多层平绕绕组。当需要大电感量时采用，如图 2.24(c)所示。其特点是固有电容和损耗都较大，参数的稳定性较差，只在长波回路及扼流圈中使用。也有将多层平绕绕组分成几段，并将各段串联，形成分段绕组，如图 2.24(g)所示，这样可减小固有电容，常用于长波和中波回路中。

(3) 蜂房式绕组。如图 2.24(d)所示。蜂房式绕组的最大优点是固有电容较小，这是因为导线折弯后互相交叉重叠起来，减小了固有电容，还提高了 Q 值。其机械强度也较高。蜂房式绕组广泛用于需要大电感量，同时固有电容又小的场合，如长波及中波回路、中频变压器、高频扼流圈等。为了增大电感量并减小固有电容，也作成几个分段的串联，如图 2.24(f)所示，还可采用交叉式蜂房绕法，如图 2.24(e)所示，常用于带调节磁芯的线圈。

(4) 平面螺旋形绕组。如图 2.24(h)所示，螺旋的形状可以是圆形、方形、矩形或椭圆形，广泛用于印制电路中，可作成耦合线圈、可变电感器等。

(5) 环形绕组。以单层导线均匀缠绕在磁性环形骨架上，如图 2.24(i)所示。其优点是：电感量大，在线圈外没有磁场，受到外界磁场的干扰小。缺点是：固有电容较大，只用于低频及超音频范围。

(6) 线框式绕组。在一些特殊场合，绕好的多层绕组还要弯成一定的形状，如电视机中所用的偏转线圈，如图 2.24(j)所示。

3) 电感线圈的屏蔽、磁芯及微调

(1) 电感线圈的屏蔽。把电感线圈放在一个密闭的接地金属罩内，将外界的电、磁场与电感线圈周围形成的电、磁场隔离开，从而消除相互间的耦合作用，这种方法叫屏蔽。只要把铝或铜制作的金属罩很好地接地，即可同时兼做磁屏蔽和静电屏蔽。几种常见屏蔽罩如图 2.25 所示。

高频线圈在加了金属屏蔽罩后，有效电感量会减小，线圈的 Q 值也会显著下降。此外，屏蔽线圈的稳定性比非屏蔽线圈低，因为屏蔽罩的几何尺寸和电阻会受温度的影响而变化，从而引起电感线圈参数的改变。

(2) 电感线圈的磁芯。很多电感线圈都有磁芯，磁芯的作用是增大电感量，缩小体积，减小固有电容，增大了线圈间的耦合，便于调整、调谐等。磁芯均有一定的标准形状和尺寸，常用的有环形、圆柱形、线轴形、罐形、杯形等，如图 2.26 所示，它们分别被用于不同的电感线圈中。

图 2.25　几种常见的屏蔽罩　　　　图 2.26　各种不同形状的磁芯

(3) 电感线圈的微调。用于调谐回路的电感线圈，对其电感量的精度要求很高，但大批量的生产又很难保证足够的精度。另外，电感线圈接入电路后，由于布线位置等因素的影响，也会使分布电容发生改变，从而影响到电感量。所以，从结构上能够对电感量微调，使其达到调谐回路所要求的精度，是微调的目的。微调的方法有：改变线圈匝间的互感量；用短路匝微调；用非磁性芯子微调；用磁芯微调等。

3. 几种常用电感线圈

电感线圈与电阻器、电容器不同，绝大多数没有标准化，其型号也没有统一的表示方法，除少数小型振荡线圈、中频变压器、电视机专用线圈和小型电感器有现成的产品外，大部分电感线圈需要根据要求具体设计和生产，下面只简单介绍几种常用电感的结构和特点。

1) 小型固定电感器 LG

以漆包线或丝包线直接在棒形、"I"字形、"王"字形等铁氧体磁芯上绕制而成，外面裹覆环氧树脂或封装在塑料壳中。用环氧树脂封装的电感器常用色码标注其电感量，又叫色码电感，其色码标注方法与电阻器一样。小型固定电感器有卧式(LG1)和立式(LG2)两类，如图 2.27 所示。其特点是体积小，重量轻，结构牢固，防潮性好，安装方便。广泛用于电子设备中，作为滤波、陷波、扼流、延迟等电路的元件。

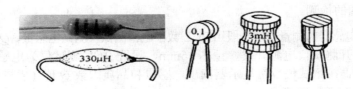

图 2.27　小型固定电感器

2) 平面电感

其主要采用真空蒸发、光刻及塑料包封等工艺，在陶瓷或微晶玻璃片上沉积金属导线而制成。其特点是：稳定性、精度和可靠性都比较好，适用于频率范围在几十至几百兆赫的高频电路中。

3) 高频扼流圈

只允许直流和低频电流通过而对高频电流呈现很大阻抗的元件，称为高频扼流圈。在电子线路中常用来阻止高频电流通过，从而使高频和低频或直流电流分路。按其在电路中使用的不同，有串馈扼流圈和并馈扼流圈两种，其结构如图 2.28 所示。

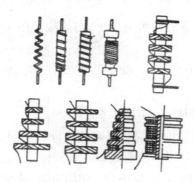

图 2.28　高频扼流圈

4) 专用电感线圈

在各种电子设备中，根据不同电路的特点，还有很多结构各异的专用电感线圈。例如，收音机用的磁性天线，电视机用的偏转线圈、行线性线圈、行振荡线圈、电源滤波器、亮度延迟线圈等，在这里就不做具体的介绍了，其外形结构如图 2.29 所示。

(a) 偏转线圈　　(b) 行线性线圈　　(c) 行振荡线圈　　(d) 亮度延迟线圈

图 2.29　各种专用电感线圈

4. 电感线圈的检测

电子企业对电感器的测量方法一般用 RCL 数字电桥测试仪测试电感量、Q 值、误差等参数。一般程序是：打开测试仪电源开关，预热 15min，设置 RCL 测试仪为电感量测试挡，将电感器接入测试端，在测试仪数字显示器读出电感量和品质因数 Q 值 (某些 RCL 测试仪需要根据电感量大小选择测试挡位)。

判断好坏的测量：电感线圈既然由导线绕制，利用数字万用表电阻挡测出直流电阻倘若为无穷大，则表明电感线圈断路；倘若直流电阻为零，说明电感线圈两端间短路，但这种情况很少见。如果绕组匝间短路，可以通过好坏电感器的对比测试进行判断。

2.3.2 变压器

变压器是一种利用互感原理传输能量的器件。它实际上是电感的一种特殊形式，变压器具有变压、变流、变阻抗、耦合和匹配等作用。

1. 表示变压器性能的主要参数

匝比 n：变压比是指变压器的初级电压 U_1 与次级电压 U_2 的比值，或初级线圈匝数 N_1 与次级线圈匝数 N_2 的比值。

额定功率：在规定电压和频率下，变压器能长期工作而不超过规定温升的输出功率，单位为伏安(VA)。

效率 η：变压器输出功率与输入功率的比值。

绝缘电阻：变压器各绕组之间及绕组对磁芯之间的电阻。绝缘电阻的高低与所使用的绝缘材料的性能、温度高低和潮湿程度有关。

空载电流：变压器次级开路时，初级仍有一定的电流，这部分电流称为空载电流，空载电流由磁化电流和铁损电流组成。对于 50Hz 电源变压器而言，空载电流基本上等于磁化电流。

空载损耗：指变压器次级开路时，在初级测得功率损耗。主要损耗是铁芯损耗，其次是空载电流在初级线圈铜阻(即铜芯导线的电阻)上产生的损耗，也称铜损，这部分损耗很小。

2. 变压器的结构和分类

变压器通常有一个外壳，如金属外壳，也有没有外壳的，形状各异，引脚数也不固定。但各引脚之间一般不能互换使用，如图 2.30 所示。

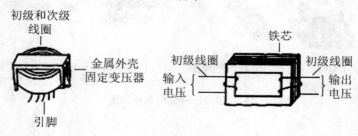

图 2.30　变压器的结构示意图

变压器的种类很多，按照用途可分为电源变压器、隔离变压器、调压器、输入/输出变压器、脉冲变压器、中频变压器和高频变压器等。按照导磁材料分为硅钢片变压器、低频磁芯变压器和高频磁芯变压器等。按照铁芯或磁芯形状，可分为 E 形铁(磁)芯变压器、C 形铁(磁)芯变压器、R 形铁(磁)芯变压器和 O 形铁(磁)芯变压器等。

3. 几种常用变压器

下面介绍几种常用变压器的结构特点。

电源变压器：作用是将工频电源变成低压交流电，由铁芯、线圈、框架及紧固件组成。如图 2.31 所示。

图 2.31　几种电源变压器

中频变压器：又叫中周变压器，简称中周。它是超外差接收设备中的重要元件，起选频和耦合作用，抑制上、下频带，只允许中间频率的信号通过，它在很大程度上决定了整机的灵敏度、选择性和通频带等指标。

中周有单调谐回路和双调谐回路两种，其耦合方式有电感耦合和电容耦合，其调谐方式也有调感式和调容式两种。如收音机和电视机中大量采用调感式，通过调节线圈内的磁芯来改变电感量，从而调整其谐振频率。按用途分，中周可分为收音机用中周、电视机用中周等。收音机用中周又分为调幅中周和调频中周。电视机用中周又包括黑白电视机用和彩色电视机用，又分为图像中周和伴音中周。国产中周的型号都没有统一的表示方法，图 2.32 所示是几种典型中周的外形结构。

图 2.32　几种典型中频变压器

输入/输出变压器：输入变压器，是将前置放大级与输入级进行耦合，输出变压器，是使放大器与扬声器阻抗匹配，图 2.33 所示是几种常见的输入/输出变压器。

图 2.33　几种输入/输出变压器

4. 变压器的检测

1) 电子企业正规测试方法

(1) 对于市电工频电源变压器，将变压器初级接入经过隔离并交流稳压的电源，用电压表测试变压器次级的开路电压；按照额定功率要求接入负载，测量负载电压，并根据相应的变压器技术规格书进行判断是否合格。

(2) 对于高频变压器(包括开关变压器)，一般分为静态测试和动态测试。静态测试用 RCL 测试器分别测试各绕组的电感，根据相应变压器规定的电感量要求进行判断(测试方法见电感器的测试)；动态测试也分为两种方法，第一种方法是用高频信号发生器，根据变压器所规定使用频率设定信号发生器的频率，将变压器初级接入信号发生器输出端，在变压器的次级接入高频电压表或示波器，调节信号发生器的输出信号电平，在电压表或示波器上读出电平数据，根据所测试变压器的变比要求进行比较判断是否合格。第二种方法是在静态测试合格的情况下，将被测变压器直接接入所设计使用的电路工装中，通电让其正常工作，直接测试其各级工作电压(包括开路和负载工作电压)。

(3) 变压器的安全检验。

① 绝缘电阻检查。用绝缘电阻测试仪分别对变压器的初次级之间、初级磁芯之间、绕组之间进行绝缘电阻测试，绝缘电阻值一般要求大于 20MΩ。

② 抗电强度试。

用抗电强度测试仪分别对变压器的初次级之间、初级磁芯之间、绕组之间进行耐电压试验，一般电源变压器要求初级与次级之间、初级与磁芯之间能承受交流 3kV、时间为 1min，无飞弧、无击穿、无明显噪声为合格。

2) 实验室检查方法

(1) 检测初、次级绕组的通断。

将万用表置于 $R×1$ 挡，将两表笔分别碰接初级绕组的两引出线，阻值一般为几十至几百欧姆，若出现 ∞ 则为断路；若出现 0 阻值则为短路。用同样方法测次级绕组的阻值，一般为几至几十欧姆(降压变压器)，如次级绕组有多个时，输出标称电压值越小，其阻值越小。

(2) 检测各绕组间、绕组与铁芯间的绝缘电阻。

置万用表于 $R×10k$ 挡，将一支表笔接初级绕组的一引出线，另一支表笔分别接次级绕组的引出线，万用表所示阻值应为 ∞ 位置，若小于此值时，表明绝缘性能不良，尤其是阻值小于几百欧姆时表明绕组间有短路故障。

2.4 半导体器件(包括集成电路)

半导体器件包括二极管、双极型三极管、场效应管等器件。

2.4.1 二极管

1. 二极管的结构特点和分类

1) 半导体二极管的结构

一个 PN 结就是一个二极管，当把 PN 结引出两个电极，再加以封装，就构成了二极管，如图 2.34(a)所示，PN 结最大的特点就是单向导电性。其主要作用有整流、稳压、检波、开关、光电转换等。二极管在电路中的符号如图 2.34(b)所示。

21世纪高职高专电子信息类实用规划教材

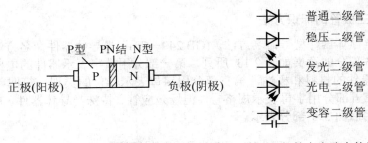

(a) 二极管的PN结　　　　　　(b) 二极管在电路中的符号

图 2.34　二极管的 PN 结和二极管在电路中的符号

2) 半导体二极管的分类

二极管种类有很多，按照 PN 结的材料不同，可分为锗二极管和硅二极管。

根据其不同用途，可分为检波二极管、整流二极管、稳压二极管、开关二极管、发光二极管、磁敏二极管、压敏二极管、阻尼二极管、变容二极管、光敏二极管、肖特基二极管、隧道二极管、恒流二极管、快恢复二极管、双向触发二极管、激光二极管等。

按照制作工艺的不同，可分为点接触型二极管、面接触型二极管及平面型二极管，如图 2.35 所示。点接触型二极管是用一根很细的金属丝压在光洁的半导体晶片表面，通以脉冲电流，使触丝一端与晶片牢固地烧结在一起，形成一个"PN 结"。由于是点接触，只允许通过较小的电流，适用于高频小电流电路，如收音机的检波等。面接触型二极管的"PN结"面积较大，允许通过较大的电流，主要用于把交流电变换成直流电的"整流"电路中。平面型二极管是一种特制的硅二极管，它不仅能通过较大的电流，而且性能稳定、可靠，多用于开关、脉冲及高频电路中。

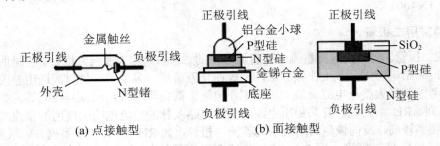

(a) 点接触型　　　　　　　　　(b) 面接触型

图 2.35　点接触型和面接触型二极管示意图

按封装形式可分为玻璃封装二极管、塑料封装二极管、金属封装二极管。

按二极管的工作频率分为高频二极管和低频二极管。

按二极管功率大小分为大功率二极管、中功率二极管、小功率二极管。

2. 表示二极管性能的主要参数

最大整流电流：指其正常连续工作时，能通过的最大正向电流值。在使用时电路的最大电流不能超过此值，否则二极管就会发热而烧毁。

最大反向电压：指二极管正常工作时所能承受的最高反向电压值。

反向饱和电流：指二极管在规定反向工作电压和环境温度下测得的反向电流。

反向击穿电压：指反向电流急剧增加时对应的反向电压。

3. 二极管、三极管的标识方法

根据国标《半导体器件型号命名方法》(GB 249—74)，半导体器件命名方法、器件型号由 5 部分组成，各部分的意义如表 2.13 所列，第一部分用数字表示器件的电极数目，第二部分用字母表示器件的材料和极性，第三部分用字母表示器件的类别，第四部分用数字表示器件的序号，第五部分用字母表示规格号。但场效应管、特殊半导体器件、PIN 管、复合管和激光器件只用后面 3 个部分表示。

表 2.13 国产半导体器件的型号

第一部分		第二部分		第三部分		第四部分	第五部分
数字	含义	符号	含义	符号	含义		
2	二极管	A B C D	N 型锗 P 型锗 N 型硅 P 型硅	P V W C Z L S N U K	普通管 微波管 稳压管 参量管 整流管 整流堆 隧道管 阻尼管 光电器件 开关管		

如 2CZ 表示 N 型硅材料整流二极管。

注意，美国产的二极管型号是用 1N 开头的，N 表示美国电子工业协会注册标志，其后面的数字是表示登记序号。从型号中无法反映出管子的极性、材料及高、低频特性和功率的大小，如 1N4001 等。

4. 几种常用二极管

(1) 整流二极管。将交流电源整流成为直流电流的二极管，称为整流二极管。它是面接触型的功率器件，因结电容大，故工作频率低，一般在几万赫兹，多采用硅材料。选用整流二极管时，主要应考虑其最大整流电流、最大反向工作电流、截止频率及反向恢复时间等，如 1N 系列、2CZ 系列、RL 系列等。开关稳压电源的整流电路及脉冲整流电路中使用的整流二极管，应选用工作频率较高、反向恢复时间较短的整流二极管，如 RU 系列、EU 系列、V 系列、1SR 系列等或选择快恢复二极管。图 2.36 是几种整流二极管的外形结构和典型整流电路。

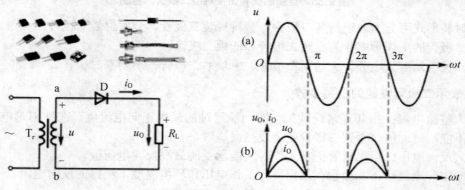

图 2.36 几种整流二极管和典型整流电路

(2) 稳压二极管。这是由硅材料制成的面结合型晶体二极管，它是利用 PN 结反向击穿时的电压基本上不随电流的变化而变化的特点，来达到稳压的目的，因此它能在电路中起稳压作用，故称为稳压二极管，稳压二极管的伏安特性曲线如图 2.37 所示。

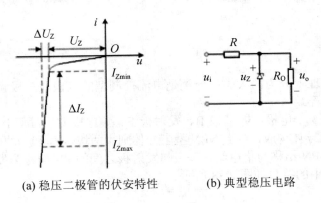

(a) 稳压二极管的伏安特性　　　　(b) 典型稳压电路

图 2.37　稳压二极管的伏安特性和典型稳压电路

(3) 检波二极管。其特点是要求结电容小、工作频率高、反向电流小。它的作用是把调制在高频载波上的音频信号检出来，检波二极管多用点接触结构，封装形式多数采用玻璃封装，以保证良好的高频特性。检波二极管一般选用 2AP 系列和进口的 1N60、1N34、1534 等型号的二极管，2AP 系列二极管的型号较多，常用的有 2AP1～2AP7、2AP9、2AP11、2AP12～2AP17 等，选择检波二极管时，主要考虑的是检波二极管的工作频率要满足电路的要求。

(4) 变容二极管。这是利用 PN 结的电容随外加偏压而变化这一特性制成的非线性电容元件，在高频调谐、通信等电路中作可变电容器使用，被广泛地用于参量放大器，电子调谐及倍频器等微波电路中。变容二极管的结构与普通二极管相似，中、小功率的变容二极管采用玻封、塑封或表面封装，而功率较大的变容二极管多采用金属封装，常用的国产变容二极管有 2CC 系列和 2CB 系列。

(5) 开关二极管。除能满足普通二极管和性能指标要求外，还具有良好的高频开关特性，特点是反向恢复时间较短，被广泛应用于各种家用电器及各类高频电路中，能满足高频和超高频应用的需要。开关二极管分为普通开关管、高速开关管、超高速开关管、低功耗开关管、高反压开关管、硅电压开关管等多种。开关二极管的封装形式有塑封和表面封装等，常用的国产普通开关管有 2AK 系列锗管，进口高速开关管有 1N 系列、1S 系列、1SS 系列，国产高速开关管有 2CK 系列，低功耗开关管有 RLS 系列和 1SS 系列等。

(6) 阻尼二极管。类似于高频、高压整流二极管，其特点是具有较低电压降和较高的工作频率，且能承受较高的反向击穿电压和较大的峰值电流。阻尼二极管主要用在电视机中，作为阻尼二极管、升压整流二极管或大电流开关二极管使用。常用的阻尼二极管有 2AN 系列、2CN 系列、2DN 系列和 BS 系列等。

(7) 发光二极管。在半导体 PN 结或与其类似结构上通以正向电流时，能发射可见或非可见辐射的半导体发光器件，简称为 LED。在电路或仪器中作为指示灯，或者组成文字或数字显示。一般砷化镓二极管发红光，磷化镓二极管发绿光，碳化硅二极管发黄光，按 LED 发光颜色可分成红色、橙色、绿色、蓝色等。根据发光二极管出光处掺或不掺散射剂、有色还是无色，上述各种颜色的发光二极管还可分成有色透明、无色透明、有色散射和无色散射等 4 种类型。

5. 二极管的检测

二极管主要参数的正规测试应该使用晶体管测试仪——JT 仪，详细操作见第 8 章 "实训操作" 二中的操作步骤。

2.4.2 三极管

三极管从工作原理上分为两大类：一类是电流控制型的双极型三极管；另一类是电压控制型的场效应三极管。

双极型三极管有 3 个电极，即基极 B、发射极 E、集电极 C，对于 PNP 型三极管由两块 P 型和一块 N 型半导体构成，对于 NPN 型半导体则由两块 N 型和一块 P 型半导体构成，基极与集电极之间的 PN 结称为集电结，基极与发射极之间的 PN 结称为发射结。双极型三极管的结构和在电路中的符号如图 2.38 所示。

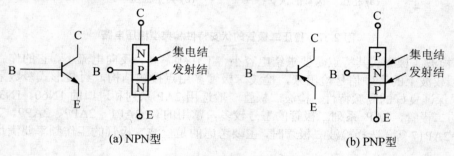

(a) NPN型　　　　　　　　　　　(b) PNP型

图 2.38　双极型三极管的结构和在电路中的符号

场效应三极管，也称 MOS 场效应管，有 4 个电极，即源极 S、漏极 D、栅极 G 和衬底 B，通常衬底 B 和源极 S 会接在一起，故场效应三极管也是 3 个极，场效应三极管的结构和在电路中的符号如图 2.39 所示。

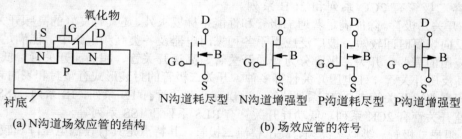

(a) N沟道场效应管的结构　　　　　　(b) 场效应管的符号

图 2.39　场效应三极管的结构和在电路中的符号

1. 三极管的结构特点和分类

(1) 按照材料和极性分为硅材料的 NPN 与 PNP 三极管和锗材料的 NPN 与 PNP 三极管。

(2) 按照用途分为高频放大管、中频放大管、低频放大管、低噪声放大管、光电管、开关管、高反压管、达林顿管、带阻尼的三极管等。

(3) 按照功率分为小功率三极管、中功率三极管、大功率三极管。

(4) 按照工作频率分有低频三极管、高频三极管和超高频三极管。

(5) 按照制作工艺分有平面型三极管、合金型三极管、扩散型三极管。

(6) 按照外形封装的不同可分为金属封装三极管、玻璃封装三极管、陶瓷封装三极管、塑料封装三极管等。

2. 表示三极管性能的主要参数

共发射极电流放大系数，它表示三极管共发射极连接时，集电极电流与基极电流之比，常用 β 表示，如式(2.5)，即

$$\beta = \frac{i_c}{i_b} \tag{2.5}$$

集电极-基极反向饱和电流是指发射极开路，在集电极与基极之间加上一定的反向电压时，所对应的反向电流，常用 I_{CBO} 表示，它是三极管工作不稳定的主要因素，希望越小越好。

集电极-发射极反向击穿电压 BU_{CEO}，指基极开路时，集电极与发射极间的反向击穿电压。

集电极最大允许电流 I_{CM}，当 I_C 很大时，β 值会逐渐下降。一般规定在 β 值下降到额定值的 $2/3$ 时所对应的集电极电流为 I_{CM}，当 $I_C > I_{CM}$ 时，β 值已减小到不实用的程度，且有烧毁管子的可能。

集电极最大允许耗散功率 P_{CM}，是指三极管集电结受热而引起晶体管参数的变化不超过所规定的允许值时，集电极耗散的最大功率。当实际功耗 $P_C > P_{CM}$ 时，不仅使管子的参数发生变化，甚至还会烧坏管子。

共基极截止频率 f_α：共基极电流放大系数减小到低频值的 0.707 时所对应的频率值。

共发射极截止频率 f_β：共发射极电流放大系数减小到低频值的 0.707 时所对应的频率值。

特征频率 f_T：共发射极电流放大系数为 1 时对应的工作频率。

最高振荡频率 f_M：功率增益为 1 时对应的频率。

3. 三极管型号的识别

国产三极管型号命名符号及其含义如表 2.14 所列。

表 2.14　国产半导体器件的型号

第一部分		第二部分		第三部分		第四部分	第五部分
数字	含义	符号	含义	符号	含义		
3	三极管	A B C D E	PNP 型锗 NPN 型锗 PNP 型硅 NPN 型硅 化合物	X G D A U K I Y B J CS BT FH PIN JG	低频小功率管 高频小功率管 低频大功率管 高频大功率管 光电器件 开关管 可控整流器 体效应器件 雪崩管 阶跃恢复管 场效应器件 半导体特殊器件 复合管 PIN 型管 激光器件		

例如，3AD50C 表示 PNP 型锗低频大功率三极管，3DG201B 表示 NPN 型硅高频小功率三极管。国内的合资企业生产的三极管有相当一部分是采用国外同类产品的型号，如 2SC1815、2SA562 等。有些日产三极管受管面积较小的限制，为打印型号的方便，往往把型号的前两个部分 2S 省掉，如 2SA733 型三极管可简化为 A733，2SD869 型可简化为 D869，2SD903 型可简化为 D903 等。表面封装的三极管因受体积微小的限制，其型号是用数字表示的，使用时应将数字表示的型号与标准型号相对应，以防用错。

美国产的三极管型号是用 2N 开头的，N 表示美国电子工业协会注册标志，其后面的数字是表示登记序号，从型号中无法反映出管子的极性、材料及高、低频特性和功率的大小，如 2N6275、2N5401、2N5551 等。

韩国三星电子公司生产的三极管在我国电子产品中应用也很多，是以 4 位数字表示管子的型号。常用的有 9011~9018 等几种型号，其中 9011、9013、9014、9016、9018 为 NPN 型三极管，9012、9015 为 PNP 型三极管，其中 9016、9018 为高频三极管，它们的特征频率都在 500MHz 以上。其中 9012、9013 型三极管为功放管，它的耗散功率为 625mW。日本产三极管型号中第四部分，表示注册登记的顺序号，其数字越大，则表明是近期产品。

4. 三极管的封装

常见三极管外形及封装如图 2.40 所示。

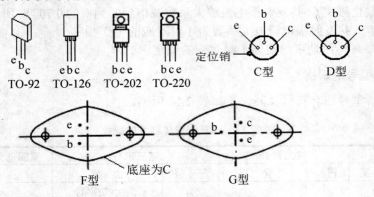

图 2.40 几种常见三极管引脚排列

5. 三极管的检测

三极管主要参数的正规测试应该使用晶体管测试仪——JT 仪，详细操作见第 8 章 "实训操作二" 中的操作步骤。

2.4.3 集成电路

集成电路(IC)，是将半导体分立器件如二极管、三极管、场效应管、电阻、小电容及电路的连接导线都集成在一块半导体硅片上，形成一个具有一定功能的电子电路，并封装成一个电子器件。

集成电路具有体积小、重量轻、可靠性高、损耗小、成本低等优点。由于集成电路构成的电子产品外围线路简单、外接元件少、整体性能好、便于安装调试，因而得到广泛的应用，并且推动了整个电子信息产业的发展。

1. 集成电路的分类及命名方式

1) 集成电路的分类

按集成度的大小分为小规模集成电路(100 个元件或 10 个门电路)、中规模集成电路(100～1000 个元件或 10～100 个门电路)、大规模集成电路(1000～10000 个元件或 100 个门电路以上)和超大规模集成电路(10 万个元件或 1 万个门电路)等。

按有源器件分为双极性集成电路、MOS 集成电路、双极性-MOS 混合集成电路 3 大类。

按传输信号分为模拟集成电路、数字集成电路。

按功能分为运算放大器、稳压器、A/D 和 D/A 转换器、编码器、译码器、计数器、存储器等。

按封装形式分为圆形金属封装、扁平陶瓷封装、单列直插式、双列直插式、四列扁平封装等。

2) 集成电路的命名方式

按照国标《元器件的分类和命名》(GB 3430—89)的规定，集成电路型号命名由 5 部分组成，各部分的含义如表 2.15 所列。第一部分用字母 C 表示该集成电路为中国制造，第二部分用字母表示集成电路的类型，第三部分用数字或数字与字母混合表示集成电路的系列和品种代号，第四部分用字母表示电路的工作温度范围，第五部分用字母表示集成电路的封装形式。

表 2.15　国标集成电路型号命名及含义

第一部分		第二部分：电路类型		第三部分：电路系列和代号	第四部分：温度范围		第五部分：封装形式	
字母	含义	字母	含　义		字母	含　义	字母	含　义
C	中国制造	B	非线性电路	用数字或数字与字母混合表示集成电路系列和代号	C	0～70℃	B	塑料扁平
		C	CMOS 电路		G	−25～70℃	C	陶瓷芯片载体封装
		D	音响、电视电路		L	−25～85℃	D	多层陶瓷双列直插
		E	ECL 电路		E	−40～85℃	E	塑料芯片载体封装
		F	线性放大器		R	−55～85℃	F	多层陶瓷扁平
		H	HTL 电路		M	−55～125℃	G	网络阵列封装
		J	接口电路				H	黑瓷扁平
		M	存储器				J	黑瓷双列直插封装
		W	稳压器				K	金属菱形封装
		T	TTL 电路				P	塑料双列直插封装
		μ	微型机电路				S	塑料单列直插封装
		A/D	A/D 转换器				T	金属圆形封装
		D/A	D/A 转换器					
		SC	通信专用电路					
		SS	敏感电路					
		SW	钟表电路					

2. 集成电路的引脚识别

集成电路的引脚较多，如何正确识别集成电路的引脚是使用中的首要问题，下面介绍几种常用集成电路引脚的排列形成规律。

圆形结构的集成电路和金属封装的半导体三极管差不多，只不过体积大、引脚多，这种集成电路引脚排列方式为从识别标记开始，沿顺时针方向依次为1、2、3、…，如图2.41(a)所示。

单列直插式集成电路的识别标记，有的用倒角，有的用凹坑。这类集成电路引脚的排列方式也是从标记开始，从左向右依次为1、2、3、…，如图2.41 (b)、图2.41(c)所示。

扁平封装的集成电路多为双列型，这种集成电路为了识别管脚，一般在端面一侧有一个类似引脚的小金属片，或者在封装表面上有一色标或凹口作为标记。其引脚排列方式是：从标记开始，沿逆时针方向依次为1、2、3、…，如图2.41(d)所示。但应注意，有少量的扁平封装集成电路的引脚是顺时针排列的。

双列直插式集成电路的识别标记多为半圆形凹口，有的用金属封装标记或凹坑标记。这类集成电路引脚排列方式也是从标记开始，沿逆时针方向依次为1、2、3、…，如图2.41 (e)、图2.41(f)所示。

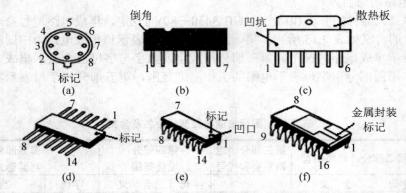

图2.41 集成电路引脚排列

3. 集成电路使用注意事项

1) CMOS 集成电路使用注意事项

CMOS 集成电路的栅极与衬底之间有一层绝缘的二氧化硅薄层，厚度仅为 0.1～0.2μm。由于 CMOS 电路的输入阻抗很高，而输入电容又很小，当不太强的静电加在栅极上时，其电场强度将超过 10^5V/cm，这样强的电场极易造成栅极击穿，导致永久性损坏。因此防止静电对保护 CMOS 集成电路是很重要的，要求在使用时注意以下几点：人体能感应出几十伏的交流电压，衣服的摩擦也会产生上千伏的静电，故尽量不要用手接触 CMOS 电路的引脚。焊接时宜使用 20W 内热式电烙铁，且电烙铁外壳应接地。为安全起见，也可先拔下电烙铁插头，利用电烙铁余热进行焊接。焊接的时间不要超过 5s。长期不使用的 CMOS 集成电路，应用锡纸将全部引脚短路后包装存放，待使用时再拆除包装。更换集成电路时应先切断电源。所有不使用的输入端不能悬空，应按工作性能的要求接电源或接地。使用的仪器及工具应良好接地。

电源极性不得接反，否则将会导致 CMOS 集成电路损坏。使用 IC 插座时，集成电路引脚的顺序不得插反。CMOS 集成电路输出端不允许短路，包括不允许对电源和对地短接。在 CMOS 集成电路尚未接通电源时，不允许将输入信号加到电路的输入端，必须在加电源的情况下再接通外接信号源，断开时应先关断外接信号源。接线时，外围元件应尽量靠近所连引脚，引线应尽量短。避免使用平行的长引线，以防引入较大的分布电容形成振荡。若输入端有长引线和大电容，应在靠近 CMOS 集成电路输入端接入一个 10kΩ 限流电阻。CMOS 集成电路中的 U_{dd} 表示漏极电源电压极性，一般接电源的正极，U_{ss} 表示源极电源电压，一般接电源的负极。

2) 使用 TTL 电路时应注意的事项

TTL 集成电路不像 CMOS 集成电路那样有较宽的电源电压范围，它的电压范围很窄一般为 4.5～5.5V。典型值 U_{cc}=5V，使用时 U_{cc} 不得超出范围。输入信号不得高于 U_{cc}，也不得低于地电位。

4. 集成电路的检测

集成电路常用的检测方法有在线测量法、非在线测量法和代换法。非在线测量法是在集成电路未焊入电路时，通过测量其各引脚之间的直流电阻值与已知正常同型号集成电路各引脚之间的直流电阻值进行对比，以确定其是否正常。在线测量法是利用电压测量法、电阻测量法及电流测量法等，通过在电路上测量集成电路的各引脚电压值、电阻值和电流值是否正常，来判断该集成电路是否损坏。代换法是用已知完好的同型号、同规格集成电路来代换被测集成电路，可以判断出该集成电路是否损坏。

2.5　开关件和接插件

开关件、接插件是常用的电接触器件，在电子设备中，开关是通过一定的动作完成电气连接和断开的元件，一般串接在电路中，实现信号和电能的传输和控制。接插件是在两块电路板或两部分电路之间完成电气连接，实现信号和电能的传输和控制。开关及接插件质量和性能的好坏直接影响到电子系统和设备的工作可靠性。

2.5.1　开关件

开关件在电路中的电路符号如图 2.42 所示，在电路中，用符号 S 表示。

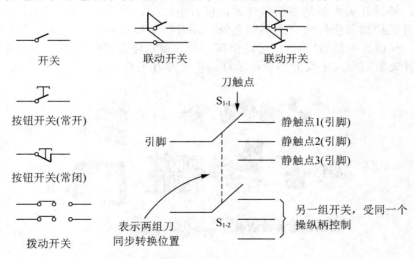

图 2.42　开关件在电路中的电路符号

1．表示开关件性能的主要参数

最大额定电压：额定电压是指在正常工作状态下开关能容许施加的最大电压。

最大额定电流：额定电流是指在正常工作状态下开关所容许通过的最大电流。

绝缘电阻：绝缘电阻指不相接触的开关导体之间的电阻值，该阻值越大越好，一般开关多在 100MΩ 以上。

接触电阻：接触电阻指的是开关接通时，两触点间的电阻值，该阻值越小越好，一般开关多在 0.02Ω 以下。

耐压：也叫抗电强度，指的是不相接触的开关导体之间所能承受最大电压。一般开关至少大于 100V，电源开关要求大于 500V(交流，50Hz)。

使用寿命是指开关在正常条件下能工作的有效时间，即使用次数。一般开关的使用寿命通常为 5000～10000 次。

2．开关件的结构特点及分类

按驱动方式的不同，可分为手动和自动两大类。

按应用场合不同，可分为电源开关、控制开关、转换开关和行程开关等。

按机械动作的方式不同，可分为旋转式开关、按动式开关、拨动式开关等。

按极位的不同，分为单极单位开关、单极多位开关、多极单位开关、多极多位开关。

按结构的不同，可分为钮子开关、拨动开关、波段开关、琴键开关、按钮开关等。

3．几种常用开关件

几种常见开关件的外形如图 2.43 所示，下面简单介绍几种常用的开关件。

(1) 钮子开关。有大、中、小型和超小型多种，触点有单极、双极和三极等几种，接通状态有单位和双位等。它体积小，操作方便，是电子设备中常用的一种开关，工作电流从 0.5A 到 5A 不等。钮子开关主要用作电源开关和状态转换开关，广泛应用于小家电及仪器仪表中。

(2) 键盘开关。多用于遥控器、计算器中数字信号的快速通断。键盘有数码键、字母键、符号键和功能键或是它们的组合，其接触形式有簧片式、导电橡胶式和电容式等多种形式。

(3) 琴键开关。这是一种采用积木组合式结构，能作多极多位组合的转换开关。它常用在收录机中。琴键开关大多是多挡组合式，也有单挡的，单挡开关通常用作电源开关。琴键开关除了开关挡数及极位数有所不同之外，还有锁紧形式和开关组成形式之分。锁紧形式可分自锁、互锁、无锁 3 种，锁定是指按下开关键后位置即被固定，复位需另按复位键或其他键。开关组成形式主要分为带指示灯、带电源开关和不带灯等数种形式。

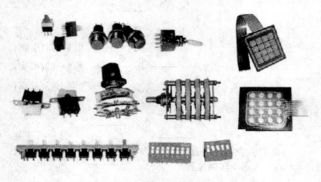

图 2.43　几种常见开关件的外形

（4）拨动开关。这是水平滑动换位式开关，采用切入式咬合接触。拨动开关多为单极双位和双极双位开关，主要用于电源电路及工作状态电路的切换。

（5）波段转换开关。波段开关有旋转式、拨动式和按键式 3 种，每种形式的波段开关又可分为若干种规格的极和位。在开关结构中，可直接移位或间接移位的导体称为极，固定的导体称为位。波段开关的极和位，通过机械结构，可以接通或断开。波段开关有多少个极，就可以同时接通多少个点；有多少个位，就可以转换多少个电路。波段开关主要用于收音机、收录机、电视机及各种仪器仪表中。

（6）按钮开关。这是通过按动键帽，使开关触点接通或断开，从而达到电路切换的目的。按钮开关常用于电信设备、电话机、自控设备、计算机及各种家用电器中。

（7）薄膜按键开关。简称薄膜开关，它是近年来国际流行的一种集装饰与功能于一体的新型开关。和传统的机械开关相比，具有结构简单、外形美观、密闭性好、保险性强、性能稳定、寿命长等优点，目前被广泛用于各种微电脑控制的电子设备中。薄膜开关按基材不同可分为软性和硬性两种；按面板类型不同，可分为平面型和凹凸型；按操作感受不同又可分为触觉有感型和无感型。

（8）拨码开关。常用的有单极十位、双极双位和 8421 码拨码开关 3 种，常用在有数字预置功能的电路中。

2.5.2　接插件

接插件又称连接器，在电子设备中，接插件可以提供简便的插拔式电气连接。为了便于组装、更换、维修，在分立元器件或集成电路与印制电路板之间、在设备的主机和各部件之间，多采用接插件进行电气连接。几种常见接插件的外形如图 2.44 所示。

图 2.44　几种常见接插件的外形

1. 表示接插件性能的主要参数

表示接插件性能的主要参数通常有三大类，即力学性能、电气性能和环境性能。力学性能常用插拔力表示。电气性能主要包括接触电阻、绝缘电阻、抗电强度，最高工作电压，最高工作电流、绝缘电阻及接触电阻等。环境性能通常包括耐温、耐湿、耐盐雾、振动及冲击等。

2. 接插件的结构特点及分类

按照工作频率不同，可分为高频接插件和低频接插件。低频接插件通常是指频率在100MHz以下的连接器；高频接插件是指频率在100MHz以上的连接器，这类连接器在结构上就要考虑高频电场的泄漏、反射等问题。

按照外形结构不同，可分为圆形接插件、矩形接插件、印制板接插件、带状扁平排线接插件等。

3. 几种常用接插件

圆形接插件：也称航空插头、插座，它有一个标准的螺旋锁紧机构，触点数目从两个到上百个不等。

矩形接插件：矩形接插件的矩形排列能充分利用空间，并且电流容量也较大，所以其被广泛用于机内安培级电流信号的互连。

印制板接插件：为了便于印制板电路的更换、维修，印制电路板之间或印制电路板与其他部件之间的互连经常采用印制板接插件，按其结构形式分为簧片式和针孔式。

带状扁平排线接插件：带状扁平排线接插件是由几十根以聚氯乙烯为绝缘层的导线并排粘合在一起的。它占用空间小，轻巧柔韧，布线方便，不易混淆。

4. 开关件和接插件的检测

开关件和接插件的检测要点是接触可靠、转换准确，一般用目测和万用表测量即可达到要求。首先是外观检查，对非密封的开关件、接插件均可先进行外观检查，主要是检查其整体是否完整，有无损坏，接触部分有无损坏、变形、松动、氧化或失去弹性，波段开关还应检查定位是否准确，有无错位、短路等情况。其次是接触电阻、绝缘电阻，将万用表置于 $R×1Ω$ 挡，测量接通两触点之间的直流电阻，这个电阻应接近于零，否则说明触点接触不良。将万用表置于 $R×1k$ 或 $R×10k$ 挡，测量触点断开后触点间、触点对"地"间的电阻，此值应趋于无穷大，否则开关、接插件绝缘性能不好。第三检测负载能力，即连接器在规定条件下，能在给定的电压下通过额定电流值。第四检测力学性能，将压着后的端子装在壳体内，并去掉外部锁扣后将其与插座沿轴向进行插拔所需的插入力和拔出力，即插拔力。将正确压接后的连接器固定于壳体内，沿连接器方向以一定速度拉伸线体，使连接器从壳体脱出时所需的最小拉力，就是端子保持力。将针座固定，由顶端对插针施加推力，使插针与壳体之间发生位移所需的推力，就是插针保持力。

2.6 电声器件与压电元件

2.6.1 电声器件

电声器件是指能够在电信号和声音信号之间转化的器件，常用的电声器件有传声器、扬声器和耳机。

1. 传声器

1) 传声器的种类及电路符号

传声器也叫话筒、麦克风等，在电路中，常用符号 B 或 BM 表示。传声器在电路中的电路符号如图 2.45 所示。

图 2.45　几种常见传声器的外形和电路符号

传声器的种类很多，按照驱动方式可分为电动式传声器、电容式传声器、压电式传声器、电磁式传声器、炭粒式传声器和半导体式传声器等。按照信号传输方式可分为有线话筒和无线话筒两种。按照指向性可分为心型、锐心型、超心型、双向(8 字形)和无指向(全向型)等。按照用途可分为测量话筒、人声话筒、乐器话筒和录音话筒等。

2) 表示传声器性能的主要参数

(1) 灵敏度。这是指话筒在一定的外部声压作用下所能产生音频信号电压的大小，其单位通常用 mV/Pa(毫伏/帕)或 dB(0dB=1000mV/Pa)。一般驻极体话筒的灵敏度多在 0.5～10mV/Pa 或-66～-40dB 范围内。 话筒灵敏度越高，在相同大小的声音下所输出的音频信号幅度也越大。

(2) 频率响应。这是指话筒的灵敏度随声音频率变化而变化的特性，常用曲线来表示。一般说来，当声音频率超出厂家给出的上、下限频率时，话筒的灵敏度会明显下降。驻极体话筒的频率响应一般较为平坦，其普通产品频率响应较好(即灵敏度比较均衡)的范围在 100Hz～10kHz，质量较好的话筒为 40Hz～15kHz，优质话筒可达 20Hz～20kHz。

(3) 输出阻抗。这是指话筒在一定的频率(1kHz)下输出端所具有的交流阻抗，驻极体话筒经过内部场效应管的阻抗变换，其输出阻抗一般小于 3kΩ。

(4) 固有噪声。这是指在没有外界声音时话筒所输出的噪声信号电压。话筒的固有噪声越大，工作时输出信号中混有的噪声就越大。一般驻极体话筒的固有噪声都很小，为μV 级电压。

(5) 指向性。它也叫方向性，是指话筒灵敏度随声波入射方向变化而变化的特性。话筒的指向性分单向性、双向性和全向性 3 种，单向性话筒的正面对声波的灵敏度明显高于其他方向，并且根据指向特性曲线形状，可细分为心型、超心型和超指向型 3 种。双向性话筒在前、后方向的灵敏度均高于其他方向。全向型话筒对来自四面八方的声波都有基本相同的灵敏度，常用的机装型驻极体话筒绝大多数是全向型话筒。

3) 几种常见的传声器

(1) 动圈式传声器。这是一种最常用的传声器，主要由振动膜片、音圈、永久磁铁和升压变压器等组成，其工作原理是声音的振动带动膜片振动，再带动磁场中的线圈振动，这一振动将切割磁感应线，产生感应电流，从而将声音信号转变为电流信号。为了提高传声器的输出感应电动势和阻抗，还需装置一只升压变压器。根据升压变压器初、次级线圈匝数不同，动圈式传声器有两种输出阻抗，低阻抗为 200～600Ω，高阻抗为几万欧姆。动圈传声器频率响应范围为 50～10kHz，输出电平为-50～-70dB，无方向性。其特点是结构简单、稳定可靠、使用方便、固有噪声小，被广泛用于语言录音和扩音系统中。不足是灵敏度较低、频率范围窄。

(2) 电容式传声器。这是靠电容量的变化而工作的，主要由振动膜、极板、电源和负载电阻等组成。振动膜是一块质量很轻、弹性很强的薄膜，表面经过金属化处理，它与另一极板(振动膜)构成一只电容器。其工作原理是声音的振动带动了电容的一个极板，该极板的震动改变了极板间距离，从而改变了电容，电容变大时电源对其充电，电容变小时电容器将放电，这两种情况都会使电路中出现电流，从而将声音信号变为电流信号。其特点是频率响应好，失真小，噪声低，灵敏度高，音色柔和等，但电容式传声器价格昂贵，而且必须为它提供直流极化电源，给使用者带来不便。

(3) 驻极体传声器。有两块金属极板，其中一块表面涂有驻极体薄膜将其接地，另一极板接在场效应晶体管的栅极上，栅极与源极之间接有一个二极管。其工作原理是当驻极体膜片遇到声波振动时，就会引起与金属极板间距离的变化，也就是驻极体振动膜片与金属极板之间的电容随着声波变化，进而引起电容两端固有的电场发生变化，从而产生随声波变化而变化的交变电压。由于驻极体膜片与金属极板之间所形成的"电容"容量比较小，一般为几十皮法(pF)，因而它的输出阻抗值很高，约在几十兆欧以上。这样高的阻抗是不能直接与一般音频放大器的输入端相匹配的，所以在话筒内接入了一只结型场效应晶体三极管来进行阻抗变换，通过输入阻抗非常高的场效应管将"电容"两端的电压取出来，并同时进行放大，就得到了和声波相对应的输出电压信号。

4) 传声器的检测

对于低阻传声器可选用万用表的 $R \times 1$ 挡测其输出端的电阻值，一般阻值在 $50 \sim 200\Omega$ 之间。测试时，一支表笔断续触碰插头的一个极，传声器应发出"咔咔"声，如传声器无任何反应表明有故障，如阻值为 0Ω 说明传声器有短路故障，如阻抗为 ∞ 说明传声器有断路故障。

2. 扬声器

1) 扬声器的种类

扬声器是把音频电流转换成声音的电声器件，扬声器俗称喇叭，种类很多。按驱动方式分有电动式、电磁式、静电式和压电陶瓷式等。按振膜或辐射的形状分为圆锥形、号筒形、球顶形、带状形、平板形和薄片形等。按用途分为高保真扬声器、监听扬声器、扩音用扬声器、乐器用扬声器、接收机用小型扬声器和水中用扬声器。按频率分有低音扬声器、中音扬声器、高音扬声器和全频带扬声器等。几种常见扬声器的外形和电路符号如图 2.46 所示。

图 2.46　几种常见扬声器的外形和电路符号

2) 表示扬声器性能的主要参数

扬声器的参数有很多，在使用中主要以额定功率、额定阻抗、灵敏度、频率响应、指向性及失真度等参数为主。

(1) 额定功率。这是指扬声器在额定不失真范围内允许的最大输入功率，常用扬声器的额定功率有 0.1W、0.25W、1W、3W、5W、10W、60W 和 120W 等。

(2) 额定阻抗。其也称标称阻抗，是制造厂商规定的扬声器的交流阻抗值。在这个阻抗上，扬声器可获得最大的输出功率。通常，口径小于 90mm 的扬声器的标称阻抗是用 1kHz 的测试信号测出的，大于 90mm 的扬声器的标称阻抗则是用 400Hz 的测试频率测量出的。选用扬声器时，标称阻抗是一项重要指标，其标称阻抗一般应与音频功放器的输出阻抗相符，一般动圈式扬声器常见的阻抗有 4Ω、8Ω、16Ω 和 32Ω 等。

(3) 频率响应。其又称有效频率范围，是指扬声器重放声音的有效工作频率范围。扬声器的频率响应范围显然是越宽越好，但受到结构和价格等因素的限制，一般不可能很宽，国产普通纸盆扬声器的频率响应大多为 120Hz～10kHz，通常高音扬声器的频率范围在 2～20kHz，中音扬声器的频率范围在 500Hz～5kHz，低音扬声器的频率范围在 20Hz～3kHz。

(4) 失真。扬声器不能把原来的声音逼真地重放出来的现象，叫失真。失真有两种，即频率失真和非线性失真。频率失真是由于对某些频率的信号放音较强，而对另一些频率的信号放音较弱造成的，失真破坏了原来高低音响度的比例，改变了原声音色。而非线性失真是由于扬声器振动系统的振动和信号的波动不够完全一致造成的，在输出的声波中增加了新的频率成分。

(5) 方向性。用来表征扬声器在空间各方向辐射的声压分布特性，频率越高指向性越强，纸盆越大指向性越强。

3) 几种常见的扬声器

(1) 电动式扬声器。这是被广泛采用的一种扬声器，其主要由磁体和振动系统两部分组成，如图 2.47 所示。其中，磁体由磁铁和软铁芯柱组成，振动系统由纸盆、定心支片、音圈和防尘罩等组成。当扬声器的音圈通入音频电流后，音圈在电流的作用下便产生了交变磁场，永久磁铁同时也产生一个大小与方向不变的恒定磁场。由于音圈所产生的磁场大小和方向随音频电流的变化不断地在改变，这样两个磁场的相互作用使音圈做垂直于音圈中电流方向的运动，由于音圈和振动膜相连，从而音圈带动振动膜振动，由振动膜振动引起空气的振动面发出声响。它的特点是电气性能优良、成本低、结构简单、品种齐全、音质柔和、低音丰满、频率特性的范围较宽等。电动式扬声器的纸盆有布边扬声器、尼龙边扬声器和橡皮边扬声器等。

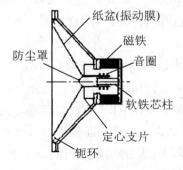

图 2.47　电动式扬声器结构示意图

(2) 电磁式扬声器。其也叫舌簧式扬声器，它是利用电磁感应原理，使声源信号电流通过音圈后会把用软铁材料制成的舌簧磁化，磁化了的可振动舌簧与磁体相互吸引或排斥，产生驱动力，使振膜振动而发音。电磁式扬声器广泛应用于电子电器等各方面。

(3) 静电式扬声器。利用的是电容原理，即将导电振膜与固定电极按相反极性配置，形成一个电容。将声源电信号加于此电容的两极，极间因电场强度变化产生吸引力，从而驱动振膜振动发声。

4) 扬声器的检测

扬声器的检测主要有以下参数，额定功率(电参数)、额定阻抗 (电参数)、频率响应 (声音参数)，失真声音参数在专用消声室中测试，指向特性(声音参数)频率范围：低频扬声器的频率范围为 30Hz～3kHz。中频扬声器的频率范围为 500Hz～5kHz。高频扬声器的频率范围为 2～15kHz。

3. 耳机

耳机也是一种电声转换器件，它的结构与电动式扬声器相似，主要用于各种收音机、CD 机、MP3 放音机等设备中，常见的外形及电路符号如图 2.48 所示，在电路中用字母 B 或 BE 表示。

(a) 外形　　　　　　　　　　(b) 电路符号

图 2.48　耳机的外形及电路符号

1) 耳机的种类及结构

耳机是在一个小的空间内将电信号转化为声信号的器件，按照其外形结构常分为耳塞式、头戴式、贴耳式、耳罩式、耳挂式、听诊式、帽盔式和手柄式等。按照驱动方式分为动圈式耳机、压电式耳机、电磁式耳机、电容式耳机和驻极体式耳机等。

2) 表示耳机性能的主要参数

耳机的主要技术参数有频率范围、额定阻抗、灵敏度和谐波失真等。

(1) 频率范围。它是指耳机重放音频信号的有效频率范围，常见高保真耳机的频率范围是 20Hz～20kHz。

(2) 额定阻抗。耳机阻抗越小越容易驱动，即越容易出声。一般在市场上见到的耳塞式耳机的阻抗以 16Ω或 32Ω为主，属于低阻抗耳机，方便与随身听之类移动性较强的音源设备搭配使用，而高阻抗耳机一般出现在 HIFI 级别的高端耳机或监听耳机上，这类耳机在使用时常需耳机功率放大器推动,适合于高档 CD 机等高音质音源设备搭配使用，但售价较高。

(3) 灵敏度。它指向耳机输入 1mW 的功率时所能发出的声压级，所以一般灵敏度越高，阻抗越小，耳机越容易出声。

21世纪高职高专电子信息类实用规划教材

(4) 谐波失真。它是指用信号源输入时，输出信号(谐波及其倍频成分)比输入信号多出的额外谐波成分，通常用百分数来表示，一般这个值很小，小于 1%，一般说来，1kHz 频率处的总谐波失真最小，因此不少产品均以该频率的失真作为它的指标。所以测试总谐波失真时，是发出 1kHz 的声音来检测，这个值越小越好。

　　3) 耳机的检测

　　用万用表就可方便地检测耳机的通、断情况。

　　对双声道耳机而言，其插头上有 3 个引出端，插头最后端的接触端为公共端，前端和中间接触端分别为左、右声道引出端。检测时，将万用表置于 $R \times 1$ 挡，将任一表笔接在耳机插头的公共端上，然后用另一支表笔分别触碰耳机插头的另外两个引出端，相应的左或右声道的耳机应发出"咔咔"声，指针应偏转，指示值分别为 20Ω 或 30Ω 左右，而且左、右声道的耳机阻值应对称。如果在测量时耳机无声，万用表指针也不偏转，说明相应的耳机有引线断裂或内部焊点脱开的故障。若指针摆至零位附近，说明相应耳机内部引线或耳机插头处有短路的地方。若指针指示阻值正常，但发声很轻，一般是耳机振膜片与磁铁间的间隙不对造成的。

2.6.2　压电元件

　　压电陶瓷片是一种结构简单、轻巧的电声器件，其外形及电路符号如图 2.49 所示，因其具有灵敏度高、无磁场散播外溢、不用铜线和磁铁、成本低、耗电少、修理方便、便于大量生产等优点而获得了广泛应用。适合超声波和次声波的发射和接收，比较大面积的压电陶瓷片还可以运用检测压力和振动，工作原理是利用压电效应的可逆性，在其上施加音频电压，就可产生机械振动，从而发出声音；相反地，把一定的音频电压加在压电陶瓷片的两极，由于音频电压的极性和大小不断变化，压电陶瓷片就会产生相应的弯曲运动，推动空气形成声音，这时它又成了喇叭。

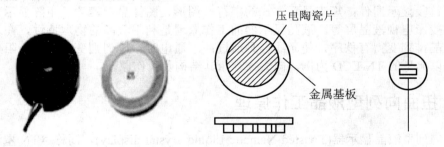

图 2.49　压电陶瓷片的外形及电路符号

1. 压电元件的结构特点

　　压电陶瓷喇叭是将压电陶瓷片和金属片粘贴而成的一个弯曲振动片，如图 2.51 所示。在振荡电路的激励下，交变的电信号使压电陶瓷带动金属片一起产生弯曲振荡，并随此发出清晰的声音。它和一般扬声器相比，具有体积小、重量轻、厚度薄、耗电省、可靠性好、造价低廉、声响可达 120dB 等特点，广泛应用于电子手表、袖珍计算器、玩具、门铃、移动电话机、BP 机及各种报警设施中。压电陶瓷片用字母 B 表示，其直径有 ϕ15mm、ϕ20mm、ϕ27mm、ϕ35mm 等类型，而厚度仅 0.4～0.5mm。常见型号有 HTD20、HTD35 等。

将一个多谐振荡器和压电陶瓷片做成一体化结构，外部采用塑料壳封装，就是一个压电陶瓷蜂鸣器。多谐振荡器一般是由集成电路构成，接通电源后，多谐振荡器起振，输出音频信号，一般为 1.5～2.5kHz，经阻抗匹配器推动压电陶瓷片发声。国产压电蜂鸣器的工作电压一般为直流 3～15V，有正、负极两个引出线。

2. 压电元件的检测

将万用表拨至直流 2.5V 挡，将待测压电蜂鸣片平放于木制桌面上，带压电陶瓷片的一面朝上。然后将万用表的一支表笔与蜂鸣片的金属片相接触，用另一支表笔在压电蜂鸣片的陶瓷片上轻轻碰触，可观察到万用表指针随表笔的触、离而摆动，摆动幅度越大，则说明压电陶瓷蜂鸣片的灵敏度越高；若万用表指针不动，则说明被测压电陶瓷蜂鸣片已损坏。

2.7 常用显示器件

目前显示器件有很多种，常用的是阴极射线管(CRT)和液晶显示器，CRT 已经有些过时，这里仅仅介绍液晶显示器(LCD)。

很早就知道物质有固态、液态、气态 3 种形态。液体分子质心的排列虽然不具有任何规律性，但是如果这些分子是长形的(或扁形的)，它们的分子指向就可能有规律性。于是就可将液态又细分为许多形态。分子方向没有规律性的液体直接称为液体，而分子具有方向性的液体则称为"液态晶体"，又简称"液晶"。液晶产品其实对我们来说并不陌生，常见到的手机、计算器都是属于液晶产品。液晶是在 1888 年，由奥地利植物学家 Reinitzer 发现的，是一种介于固体与液体之间，具有规则性分子排列的有机化合物。一般最常用的液晶形态为向列型液晶，分子形状为细长棒形，长宽为 1～10nm，在不同电流电场作用下，液晶分子会做规则旋转 90° 排列，产生透光度的差别，如此在电源 ON/OFF 下产生明暗的区别，依此原理控制每个像素，便可构成所需图像。液晶显示器(LCD)是现在非常普遍的显示器。它具有体积小、重量轻、省电、辐射低、易于携带等优点。液晶显示器(LCD)的原理与阴极射线管显示器(CRT)大不相同。LCD 是基于液晶电光效应的显示器件。包括：段显示方式的字符段显示器件；矩阵显示方式的字符、图形、图像显示器件；矩阵显示方式的大屏幕液晶投影电视液晶屏等。液晶显示器的工作原理是利用液晶的物理特性，在通电时导通，使液晶排列变得有秩序，使光线容易通过；不通电时，排列则变得混乱，阻止光线通过。下面以典型的 TN-LCD 为例，向大家介绍其结构及工作原理。

2.7.1 扭曲向列型液晶工作原理

扭曲向列型液晶显示器(Twisted Nematic Liquid crystal display)，简称"TN 型液晶显示器"。这种显示器的液晶组件构造如图 2.50 所示。向列型液晶夹在两片玻璃中间。这种玻璃的表面上先镀有一层透明而导电的薄膜作为电极。这种薄膜通常是一种铟(Indium)和锡(Tin)的氧化物(Oxide)，简称 ITO。然后再在有 ITO 的玻璃上镀表面配向剂，以使液晶顺着一个特定且平行于玻璃表面的方向排列。图 2.50(b)中玻璃使液晶排成上下的方向，图 2.50(a)中玻璃则使液晶排成垂直于图面的方向。此组件中的液晶的自然状态具有从左到右共 90°的扭曲，这也是为什么被称为扭曲型液晶显示器的原因。利用电场可使液晶旋转的原理，在两电极上加上电压则会使液晶偏振方向转向与电场方向平行。因为液晶的折射率随液晶的方向而改变，其结果是光经过 TN 型液晶盒以后其偏振性会发生变化。可以选择适当的厚度使光的偏振化方向刚好改变 90°。那么，就可利用两个平行偏振片使得光完全不能通过，如

21世纪高职高专电子信息类实用规划教材

图 2.51 所示。若外加足够大的电压 U 使得液晶方向转成与电场方向平行，光的偏振性就不会改变。因此光可顺利通过第二个偏光器。于是，可利用电的开关达到控制光的明暗。这样会形成透光时为白，不透光时为黑，字符就可以显示在屏幕上了。

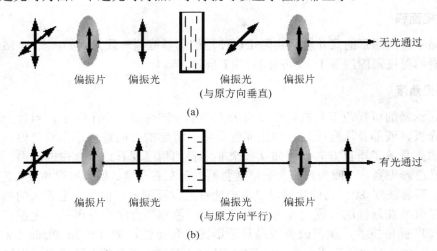

图 2.50　显示器的液晶组件原理构造

2.7.2　液晶显示器结构原理分析

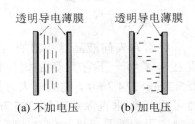

图 2.51　TN 型液晶显示器工作原理

　　图 2.52 所示是 TN 液晶显示器结构原理。由于液晶本身不发光，所以必须提供背光源，背光源一般由冷阴极日光灯(CCFL)或 LED 与反射板、导光板、偏光板等组成，反射板、导光板、偏光板的作用是将有 CCFL 或 LED 的不均匀光转换成均匀的面光源，光源射到液晶板上，液晶面板的液晶受视频信号大小的控制而偏转，通过液晶面板并形成图像(或字符)的光线经过彩色滤波片形成彩色图像，再经玻璃基板和偏振板显示出来，人们就可以看到视频图像了。

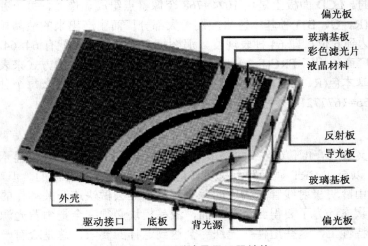

图 2.52　TN 型液晶显示器结构

2.7.3 液晶显示器的技术参数

1．可视面积

液晶显示器所标示的尺寸就是实际可以使用的屏幕范围一致。例如，一个 15.1 英寸的液晶显示器的可视范围约等于 17 英寸的 CRT 屏幕。

2．可视角度

液晶显示器的可视角度左右对称，而上下则不一定对称。举个例子，当背光源的入射光通过偏光板、液晶及取向膜后，输出光便具备了特定的方向特性，也就是说，大多数从屏幕射出的光具备了垂直方向。假如从一个非常斜的角度观看一个全白的画面，可能会看到黑色或是色彩失真。一般来说，上下角度要不大于左右角度。如果可视角度为左右 80°，表示在始于屏幕法线 80° 的位置时可以清晰地看见屏幕图像。但是，由于人的视力范围不同，如果没有站在最佳的可视角度内，所看到的颜色和亮度将会有误差。现在有些厂商就开发出各种广视角技术，试图改善液晶显示器的视角特性，如 IPS(In Plane Switching)、MVA(Multidomain Vertical Alignment)、TN+FILM。这些技术都能把液晶显示器的可视角度增加到 160°，甚至更多。

3．点距

经常有人问液晶显示器的点距是多大，但是多数人并不知道这个数值是如何得到的，现在来了解一下它究竟是如何得到的。举例来说，一般 14 英寸 LCD 的可视面积为 285.7mm×214.3mm，它的最大分辨率为 1024×768，那么点距就等于：可视宽度/水平像素(或者可视高度/垂直像素)，即 285.7mm/1024=0.279mm(或者是 214.3mm/768=0.279mm)。 现在电视应用的液晶已经达到高清晰显示的要求，即物理像素已经达到 1920×1080。

4．色彩度

LCD 重要的当然是色彩度表现。众所周知，自然界的任何一种色彩都是由红、绿、蓝 3 种基本色组成的。LCD 面板上是由 1024×768 个像素点组成显像的，每个独立的像素色彩是由红、绿、蓝(R、G、B)3 种基本色来控制。大部分厂商生产出来的液晶显示器，每个基本色(R、G、B)达到 6 位，即 64 种表现度，那么每个独立的像素就有 64×64×64=262144 种色彩。也有不少厂商使用了 FRC(Frame Rate Control)技术，以仿真的方式来表现出全彩的画面，也就是每个基本色(R、G、B)能达到 8 位，即 256 种表现度，那么每个独立的像素就有高达 256×256×256=16777216 种色彩了。

5．对比度

对比度是定义最大亮度值(全白)除以最小亮度值(全黑)的比值。CRT 显示器的对比值通常高达 500：1，以至在 CRT 显示器上呈现真正全黑的画面是很容易的。但对 LCD 来说就不是很容易了，由冷阴极射线管所构成的背光源是很难去做快速开关动作的，因此背光源始终处于点亮的状态。为了要得到全黑画面，液晶模块必须完全把由背光源而来的光完全阻挡，但在物理特性上，这些组件并无法完全达到这样的要求，总是会有一些漏光发生。一般来说，人眼可以接受的最小对比值约为 250：1。

21世纪高职高专电子信息类实用规划教材

6. 亮度值

液晶显示器的最大亮度，通常由背光源来决定，计算机上显示器亮度值一般都在 200～250cd/m^2 间，液晶电视机亮度值一般都在 350～450cd/m^2 间。液晶显示器的亮度略低，会觉得屏幕发暗。提高亮度的方法一般有两种：一种是提高液晶面板的透过率；另一种是提高背光源的基础亮度，目前随着 LED 发光效率的提高，亮度可以做到 1500cd/m^2 以上。虽然技术上可以达到更高亮度，但是这并不代表亮度值越高越好，因为太高亮度的显示器有可能使观看者眼睛受伤。

7. 响应时间

响应时间指的是液晶显示器对于输入信号的反应速度，也就是液晶由暗转亮或由亮转暗的反应时间，通常是以毫秒(ms)为单位。此值当然是越小越好。如果响应时间太长，就有可能使液晶显示器在显示动态图像时，有尾影拖曳的感觉。一般的液晶显示器的响应时间在 2～15ms 之间。要说清这一点还要从人眼对动态图像的感知谈起。人眼存在"视觉残留"的现象，高速运动的画面在人脑中会形成短暂的印象。动画片、电影等一直到现在最新的游戏正是应用了视觉残留的原理，让一系列渐变的图像在人眼前快速连续显示，便形成动态的影像。人能够接受的画面显示速度一般为每秒 24 张，这也是电影每秒 24 帧播放速度的由来，如果显示速度低于这一标准，人就会明显感到画面的停顿和不适。按照这一指标计算，每张画面显示的时间需要小于 40ms。这样，对于液晶显示器来说，响应时间 40ms 就成了一道坎，超过 40ms 的显示器便会出现明显的画面闪烁现象，让人感觉眼花。要是想让图像画面达到不闪的程度，则最好要达到每秒 60 帧的速度。

用一个很简单的公式算出相应反应时间下的每秒画面数如下：

响应时间为 25ms，由 1/0.025 可知，每秒约显示 40 帧画面；响应时间为 16ms，由 1/0.016 可知，即每秒约显示 63 帧画面；响应时间为 12ms，由 1/0.012 可知，每秒约显示 83 帧画面；响应时间为 8ms，由 1/0.008 可知，每秒约显示 125 帧画面；响应时间为 4ms，由 1/0.004 可知，每秒约显示 250 帧画面；响应时间为 3ms=1/0.003 可知，每秒约显示 333 帧画面；响应时间为 2ms，由 1/0.002 可知，每秒约显示 500 帧画面；响应时间为 1ms，由 1/0.001 可知，每秒约显示 1000 帧画面。

2.8　常　用　材　料

电子产品的装配除了电子元器件外，还有很多电工材料，如各种导线、绝缘材料、磁性材料、印制电路板及各种辅助材料等。这里将分别介绍这些常用材料的命名、分类、主要参数和用途。

2.8.1　导线

任何电子产品都要用到导线，常用的导线主要有电线、电缆。

1. 导线的结构特点和分类

导线一般由导体芯线和绝缘体外皮组成，绝缘外皮除了电气绝缘外，还有增强导线机械强度、保护导线不受外界环境腐蚀的作用，导线绝缘外皮的材料主要有塑料类(聚氯乙烯、聚四氟乙烯等)、橡胶类、纤维类(棉、化纤等)、涂料类(聚酯、聚乙烯漆)。按照有无绝缘层及其结构，可分为裸线和绝缘导线。绝缘导线按照制造工艺及使用范围，又可分为电磁线、绝缘电线电缆及通信电缆。几种电线电缆的结构示意图如图 2.53 所示。

导体材料主要有铜线和铝线，纯铜线的表面很容易氧化，一般导线是在铜线表面镀耐氧化金属。例如，镀锡能提高可焊性，镀银能提高电性能，作高频用导线，镀镍能提高耐热性能。

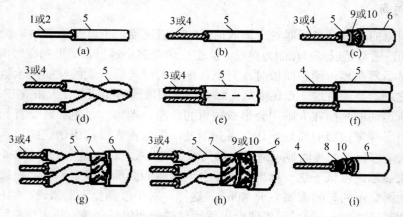

图 2.53　几种电线电缆的结构示意图

1—单股镀锡铜芯线；　　　　　5—聚氯乙烯绝缘层；　　　　　9—镀锡铜编织线屏蔽层；
2—单股铜芯线；　　　　　　　6—聚氯乙烯护套；　　　　　　10—铜编织线屏蔽层；
3—多股镀锡芯线；　　　　　　7—聚氯乙烯薄膜编绕包；
4—多股铜芯线；　　　　　　　8—聚乙烯星形管绝缘层；

2. 表示导线的主要参数

(1) 线规。线规指导线的粗细标准，有线号和线径两种表示方法。线号制是按导线的粗细排列成一定号码，线号越大，其线径越小，英、美等国家采用线号制。线径制是用导线直径的毫米(mm)数表示线规，中国采用线径制。

(2) 安全载流量。表 2.16 列出的安全载流量是铜芯导线在环境温度为 25℃、载流芯温度为 70℃的条件下架空敷设的载流量。当导线在机壳内、套管内等散热条件不良的情况下，载流量应该打折扣，取表中数据的 1/2 是可行的。一般情况下，载流量可按 5A/mm² 估算，这在各种条件下都是安全的。

表 2.16　铜芯导线的安全载流量

截面积/mm²	0.2	0.3	0.4	0.5	0.6	0.7	0.8	1.0	1.5	4.0	6.0	8.0	10.0
载流量/A	4	6	8	10	12	14	17	20	25	45	56	70	85

(3) 最高耐压和绝缘性能。导线标志的试验电压，是表示导线加电 1min 不发生放电现象的耐压特性。实际使用中，工作电压应该大约为试验电压的 1/5～1/3。

21世纪高职高专电子信息类实用规划教材

3. 导线的型号命名和标识方法

导线的型号命名方式如表 2.17 所列。

表 2.17　导线型号命名的方法和含义

分类代号或用途		绝　　缘		护　　套		其他特性	
符　号	含　义	符　号	含　义	符　号	含　义	符　号	含　义
A	安装线缆	V	聚氯乙烯	V	聚氯乙烯	P	屏蔽
B	布电缆	F	氟塑料	H	橡套	R	软
F	飞机用低压线	Y	聚乙烯	B	编织套	S	双绞
R	日用电器用软线	X	橡皮	L	蜡克	B	平行
Y	一般工业移动电器用线	ST	天然丝	N	尼龙套	D	带形
T	天线	B	聚丙烯	SK	尼龙丝	T	特种
		SE	双丝包				

4. 几种常用的导线

(1) 裸导线。这是没有绝缘层的导线，有单根裸导线，也有多根绞合的多股绞合线，镀锡绞合线、多股编织线、金属板、电阻电热丝等。有圆线，也有扁线、型线或型材。裸线大都用作电线、电缆的导电芯线，一部分则直接使用，如元件间的连接线、接地线、元件的引出线和一些零部件等。

(2) 电磁线。这是有绝缘层的导线，绝缘层有表面涂漆或外缠纱、丝、薄膜等方式，是圆形或扁形铜线，一般用来绕制各类变压器、电感线圈的绕组，也叫作绕组线、漆包线、纱包线、丝包线、玻璃丝包线和纸包线等。

(3) 绝缘电线电缆。其包括固定敷设电线、绝缘软电线和屏蔽线，用作电子产品的电气连接，屏蔽线是在塑胶绝缘电线的基础上，外加导电的金属屏蔽层和外护套而制成的信号连接线。屏蔽线具有静电屏蔽、电磁屏蔽和磁屏蔽的作用，它能防止或减少线外信号与线内信号之间的相互干扰。屏蔽线主要用于 1MHz 以下频率的信号连接。

(4) 通信电缆。其包括用在电信系统中的电信电缆和高频电缆，按照其结构的不同可分为对称电缆和同轴电缆两类。电子产品装配中的电缆主要包括射频同轴电缆、馈线和高压电缆等。

① 射频同轴电缆(高频同轴电缆)。射频同轴电缆的结构与单芯屏蔽线基本相同，不同的是两者使用的材料不同，其电性能也不同。射频同轴电缆主要用于传送高频电信号，具有衰减小、抗干扰能力强、天线效应小、便于匹配的优点，其阻抗一般有 50Ω 或 75Ω 两种。

② 馈线。这是由两根平行的导线和扁平状的绝缘介质组成的，专用于将信号从天线传到接收机或由发射机传给天线的信号线。其特性阻抗为 300Ω，传送信号属平衡对称型。

③ 高压电缆。它的结构与普通的带外护套的塑胶绝缘软线相似，只是要求绝缘体有很高的耐压特性和阻燃性，故一般用阻燃型聚乙烯作为绝缘材料，且绝缘体比较厚实。

(5) 带状电缆(电脑排线、扁平电缆)。这是由许多根导线结合在一起，相互之间绝缘的一种扁平带状多路导线的软电缆。这种电缆造价低、重量轻、韧性强，是电子产品常用的导线之一。可用作插座间的连接线，印制电路板之间的连接线及各种信息传递的输入/输出柔性连接。这种安装排线与安装插头、插座的尺寸、导线的数目相对应，并且不用焊接就能实现可靠的连接，不容易产生导线错位的情况。目前使用较多的排线，单根导线内是 $\phi 0.1 \times 7min$ 的线芯，表示导线截面积为 $0.1mm^2$，共 7 根导线。外皮为聚氯乙烯，导线根数有 8、12、16、20、24、28、32、37、40 线等规格。

2.8.2 焊接材料

将导线、元器件引脚与印制线路焊接在一起的过程，称为焊接。完成焊接需要的材料包括焊料、焊剂和一些其他的辅助材料(如阻焊剂、清洗剂等)。

1. 焊料

在电子工业中，广泛应用的是软焊料，其中使用最多的是锡铅焊料，俗称焊锡。焊锡中的主要成分是锡和铅。

1) 铅锡合金

铅锡焊料具有一系列铅和锡所不具备的优点：熔点低，低于铅和锡的熔点，有利于焊接；机械强度高，合金的各种机械强度均优于纯锡和铅；表面张力小、黏度下降，增大了液态流动性，有利于在焊接时形成可靠接头；抗氧化性好，铅的抗氧化性优点在合金中继续保持，使焊料在熔化时减少氧化量。

2) 共晶焊锡

对应合金成分为 Pb-38.1%、Sn-61.9%的铅锡合金称为共晶焊锡，它的熔点最低，只有 182℃，是铅锡焊料中性能最好的一种。它具有以下优点：低熔点，降低了焊接时的加热温度，可以防止元器件损坏。熔点和凝固点一致，可使焊点快速凝固，几乎不经过半凝固状态，不会因为半熔化状态时间间隔长而造成焊点结晶疏松，强度降低，这一点对于自动焊接有着特别重要的意义。因为在自动焊接设备的传输系统中，不可避免地存在振动。流动性好，表面张力小，润湿性好，有利于提高焊点质量。机械强度高，导电性好。在实际应用中，铅和锡的比例不可能也不必要严格控制在共晶焊料的理论比例上，一般把 Sn-60%、Pb-40%左右的焊料就称为共晶焊锡，其熔化点和凝固点也不是在单一的 183℃上，而是在某个小范围内。

3) 焊料中的杂质及其影响

在锡铅焊料中往往含有铜、锌、铝、金等杂质，这些杂质的存在对锡铅焊料的影响是不同的，如铜使焊料强度增大，流动性变差，0.2%就会生成不熔性化合物，焊接印制电路板时容易产生桥连和拉尖。焊料中的铜成分主要来源于印制板焊盘和元器件引线。锌尽管含量微小，也会降低焊料的流动性，使焊料失去光泽，焊接印制电路板时易产生桥连和拉尖。焊料中含有 0.001%的锌会对焊接质量产生影响，含有 0.005%的锌会使焊点表面失去光泽。铝含量很小，也会使焊料的流动性变差，使焊料失去光泽，特别是腐蚀性增强，使焊点出现麻点，症状像锌。其他杂质的影响可以参见其他参考资料。

4) 常用的焊料

(1) 管状焊锡丝。这是由助焊剂与焊锡制作在一起，在焊锡管中夹带固体助焊剂。管状焊锡丝的常用直径有 0.5mm、0.8mm、1.0mm、1.2mm、1.5mm、2.0mm、2.5mm 等多种，这种焊锡适用于手工焊接。因焊锡的比例及杂质金属的含量不同而分为很多型号，如 HLSnPb39 表示 Sn 占 61%、Pb 占 39%的锡铅焊料。其命名的方式是：HL 是焊料的汉语拼音第一个字母，SnPb 是基本元素锡铅的化学符号，数字表示铅的百分含量。各种不同型号的焊料具有不同的焊接特性，选用时应从被焊金属材料的可焊性、焊接温度、焊接点的力学性能和导电性等几个方面去考虑。

(2) 抗氧化焊锡。在锡铅合金中加入少量的活性金属，能使氧化锡、氧化铅还原，并漂浮在焊锡表面形成致密覆盖层，从而保护焊锡不被继续氧化，这种焊锡适用于浸焊和波峰焊。

焊膏是表面安装技术中再流焊工艺的必需材料，是由低熔点合金粉末与糊状助焊剂等均匀混合而成。合金粉末的成分一般为 Sn、Pb、Ag、Bi 等金属，合金成分的配比不同，其熔点也不同。糊状助焊剂是合金粉末的载体，它含有适量的活化剂、触变剂、助印剂和溶剂等。其作用是在焊接过程中能及时消除被焊金属表面的氧化层，使焊接能迅速扩散并吸附在被焊金属表面，触变剂在助焊剂的作用下，使焊膏在常态下有较高的表面黏度。当焊膏受到外力即变形，一旦外力消除变形即停止，保证所印制图形的精确性。焊膏适用于表面装配工艺中的波峰焊、气相再流焊、红外再流焊等焊接时使用，能方便地用丝网、模板或点膏机印浮在印制电路板上。

2. 助焊剂

助焊剂主要是用来去除被焊金属表面的氧化层，并阻止氧化膜在焊接的地方重新生成，同时增强焊料与金属表面的活性，增加润湿的作用，使焊点美观。

助焊剂大致可分为有机系列、无机系列和松香系列焊剂 3 大类，如表 2.18 所列。

表 2.18　助焊剂的分类

	无机系列	酸(正磷酸、盐酸、氟酸等)
		盐($ZnCl_2$、NH_4Cl、　$SnCl_2$ 等)
助焊剂	有机系列	有机酸(硬脂酸、乳酸、油酸、氨基酸等)
		有机卤素(盐酸苯胺等)
		胺类(尿素、乙二胺等)
	松香系列	松香
		活化松香
		氢化松香

无机系列助焊剂的活性最强，能除去金属表面的氧化膜，但同时有强腐蚀作用，一般不能在焊接电子产品中使用。

有机系列助焊剂的活性次于氯化物，有较好的助焊作用，但是也有一定腐蚀性，残渣不易清理，且挥发物对操作者有害。

松香系列助焊剂主要成分是松香，松香加热到 70℃ 以上时开始呈液态，此时有一定的化学活性，呈现较弱的酸性，可与金属表面的氧化物发生化学反应，焊接后形成的膜层具有覆盖焊点，保护焊点不被氧化腐蚀的作用。松香无腐蚀性，无污染，绝缘性能好，但活性差。为提高其活性，在松香中适当加入活化剂即可形成改性松香(活化松香和氢化松香)。在电子工业中常采用松香系列的助焊剂。

但要注意松香加热到300℃以上或经过反复加热，就会分解并发生化学变化，成为黑色的固体，失去化学活性。有经验的焊接操作者都知道，碳化发黑的松香不仅不能起到帮助焊接的作用，还会降低焊点的质量。

选用助焊剂时优先考虑的是被焊金属材料的焊接性能即氧化、污染等情况，再根据每种助焊剂的活性、腐蚀性的不同，加以适当选择。一些元件表面还镀有金、银、镍等金属，在焊接时就要加以区别，如铂、金、铜、银、镀锡的金属，就选用松香系列的助焊剂，因为这些金属容易焊接。铅、黄铜、青铜、镀镍的金属，它们的焊接性稍差，就要选用有机系列助焊剂中的中型焊剂。镀锌、铁、锡镍合金等，焊接性能比较差，必须用无机系列助焊剂中的酸性焊剂，但要注意焊接后的清洗问题。

3. 阻焊剂

阻焊剂是一种耐高温涂料，焊接时将不需要焊接的部分涂上阻焊剂，使焊接仅限于需要焊接的焊点，有助于提高焊接质量。

对阻焊剂的要求：由于阻焊剂是通过丝网漏印法印制在印制板上的，因而应黏度适度、不封网、不润图形；在250～270℃的锡焊温度中经过不起泡、不脱落，与覆铜箔仍能牢固粘接；具有较好的耐溶剂性，能经受焊前的化学处理；具有一定的机械强度，能经受尼龙刷的打磨、抛光处理。

1) 阻焊剂的作用

阻焊剂的作用是防止浸焊、波峰焊时发生的焊锡桥连造成的短路，同时使焊点饱满，减少虚焊。能减少印制板的返修率，提高焊接质量。由于印制板的板面部分被阻焊剂所覆盖，焊接时板面受到的热冲击减小，使板面不易起泡、分层。除了焊盘外，其他部分均不上锡，有助于节约焊料。

2) 阻焊剂的分类

阻焊剂按照成膜方法，分为热固化型、紫外线光固化型和电子束漫射固化型，即所用的成膜材料是加热固化还是光照固化或电子束漫射固化。热固化型阻焊剂因效率低，已逐步被光固化型所取代。

2.8.3 绝缘材料

绝缘材料的定义是：用来使器件在电气上绝缘的材料。也就是，能够阻止电流通过的材料，它的电阻率很高，通常在 $10^6\sim10^{19}\Omega\bullet m$ 的范围内，也称电介质。例如，在电机中，导体周围的绝缘材料将匝间隔离并与接地的定子铁芯隔离开来，以保证电机的安全运行，绝缘材料在电工产品中是必不可少的材料。

大体上，电机、电气设备都是由导体材料、磁性材料、绝缘材料和结构材料构成。电机、电器在运行中，不可避免地要受到温度、电、机械的应力和振动，有害气体、化学物质、潮湿、灰尘和辐照等各种因素的作用，这些因素对绝缘材料比对其他材料有更显著的作用。可以说，绝缘材料对这些因素更为敏感，容易变质劣化，致使电工设备损坏。所以绝缘材料是决定电机、电器可靠运行的关键材料。随着运行时间的延续，绝缘材料必然要老化，并且其老化速度要比其他材料快，所以决定电机、电器使用寿命的关键材料也是绝缘材料。

1. 表示绝缘材料的主要参数

1) 绝缘电阻

电介质并非完全不导电，当对电介质施加一定的直流电压后，电介质中会有极其微弱的电流通过，并随时间的增加而减少，逐渐趋于一个常数，即电介质的漏电流。绝缘电阻就是用绝缘材料隔开的两个导体之间的电阻，即与绝缘材料相接触的两电极之间的直流电压除以通过两电极的总电流所得的值，它等于体电阻与表面电阻的和，用 MΩ 表示。

环境条件对绝缘电阻的影响，就是诸如温度、测试电压、测试时间间隔、环境湿度等，温度升高，电阻系数是呈指数下降的，环境湿度增大，绝缘电阻会下降。非极性材料比极性材料所受影响小，极性材料比多孔材料所受影响小。因此，为了提高绝缘电阻，常在表面涂不透水的涂料、用硅油处理或上釉。

2) 介电常数 ε

当金属极板间充以电介质，则由于电场中的电介质被极化，介质表面产生感应电荷，致使极板上出现被束缚电荷，介电常数是用来表征这种介质被电场极化难易程度的参数，用 ε 表示。

3) 电介质的损耗

在交变电场的作用下，电介质内的部分能量会转变成热能，这就叫电介质的损耗。电介质损耗主要由漏导损耗、极化损耗两部分组成。

4) 绝缘材料的击穿

当外电场增大到某一临界值，绝缘材料的电导突然剧增，材料由绝缘状态变为导电状态，这种现象称为击穿。击穿从原理上分为电击穿、热击穿和放电击穿。热击穿就是在电场的作用下，介质内的损耗转化成的热量多于散逸的热量，使介质温度不断上升，最终造成介质本身的破坏，形成导电通。电击穿是介质中的自由电子在强电场作用下，碰撞中性分子，使之电离产生正离子和新的自由电子，这种电离过程的急剧进行，形成了电子流的雪崩效应，电子流的急剧增大导致介质击穿。放电击穿是由于介质内部的气泡在强电场作用下发生碰撞电离而放电，杂质也因受电场加热汽化而产生气泡，使气泡放电进一步发展，最终导致介质的击穿。

5) 绝缘材料的耐热性

耐热性是指材料承受高温作用的能力，即绝缘材料在短期或长期热作用下不改变其介电、力学、理化等性能的能力。如果超过这一最高工作温度，将使介质的综合性能变差，介质的电性能低劣到不能维持正常的工作，甚至产生热击穿而损坏电介质。根据绝缘材料的耐热性而划分的等级，按国家标准《电气绝缘的耐热性评定和分级》(GB 11021—89)(IEC85)规定，各耐热等级及所对应的温度如表 2.19 所列。

表 2.19　绝缘材料的耐热分级温度

耐热等级	Y	A	E	B	F	H
温度/℃	90	105	120	130	155	180

6) 绝缘材料的阻燃性

它是指物质具有的或材料经处理后具有的明显推迟火焰蔓延的性质。目前评价阻燃性的方法有很多，如氧指数测定法、水平或垂直燃烧试验法等。绝缘材料的阻燃性主要通过添加阻燃剂实现，阻燃剂按化合物的种类分为有机化合物、无机化合物两大类；按使用方法分为添加型阻燃剂和反应型阻燃剂。

7) 绝缘材料的吸湿性

绝缘材料从周围环境中吸潮的能力，受潮后引起电性能恶化，如介电常数增大，绝缘电阻下降，介质损耗上升，抗电强度降低。材料的吸湿能力主要决定于其结构，非极性介质吸湿性较小，强极性介质特别是含有 OH 根的材料(如纤维等)吸湿性很大，多孔极性材料的吸湿性最大。

大多数材料都有一定的透湿率，中性材料如石蜡、聚乙烯等透湿率很小，但不等于零，长期潮湿作用下仍不能阻止潮气侵入，只有金属、玻璃和陶瓷的透湿率接近于零，常用作密封外壳保证完全不透湿。实际生产中的防潮办法是在介质表面涂敷一个憎水膜层，如用地蜡进行浸渍处理；用环氧树脂等对电介质进行灌封处理；欲使电介质与空气完全隔绝，必须采用全密封装置。

8) 绝缘材料的抗拉强度

抗拉强度是指在拉伸试验过程中，试样承受的最大拉伸应力，单位为 N/mm^2(MPa)。作为电气绝缘用的材料，不仅要求其应具有优异的电气性能，而且还要求具有良好的力学性能，特别是兼作结构部件的绝缘材料更是如此。

2. 绝缘材料的分类

绝缘材料按照其构成元素的不同分为有机绝缘材料和无机绝缘材料两大类，有机绝缘材料的特点是轻、柔软、易加工，耐热性不高、化学稳定性差、易老化，如树脂、棉纱、纸、麻、蚕丝、人造丝等。无机绝缘材料的特点则相反，如云母、石英、陶瓷、玻璃，又可分为非极性和极性介质两种。

按物质形态分为气体绝缘材料、液体绝缘材料和固体绝缘材料 3 种。气体绝缘材料包括空气、氮气、氢气等；液体绝缘材料如电容器油等；固体绝缘材料包括云母、陶瓷、电容器纸、绝缘漆、环氧树脂、硅胶等。

按其用途可分为用作电容器介质的介质材料，如陶瓷、云母、有机薄膜、电容器纸等。用作线圈骨架、印制电路板基体、齿轮等的装置材料，如装置陶瓷、酚醛树脂、有机玻璃等。用作电子元件浸渍、灌封和涂覆的浸渍材料和涂覆材料，如硅油、地蜡、环氧树脂、硅氧树脂等。

3. 几种常用绝缘材料

1) 硅有机油

其又称硅油，为透明液体。其特点是介电性能非常好，在很宽的频率范围($10^3 \sim 10^8$Hz)和温度范围(-40～+110℃)内，介电常数、介质损耗几乎不变。耐热性好，黏度随温度的变化很小，憎水性好，凝固点低，化学稳定性好，导热性好，无毒。硅油是一种理想的液体介质，常用作电容器、小型变压器的耐温电介质，也可涂于零件表面形成憎水膜以防潮气的影响，玻璃、陶瓷等材料经硅油处理后表面电阻可提高约 100 倍。

2) 地蜡

它是淡黄色或乳白色的固体。其特点是介电性能好，熔点高。抗氧化性能好，冷却时收缩率较小，常用于浸渍纸电容器和云母电容器。

3) 电工塑料

树脂是某些复杂的高分子化合物的通称。低温时大都是无定型的玻璃状物质，它们大都不溶于水，吸湿性小，但能溶于某些有机溶剂。塑料是以合成树脂为主要原料，在一定温度、压力作用下能形成一定形状，并且在这些作用消失后，仍能保持既定形状的高分子材料。塑料由胶粘剂和填料组成。

塑料按热性能分为热塑性和热固性两类，热固性塑料的特点是耐热性好、不易变形、价廉，但力学性能、介电性能不够好，不可回收，生产效率较低。常用的有酚醛塑料、氨基塑料、邻苯二甲酸二丙烯酯塑料、聚酰亚胺塑料等。热塑性塑料特点是生产效率高，力学、介电性能好，但耐热性较低，刚性较差。常用的有 ABS 工程塑料、聚酰胺(PA)1010、聚丙烯(PP)、聚碳酸酯(PC)、聚对苯二甲酸乙二酯(PET)、聚砜(PSF)、聚甲醛(POM)、聚苯醚(PPO)、聚全氟乙丙烯(F-46)、氯化聚醚(CPS)、聚苯硫醚(PPS)、聚醚醚酮(PEEK)和聚酰亚胺等。

4) 硅橡胶

具有最宽的工作温度范围(-100～+350℃)，电绝缘性能优越，燃烧后生成的 SiO_2 仍起绝缘作用，耐潮、耐辐射，有良好的防霉性。广泛用作耐高温、耐油密封以及抗震、耐腐蚀制品，如高压帽，电位器的密封垫圈和绝缘套，计算器的键盘开关，光纤护套等，在仪器仪表中作减震器、密封圈等。

5) 绝缘漆

具有绝缘功能的液体树脂体系，一般是由漆基(油性漆、树脂清漆、瓷漆)、溶剂或稀释剂和辅助材料(干燥剂、颜料、增塑剂、乳化剂)3 部分组成，按使用范围及形态分为浸渍漆、覆盖漆、硅钢片漆和防电晕漆 4 种。

6) 绝缘漆布

以棉布、纺绸、合成纤维布或者玻璃布为基材，经浸渍合成树脂漆，再经烘焙、干燥而成的柔软绝缘材料。基材以无碱玻璃布为基材的绝缘漆布，具有良好的物理、力学和介电性能，并具有防潮、防霉、耐酸碱、耐高温等特性。随着薄膜材料和合成纤维的发展，将在某些场合下部分地取代绝缘漆布和漆绸。由于耐热性要求，玻璃布和合成纤维将取代棉布和丝绸。漆布用漆要求：浸渍性能(最小黏度下含有最大的固体量或较少的溶剂)；干燥(适当干燥，有良好的介电性能)；耐热性能(一定温度下，可长期工作，而不失去介电性能)；漆膜具有弹性；其他(耐油性、耐辐照、防潮、耐电弧)。

本 章 小 结

本章从电子产品应用方面主要描述了无源器件、有源器件和常用电子材料。

(1) 无源器件主要指电阻器、电容器、电感器，本介绍了电阻器、电容器、电感器的型号命名方式和电阻、电容的常用标识方法；为加强对元器件的认识和正确选用，对电阻器、电容器、电感器元件的基本结构、类型和封装形式分别作了介绍。

(2) 有源器件主要指半导体器件，对二极管、三极管和集成电路的结构和封装以及型号命名方法做了详细介绍，以帮助正确使用和选择二极管、三极管和集成电路。

(3) 对开关件和接插件、电声器件、显示器件做了性能参数的介绍，使读者了解这些常用元件在电路中所起的作用，以及如何根据这些参数做出正确的选择。

(4) 常用电子材料是电子产品的组成之一，主要包括导线、焊接材料和绝缘材料，对其种类、性能参数等的介绍。

与本章相关的实训项目见附录。

习 题 2

1．电阻器如何命名？如何分类？电阻器的主要技术指标有哪些？

2．下列型号各代表何种电阻器和电位器？(1)RS；(2)RH8；(3)RX70；(4)RJ71；(5)WX11；(6)WI81

3．什么是标称值和标称值系列？举例说明。

4．什么是电阻器的噪声？哪些电路必须选用低噪声电阻器？哪些电阻器具有优良的低噪声特性？

5．请用四色环标注出电阻器：$6.8k\Omega\pm5\%$；$47\Omega\pm5\%$。

6．请用五色环标注出电阻器：$2.00k\Omega\pm1\%$；$39.0\Omega\pm1\%$。

7．已知电阻器上色标排列次序如下：橙橙黑金、棕黑金金、绿蓝黑棕棕、灰红黑银棕，试写出各对应的电阻值及允许误差。

8．如何正确选用电阻器？

9．电阻器的温度稳定性是什么？

10．电阻器的额定电压和最大工作电压是什么？它们有什么关系？

11．电位器有哪些类别？有哪些技术指标？

12．什么是电位器的分辨率？

13．下列型号各代表何种电容器：(1)CC3；(2)CCW3；(3)CD11；(4)CZ41；(5)CJ40；(6)CL11。

14．对小容量、大容量电容器和电解电容器的绝缘质量各是如何评价的？表示它们绝缘质量的参数有什么不同？

15．电容器的介电强度是什么？如何衡量？

16．哪些情况下必须选用介质损耗值小的电容器？

17．为什么在高湿环境下使用的电容器必须用密封电容器？

18．纸介和金属化纸介电容器各有哪些优、缺点？适用于哪些场合？

19．涤纶、聚碳酸酯、聚苯乙烯电容器各有何主要特点？适用于哪些场合？

20．云母电容器的性能特点是什么？适用于哪些场合？

21．瓷介电容器为什么是用量最大的一类电容器？主要有哪些类型？

22．铝电解电容器在性能上有哪些优、缺点？适用于哪些场合？

23．在无线电设备和电子测量仪器中所用的可变电容器对其容量变化特性有何不同要求？

24．电感线圈在电子线路中主要起什么作用？

25．蜂房式绕组具有哪些优点？其适用范围如何？为什么总是希望电感线圈的固有电容要很小？

26．电感线圈为什么要屏蔽？怎么屏蔽？屏蔽罩为什么要接地？金属屏蔽罩对电感线圈的参数有哪些影响？

27．采用磁芯的电感线圈有哪些好处？

21世纪高职高专电子信息类实用规划教材

28．电子工业中常用的线材包括哪几类？

29．电磁线的品种有哪些？用途是什么？

30．焊料应满足哪些基本要求？

31．在焊接过程中焊剂具有什么作用？

32．什么是共晶焊锡？为什么共晶焊锡在电子工业中获得广泛应用？

33．助焊剂的作用是什么？常用的助焊剂是什么？

34．为什么在浸焊和波峰焊中通常要使用阻焊剂？

35．阻焊剂的作用是什么？常用的阻焊剂是什么？

第 3 章

常用工具和设备仪器

教学目标

通过本章的学习，熟悉电子产品的整机组装的常用工具和仪器设备，能正确地使用常用工具，熟悉电子产品设计生产和调试检修的常用设备和仪器，掌握常用仪器仪表的使用方法。

本章着重介绍电子产品组装的常用工具专用设备和常用仪器设备。其主要内容有：常用的钳口工具，常用紧固工具、焊接工具；浸锡炉、波峰焊接机、贴片机等专用设备；万用表、毫伏表、信号发生器、示波器等常用仪器。

3.1 常 用 工 具

3.1.1 常用钳口工具

1. 尖嘴钳

如图 3.1(a)所示，头部较细，适用于夹持小型金属零件或弯曲元器件，它主要用在焊点上网绕导线和元器件引线，以及元器件引线成形、布线等。尖嘴钳一般都带有塑料套柄，使用方便且能绝缘。不宜用于敲打物体或夹持螺母；不宜在 80℃以上的温度环境中使用尖嘴钳，以防止塑料套柄熔化或老化；为防止尖嘴钳端头断裂，不宜用它夹持网绕较硬、较粗的金属导线及其他硬物；尖嘴钳的头部是经过淬火处理的，不要在锡锅或高温的地方使用，以保持钳头部分的硬度。

2. 平嘴钳

平嘴钳如图 3.1(b)所示，平嘴钳钳口平直，它主要用于拉直裸导线，将较粗的导线及较粗的元器件引线成形。在焊接晶体管及热敏元件时，可用平嘴钳夹住引线，以便于散热。但因钳口较薄，不宜夹持螺母或需要施力较大部位的场合。

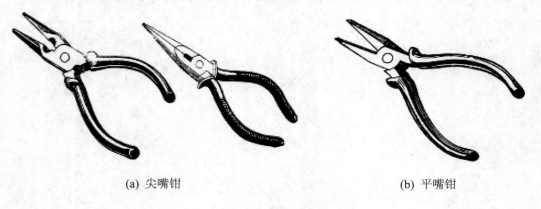

(a) 尖嘴钳　　　　　　　　　　　　　　　　(b) 平嘴钳

图 3.1　尖嘴钳和平嘴钳

3. 斜口钳

斜口钳又称偏口钳，如图 3.2 所示。它主要用于剪切导线，尤其适合用来剪除网绕后元器件多余的引线。剪线时，要使钳头朝下，在不变动方向时可用另一只手遮挡，防止剪下的线头飞出伤眼。也可与尖嘴钳合用，剥去导线的绝缘皮。

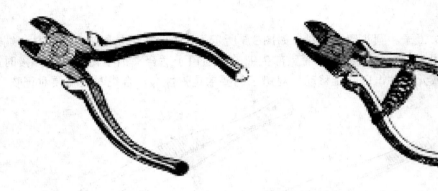

图 3.2　斜口钳

4. 剥线钳

剥线钳如图 3.3 所示，用于剥掉直径在 3cm 及以下的塑胶线、腊克线等线材的端头表面绝缘层的。其特点是：使用效率高、剥线尺寸准确、不易损伤芯线；但剥线钳切剥导线端头的绝缘层时，切口不太整齐，操作也较费力，故在大批量的导线剥头时应使用导线剥头机。

图 3.3　剥线钳

5. 钢丝钳(平口钳)

钢丝钳(图 3.4)主要用于夹持和拧断金属薄板及金属丝等，有铁柄和绝缘柄两种。带绝缘柄的钢丝钳可在带电的场合使用，工作电压一般在 500V，有的则可耐压 5000V。

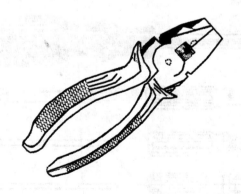

图 3.4　钢丝钳

6. 镊子

镊子有尖头镊子和圆头镊子两种，如图 3.5 所示。其主要作用是用来夹持物体。端部较宽的医用镊子可夹持较大的物体，而头部尖细的普通镊子适合夹细小物体。在焊接时，用镊子夹持导线或元器件，以防止移动。对镊子的要求是弹性大，合拢时尖端要对正吻合。

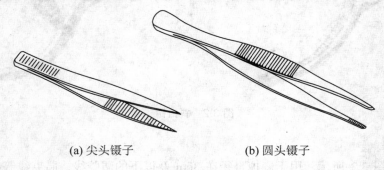

(a) 尖头镊子   (b) 圆头镊子

图 3.5　镊子

3.1.2　常用紧固工具

紧固工具用于紧固和拆卸螺钉与螺母。它包括螺钉旋具、螺母旋具和各类扳手等。螺钉旋具也称螺丝刀、改锥或起子，常用的有一字形、十字形两类，并有自动、电动、风动等形式。

1．一字形螺钉旋具

这种旋具用来旋转一字槽螺钉，如图 3.6 所示。选用时，应使旋具头部的长短和宽窄与螺钉槽相适应。若旋具头部宽度超过螺钉槽的长度，在旋沉头螺钉时容易损坏安装件的表面；若头部宽度过小，则不但不能将螺钉旋紧，还容易损坏螺钉槽。头部的厚度比螺钉槽过厚或过薄也不好，通常取旋具刃口的厚度为螺钉槽宽度的 0.8 倍左右。此外，使用时旋具不能斜插在螺钉槽内。

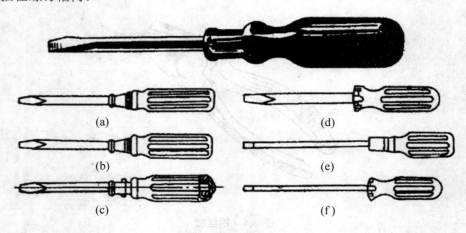

(a)

(d)

(b)

(e)

(c)

(f)

图 3.6　一字形螺钉旋具

2．十字形螺钉旋具

这种旋具适用于旋转十字槽螺钉,如图 3.7 所示。选用时应使旋杆头部与螺钉槽相吻合,否则易损坏螺钉槽。十字形螺钉旋具的端头分 4 种槽型:1 号槽型适用于 2～2.5mm 螺钉,2 号槽型适用于 3～5mm 螺钉,3 号槽型适用于 5.5～8mm 螺钉,4 号槽型适用于 10～12mm 螺钉。

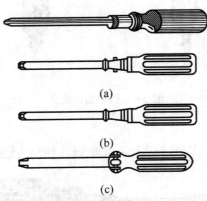

(a)

(b)

(c)

图 3.7　十字形螺钉旋具

使用一字形和十字形螺钉旋具时,用力要平稳,压和拧要同时进行。

3．自动螺钉旋具

自动螺钉旋具适用于紧固头部带槽的各种螺钉,如图 3.8 所示。这种旋具有同旋、顺旋和倒旋 3 种动作。当开关置于同旋位置时,与一般旋具用法相同。当开关置于顺旋或倒旋位置,在旋具刃口顶住螺钉槽时,只要用力顶压手柄,螺旋杆通过来复孔而转动旋具,便可连续顺旋或倒旋。这种旋具用于大批量生产中,效率较高,但使用者劳动强度较大,目前逐渐被机动螺钉旋具所代替。

图 3.8　自动螺钉旋具

4．机动螺钉旋具

机动螺钉旋具有电动和风动两种类型,广泛用于流水生产线上小规格螺钉的装卸。小型机动螺钉旋具如图 3.9 所示。这类旋具的特点是体积小、重量轻、操作灵活、方便。

机动螺钉旋具设有限力装置,使用中超过规定扭矩时会自动打滑。这对在塑料安装件上装卸螺钉极为有利。

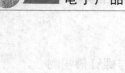

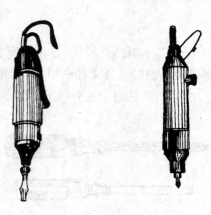

图 3.9　机动螺钉旋具

5．螺母旋具

螺母旋具如图 3.10 所示。它用于装卸六角螺母，使用方法与螺钉旋具相同。

图 3.10　螺母旋具

6．无感小旋具(无感起子)

无感起子(见图 3.11)是用非磁性材料(如象牙、有机玻璃或胶木等非金属材料)制成的，用于调整高频谐振回路电感与电容的专用旋具。

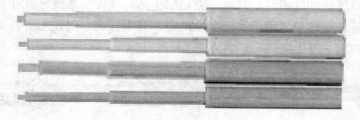

图 3.11　无感起子

3.1.3　焊接工具

1．外热式电烙铁

外热式电烙铁的外形如图 3.12 所示，它由烙铁头、烙铁心、外壳、手柄、电源线和插头等部分组成。电阻丝绕在薄云母片绝缘的圆筒上，组成烙铁心，烙铁头安装在烙铁心里面，电阻丝通电后产生的热量传送到烙铁头上，使烙铁头温度升高，故称为外热式电烙铁。

21世纪高职高专电子信息类实用规划教材

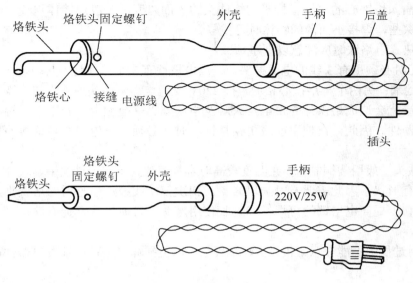

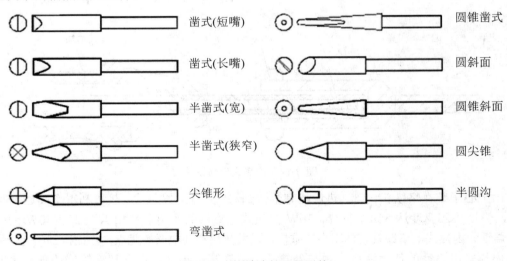

图 3.12　外热式电烙铁

　　电烙铁的规格是用功率来表示的，常用的有 25W、75W 和 100W 等几种。功率越大，电烙铁的热量越大，电烙铁头的温度越高。在焊接印制电路板组件时，通常使用功率为 25W 的电烙铁。

　　电烙铁头可以加工成不同形状，如图 3.13 所示。凿式和尖锥形烙铁头的角度较大时，热量比较集中，温度下降较慢，适用于焊接一般焊点。当烙铁头的角度较小时，温度下降快，适用于焊接对温度比较敏感的元器件。斜面烙铁头，由于表面积大，传热较快，适用于焊接布线不很拥挤的单面印制电路板焊接点。圆锥形烙铁头适用于焊接高密度的线头、小孔及小而怕热的元器件。

凿式(短嘴)	圆锥凿式
凿式(长嘴)	圆斜面
半凿式(宽)	圆锥斜面
半凿式(狭窄)	圆尖锥
尖锥形	半圆沟
弯凿式	

图 3.13　烙铁头的不同形状

烙铁头插入烙铁心的深度直接影响烙铁头的表面温度，一般焊接体积较大的物体时，烙铁头插得深些，焊接小而薄的物体时可浅些。

使用外热式电烙铁时应注意以下事项。

(1) 装配时必须用有 3 线的电源插头。一般电烙铁有 3 个接线柱，其中，一个与烙铁壳相通，是接地端；另两个与烙铁心相通，接 220V 交流电。电烙铁的外壳与烙铁心是不接通的，如果接错就会造成烙铁外壳带电，人触及烙铁外壳就会触电；若用于焊接，还会损坏电路上的元器件。因此，在使用前或更换烙铁心时，必须检查电源线与地线的接头，防止接错。

(2) 烙铁头一般用紫铜制作，在温度较高时容易氧化，在使用过程中其端部易被焊料侵蚀而失去原有形状，因此需要及时加以修整。初次使用或经过修整后的烙铁头，都必须及时挂锡，以利于提高电烙铁的可焊性和延长使用寿命。目前也有合金烙铁头，使用时切忌用锉刀修理。

(3) 使用过程中不能任意敲击，应轻拿轻放，以免损坏电烙铁内部发热器件而影响其使用寿命。

(4) 电烙铁在使用一段时间后，应及时将烙铁头取出，去掉氧化物后再重新装配使用。这样可以避免烙铁心与烙铁头卡住而不能更换烙铁头。

2. 内热式电烙铁

内热式电烙铁如图 3.14 所示。由于发热心子装在烙铁头里面，故称为内热式电烙铁。心子是采用极细的镍铬电阻丝绕在瓷管上制成的，在外面套上耐高温绝缘管。烙铁头的一端是空心的，它套在心子外面，用弹簧紧固。

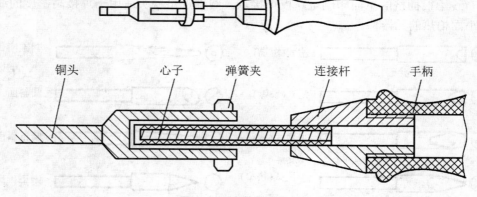

图 3.14　内热式电烙铁

由于心子装在烙铁头内部，热量能完全传到烙铁头上，发热快，热量利用率高达 85%～90%，烙铁头部温度达 350℃左右。20W 内热式电烙铁的实用功率相当于 25～40W 的外热式电烙铁。内热式电烙铁具有体积小、重量轻、发热快和耗电低等优点，因而得到广泛应用。

内热式电烙铁的使用注意事项与外热式电烙铁基本相同。由于其连接杆的管壁厚度只有 0.2mm，而且发热元件是用瓷管制成的，所以更应注意不要敲击，不要用钳子夹连接杆。

内热式电烙铁的烙铁头形状较复杂,不易加工。为延长其使用时间,可将烙铁头进行电镀,在紫铜表面镀以纯铁或镍。这种烙铁头的使用寿命比普通烙铁头高 10～20 倍,并且由于镀层耐焊锡的侵蚀,不易变形,能保持操作时所需的最佳形状。使用时,应始终保持烙铁头头部挂锡。

擦拭烙铁头要用浸水海绵或湿布,不得用砂纸或砂布打磨烙铁头,也不要用锉刀锉,以免破坏镀层,缩短使用寿命。若烙铁头不粘锡,可用松香助焊剂或 202 浸锡剂在浸锡槽中上锡。

3．恒温电烙铁

目前使用的外热式和内热式电烙铁的烙铁头温度都超过 300℃,这对焊接晶体管集成块等是不利的,一是焊锡容易被氧化而造成虚焊;二是烙铁头的温度过高,若烙铁头与焊点接触时间长,就会造成元器件损坏。在要求较高的场合,通常采用恒温电烙铁。

恒温电烙铁有电控和磁控两种。电控恒温电烙铁是用热电偶作为传感元件来检测和控制烙铁头温度。当烙铁头的温度低于规定数值时,温控装置就接通电源,对电烙铁加热,使温度上升;当达到预定温度时,温控装置自动切断电源。这样反复动作,使电烙铁基本保持恒定温度。磁控恒温电烙铁是在烙铁头上装一个强磁性体传感器,用于吸附磁性开关(控制加热器开关)中的永久磁铁来控制温度。

升温时,通过磁力作用,带动机械运动的触点,闭合加热器的控制开关,电烙铁被迅速加热;当烙铁头达到预定温度时,强磁性体传感器到达居里点(铁磁物质完全失去磁性的温度)而失去磁性,从而使磁性开关的触点断开,加热器断电,于是烙铁头的温度下降。当温度下降至低于强磁性体传感器的居里点时,强磁性体恢复磁性,又继续给电烙铁供电加热。如此不断循环,达到控制电烙铁温度的目的。

如果需要控制不同的温度,只需更换烙铁头即可。因不同温度的烙铁头,装有不同规格的强磁性体传感器,其居里点不同,失磁温度各异。烙铁头的工作温度可在 260～450℃内任意选取。

恒温电烙铁如图 3.15 所示,居里点控制电路如图 3.16 所示。

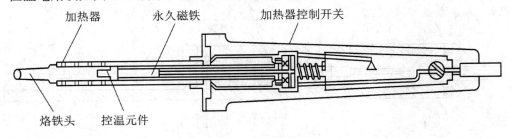

加热器　　永久磁铁　　加热器控制开关

烙铁头　　控温元件

图 3.15　恒温电烙铁

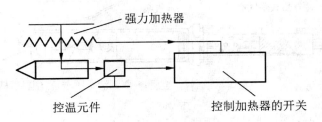

强力加热器

控温元件　　　　控制加热器的开关

图 3.16　居里点控制电路

4. 热电偶检测控温式自动调温恒温电烙铁(自控焊台)

如图 3.17 所示的自控焊台依靠温度传感元件监测烙铁头温度,并通过放大器将传感器输出信号放大处理,去控制电烙铁的供电电路输出的电压高低,从而达到自动调节烙铁温度、使烙铁温度恒定的目的。防静电型自控焊台一般用于焊接场效应管和集成电路等元器件,如焊接超大规模的 CMOS 集成块及计算机板卡、手机等维修。

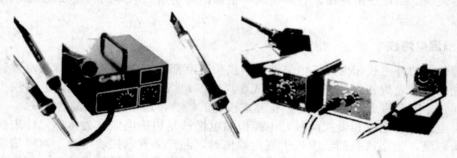

(a) 带气泵型自动调温恒温电烙铁   (b) 防静电型自动调温恒温电烙铁(两台)

图 3.17　自动调温恒温电烙铁(自控焊台)

恒温电烙铁的特点是:省电;使用寿命长;焊接质量高;烙铁头的温度不受电源电压、环境温度的影响;恒温电烙铁的体积小、重量轻等。

5. 吸锡电烙铁

在检修无线电整机时,经常需要拆下某些元器件或部件,这时使用吸锡电烙铁就能够方便地吸附印制电路板焊接点上的焊锡,使焊接件与印制电路板脱离,从而可以方便地进行检查和修理。

图 3.18 所示为一种吸锡电烙铁。吸锡电烙铁由烙铁体、烙铁头、橡皮囊和支架等部分组成。

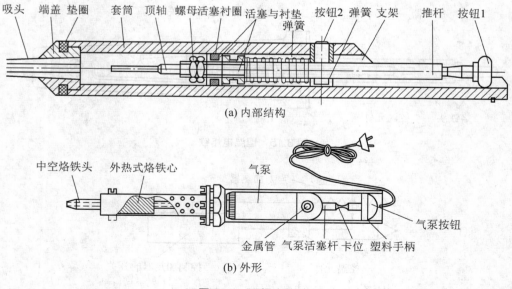

吸头　端盖　垫圈　套筒　顶轴　螺母活塞衬圈　活塞与衬垫　按钮2　弹簧　支架　　推杆　按钮1
　　　　　　　　　　　　　　　　　　　弹簧

(a) 内部结构

中空烙铁头　外热式烙铁心　　　　　　气泵

　　　　　　　　　　　　　　　　　　　　　　　　气泵按钮

金属管　气泵活塞杆　卡位　塑料手柄

(b) 外形

图 3.18　吸锡电烙铁

使用时先缩紧橡皮囊，然后将烙铁头的空心口子对准焊点，稍微用力。待焊锡熔化时放松橡皮囊，焊锡就被吸入烙铁头内；移开烙铁头，再按下橡皮囊，焊锡便被挤出。

6. 电热风枪

如图 3.19 所示的电热风枪，是利用高温热风，加热焊锡膏和电路板及元器件引脚，来实现焊装或拆焊目的的半自动焊接工具。电热风枪是专门用于焊装或拆卸表面贴装元器件的专用焊接工具。

图 3.19　电热风枪

3.2　专　用　设　备

3.2.1　浸锡炉

浸焊是把已完成元器件安装的印制电路板浸入熔化状态的焊料液中，一次完成印制电路板上的焊接。

浸锡炉是在一般锡锅的基础上加焊锡滚动装置和温度调节装置构成的，是浸焊专用设备。自动浸锡炉外形如图 3.20 所示。

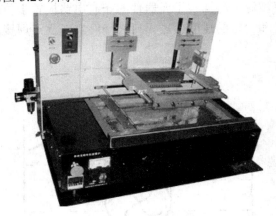

图 3.20　自动浸锡炉

　　浸锡炉既可用于对元器件引线、导线端头、焊片等进行浸锡，也适用于小批量印制电路板的焊接。由于锡锅内的焊料不停地滚动，从而增强了浸锡效果。

　　使用浸锡炉时要注意调整温度。锡锅一般设有加温挡和保温挡。将开关置加温挡时，炉内两组电阻丝并联，温度较高，便于熔化焊料。当锅内焊料已充分熔化后，应及时转向保温挡。此时电阻丝从并联改为串联，电炉温度不再继续升高，维持焊料的熔化，供浸锡用。

　　为了保证浸锡质量，应根据锅内焊料消耗情况，及时增添焊料，并及时清理锡渣和适当补充焊剂。

　　图 3.21 所示为现在小批量生产中仍在使用的浸焊设备示意图。图 3.17(a)所示为夹持式浸焊炉，即由操作者掌握浸入时间，通过调整夹持装置可调节浸入角度。图 3.17(b)所示为针床式浸焊炉，它可进一步控制浸焊时间、浸入及托起速度。这两种浸焊设备都可以自动恒温，一般还配置预热及涂助焊剂的设备。

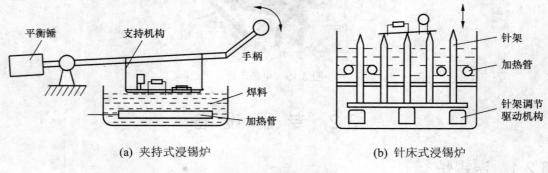

(a) 夹持式浸锡炉　　　　　　　　(b) 针床式浸锡炉

图 3.21　浸焊设备示意图

3.2.2　波峰焊接机

　　如图 3.22 所示，波峰焊是将熔融的液态焊料，借助机械或电磁泵的作用，在焊料槽液面形成特定形状的焊料波峰，将插装了元器件的印制电路板置于传送链上，以某一特定的角度、一定的浸入深度和一定的速度穿过焊料波峰而实现逐点焊接的过程。波峰焊适于大批量生产。

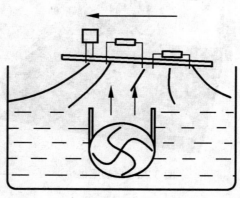

图 3.22　波峰焊示意图

波峰焊是自动焊接中较为理想的焊接方法，近年来发展较快，目前已成为印制电路板的主要焊接方法。

波峰焊接机通常由涂助焊剂装置、预热装置、焊料槽、冷却风扇和传送装置等部分组成，其结构形式有圆周式和直线式两种。

3.2.3　再流焊接机

再流焊又称回流焊，焊料是焊锡膏。再流焊是将适量焊锡膏涂敷在印制电路板的焊盘上，再把表面贴装元器件贴放到相应的位置，由于焊锡膏具有一定黏性，可将元器件固定，然后让贴装好元器件的印制电路板进入再流焊设备。在再流焊设备中，焊锡膏经过干燥、预热、熔化、润湿、冷却，将元器件焊接到印制电路板上。

再流焊的核心环节是利用外部热源加热，使焊料熔化而再次流动浸润，完成印制电路板的焊接过程。

再流焊接是精密焊接，热应力小，适用于全表面贴装元器件的焊接。

1. 再流焊接机的种类

常用的再流焊接机有红外线再流焊接机、气相再流焊接机、热传导再流焊接机、激光再流焊接机、热风再流焊接机等。应用最多的是红外线再流焊接机、热风再流焊接机和气相再流焊接机。

图 3.23 所示为大型全热风回流焊接机外形；图 3.24 所示为智能无铅回流焊接机外形。

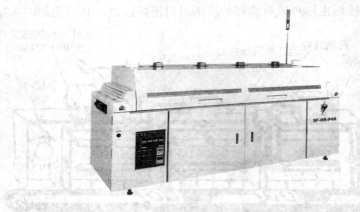

图 3.23　大型全热风回流焊接机外形

图 3.24　智能无铅回流焊接机外形

2. 再流焊接机的组成

再流焊炉主要由炉体、上下加热源、PCB 传送装置、空气循环装置、冷却装置、排风装置、温度控制装置及计算机控制系统组成，如图 3.25 所示。

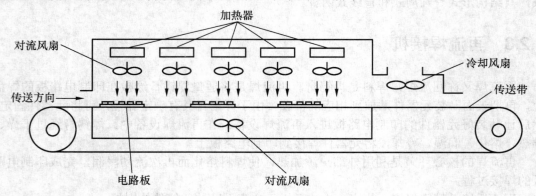

图 3.25　再流焊接机的结构

单纯的红外加热再流焊，很难使组件上各处的温度都符合规定的曲线要求，而红外/热风混合式，采用强力空气对流的远红外再流焊，热空气在炉内循环，在一定程度上改善了温度场的均匀性。

3. 红外/热风再流焊接机

红外/热风再流焊接机也称热风对流红外线辐射再流焊接机，其结构如图 3.26 所示。

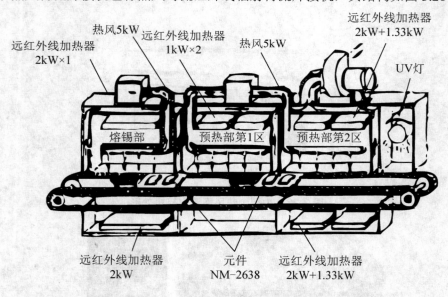

图 3.26　红外/热风再流焊接机的结构

预热区的作用是激活焊膏中的助焊剂，使焊膏中的熔剂挥发物逐渐地挥发出来，并保证组件整体温度均匀，从而防止焊料飞溅和基板过热。

　　再流区是实现各焊点充分、均匀地润湿，采用多嘴加热组件，鼓风机将被加热的气体从专门设计的多喷嘴系统中喷入炉腔，确保工作区温度分布均匀，能分别控制顶面和底面的热气流量和温度，在实现对印制电路板顶面焊接的同时，对印制电路板底面进行冷却，以免使焊接好的元器件松动。

3.2.4　贴片机

　　贴片机是片式元器件自动安装装置，是一种由微计算机控制的对片式元器件实现自动检选、贴放的精密设备。贴片机是表面安装工艺的关键设备，它是 SMT 生产线中最昂贵的设备之一，能达到高水平的工艺要求。

1.　贴片机各部分的功能

　　全自动贴片机外形如图 3.27 所示。

图 3.27　全自动贴片机外形

　　贴片机各部分的功能如下。

1) 坚固的机械结构

采用重型耐用的直线滚珠导轨系统，提供坚固、耐用的机械装置。

2) 直线编码系统

采用闭环直流伺服电动机，并配合使用无接触式直线编码系统，提供非常高的重复精度(±0.01mm)和稳定性。

3) 智能式送料系统

智能式送料系统能够快速、准确地送料。

4) 点胶系统

点胶系统可在集成电器的焊盘上快速进行点焊膏。

5) 飞行视觉对中系统

高精密 BGA 及 QFP 集成电路的视觉对中系统外形如图 3.28 所示。该系统具有线路板识别摄像机和元器件识别摄像机，采用彩色显示器，实现人机对话，也称为光学视觉系统，能够纠正片式元器件与相应焊盘图形间的角度误差和定位误差，以提高贴装精度。这类贴片机的贴装精度达±0.04mm，贴装件接脚间距为 0.3mm，贴装速度为 0.1～0.2 秒/件。

图 3.28　飞行视觉对中系统

6) 灵巧的基准点系统

内置精密摄像系统可自动学习 PCB 基准点，除标准的圆形基准点外，方形的 PCB 焊盘和环形穿孔焊盘也可作为基准点来识别，如图 3.29 所示；还可精密贴装 BGA 集成电路和 QFP 集成电路，如图 3.30 所示。

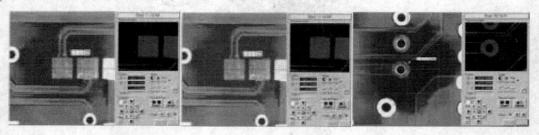

(a) 圆形的 PCB 焊盘　　　　(b) 方形的 PCB 焊盘　　　　(c) 环形穿孔焊盘

图 3.29　基准点系统识别基准点

(a) BGA 集成电路　　　　　　(b) QFP 集成电路

图 3.30　精密贴装 BGA 集成电路和 QFP 集成电路

2. 贴片机的种类

1) 按贴片机的贴装速度及所贴装元器件种类划分

(1) 高速贴片机。适合贴装矩形或圆柱形的片式元器件。

(2) 低速高精度贴片机。适合贴装 SOP 型集成电路、小型封装芯片载体及无引线陶瓷封装芯片载体等。

(3) 多功能贴片机。既可贴装常规片式元器件，又可贴装各种芯片载体。

2) 按机器归类划分

贴片机按机器归类分为标准型片式元器件贴片机和异形片式元器件贴片机。

3) 按贴片机贴装方式划分

贴片机按贴装方式分为同时式、顺序式、顺序式/同时式与流水线式，如表 3.1 所列。

表 3.1　贴片机按贴装方式分类

类　别	贴装方式	特　点
顺序式	印制电路板 AP 装在 X-Y 工作台上，表面安装元器件 (SMD)一个一个地顺序贴装	工作灵活
同时式	多个 SMD 通过模板一次同时贴于 AP 上	贴装率高，但不易更换 AP
流水线式	AP 在排成流水线的多个贴装头下，一步一步地行进，每到一个头下贴装一个 SMD	投资大、占地面积大，但贴装效率高
顺序式/同时式	兼有顺序式和同时式两种方式	

3.3　常用电子、电工仪表

3.3.1　万用表

1. 指针式万用表

1) 指针式万用表面板及表盘字符的含义

在万用表指针盘面上，会有一些特定的符号，这些符号标明万用表的一些重要性能和使用要求，在使用万用表时，必须按这些要求进行，否则会导致测量不准确、发生事故、造成万用表损坏，甚至造成人身危险。万用表表盘上的常用字符含义如表 3.2 所示。

表 3.2　万用表表盘上的常用字符含义

标志符号	意　义	标志符号	意　义
✳	公用端	1.5 (下箭头)	以标度尺长度百分数表示的准确度等级
COM	公用端	1.5	以指示值百分数表示的准确度等级
⏚	接地端	|1.5|	以量程百分数表示的准确度等级

续表

标志符号	意　义	标志符号	意　义
A	电流端	▬	被测量为直流
mA	被测电流适合 mA 挡的接入端	≃	被测量为交流
5A	专用端(如 5A)	≈	被测量为直流与交流
▷|	二极管检测	A-V-Ω	测量对象包括电流、电压、电阻
⌐⌐	磁电系测量机构	⌒·	零点调节器

2) 指针式万用表的主要性能指标

(1) 准确度。

准确度是指万用表测量结果的准确程度，即测量值与标准值之间的基本误差值。准确度越高，测量误差越小。

万用表的准确度根据国际标准规定有 7 个等级，它们是 0.1、0.2、0.5、1.0、1.5、2.5、5.0。通常万用表主要有 1.0、1.5、2.5、5.0 等 4 个等级。其数值越小，等级越高。其中 2.5 级的万用表应用最为普遍。2.5 级的准确度即表示基本误差为 ±2.5%，其他以此类推。万用表的精度等级与基本误差如表 3.3 所列。

表 3.3　万用表的精度等级与基本误差

精度等级	0.1	0.2	0.5	1.0	1.5	2.5	5.0
基本误差	±0.1%	±0.2%	±0.5%	±1.0%	±1.5%	±2.5%	±5.0%

(2) 直流电压灵敏度。

直流电压灵敏度是指使用万用表的直流电压挡测量直流电压时，该挡的等效内阻与满量程电压之比。例如，某万用表在 250V 电压挡时的内阻为 2.5MΩ，其电压的灵敏度就为 $2.5×10^6Ω/250V$，即 $10000Ω/V$。

万用表的直流电压灵敏度的单位是 $Ω/V$ 或 $kΩ/V$，一般直接标注在万用表的表盘上。万用表的电压灵敏度越高，表明万用表的内阻越大，对被测电路的影响就越小，其测量结果就越准确。

因此，电压灵敏度高的万用表适于测量有一定要求的电子电路，而电压灵敏度低的万用表适于测量要求不高的电路。例如，检修电视机时，就要求万用表的灵敏度要不小于 $20kΩ/V$；而检修收音机时，采用灵敏度为 $10kΩ/V$ 的万用表就可以了。

(3) 交流电压灵敏度。

交流电压灵敏度与直流电阻灵敏度，除所测电压的交、直流有区别外，其他物理含义完全一样。但由于交流测量时表内的整流电路降低了万用表的内阻，故使用万用表进行交流电流或电压测量时，它的测量灵敏度和精度要比测量直流时低。

(4) 中值电阻。

中值电阻是当欧姆挡的指针偏转至标度尺的几何中心位置时，所指示的电阻值正好等于该量程欧姆表的总内阻值。由于欧姆挡标度的不均匀性，使欧姆表有效测量范围仅局限于基本误差较小的标度尺中央部分。它一般对应于 0.1～10 倍的中值电阻，因此测量电阻时应合理选择量程，使指针尽量靠近中心处(满刻度的 1/3～2/3)，确保所测阻值准确。

(5) 频率特性。

频率特性是指万用表测量交流电时，有一定的频率范围，如超出规定的频率范围，就不能保证其测量准确度。一般便携式万用表的工作频率为 45～2000Hz，袖珍式万用表的工作频率为 45～1000Hz。

此外，指针式万用表还有绝缘等级、防电场等级和防磁场等级等性能指标。

3) 挡位的拨选

常用的万用表拨盘开关有两种方式：一种是单拨盘开关方式，它只有一个多挡的拨盘开关，挡位的选择只需要将这只开关拨到相应位置即可，图 3.31 所示为 MF960 型万用表的单拨盘开关；另一种是双拨盘开关方式，它有两个多挡的拨盘开关，挡位的选择需要由这两只开关配合拨到相应位置，图 3.32 所示为 MF500 型万用表的拨盘开关。

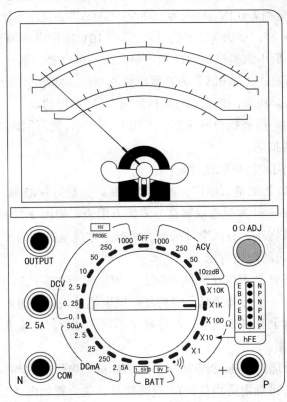

图 3.31　MF960 型万用表的单拨盘开关

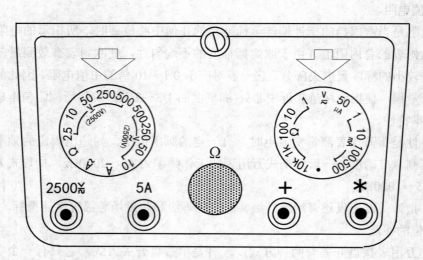

图 3.32　MF500 型万用表的拨盘开关

(1) 单拨盘开关万用表挡位的选择。

MF960 型万用表的拨盘有多个段，如图 3.33 所示，其中"DCV"为直流电压测量段，单位为 V，该表的最小测量挡为 0.1V，最大为 1000V；"ACV"为交流电压测量段，单位也是 V 。

最小测量挡为 10V 挡，最大为 1000V 挡，其中 10V 挡作电平测量时，满量程为 22dB；"Ω"为电阻测量段，最小测量挡为×1Ω 挡，最大为×10kΩ 挡，其中×10Ω 挡可作三极管的直流放大系数 h_{FE} 的测量；"DcmA"为直流电流测量段，除最小的 50 挡和 2.5A 挡外，其余挡位的单位均为 mA，注意，该表 50μA 挡是与 0.1V 共用的。

在万用表不使用时，应将拨盘开关拨到"OFF"位置，使万用表表头线圈短路，保护表头不受外电流和振动的损坏。

(2) 双拨盘开关万用表挡位的选择。

MF500 型万用表以其测量范围广、测量精度高、读数方便准确，被无线电爱好者所推崇。MF500 型万用表是一种典型的双拨盘方式的万用表，如图 3.32 所示。

在选择挡位时，需将左、右两个开关配合选择，才能选择到需要的测量功能。

4) MF500 型万用表的使用方法

在使用前应检查指针是否指在机械零位上，如果未指在零位时，可旋转表盖上的调零器使指针指示在零位上。一般测量时，应将红、黑表笔插头分别插入"+"、"*"插孔中。指针式万用表的读数盘上有多条刻度，在选择了不同的挡位时，应在不同的刻度上读数。

(1) 直流电压的测量。

将量程开关转到合适的电压量程(如果不能估计被测电压的大约数值，应先转到最大量程"500V"，经试测后再确定适当量程)，设两拨盘开关位置如图 3.33(a)所示；将测试表笔跨接于被测电路两端时，表盘指针位置如图 3.33(b)所示。

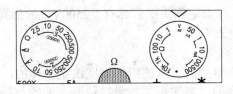

(a) 挡位开关位置

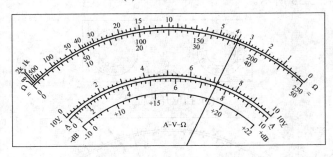

(b) 表盘、指针位置

图 3.33 直流电压的测量

直流电压的读数，应使用表盘上第二条刻度线，由于拨盘挡位开关拨到"10V"挡位置，因此万用表的满量程为 10V，可使用最大为"50"的数标，并将读数除以 5 即可。如图 3.33(b) 所示的指针位置，所读出的数据为 7.3V。

(2) 交流电压的测量。

万用表拨盘挡位开关拨到如图 3.34(a)所示挡位时，指针位置如图 3.34(b)所示。

在图 3.34(a)中，拨盘挡位开关的位置是"250V"，因此可以直接使用第二条刻度线（"～"刻度线）的第一组数标（最大值为"250"），图 3.34(b)所示指针位置所读出的数据为交流 217V。

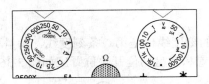

(a) 挡位开关位置

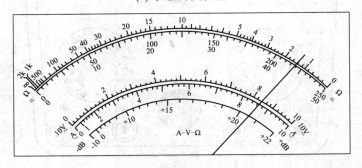

(b) 指针位置

图 3.34 交流电压的测量

测量交、直流高压时，红表笔插头插到标有"2500V"的插孔中，则左拨盘挡位开关只需拨到相应位段上的任意位置即可。

(3) 直流和交流电流的测量。

直流电流的测量与交流电压测量所使用的刻度线是一样的，即标有"～"的第二条刻度线，读数方法也是一样的，即先根据拨盘挡位开关的数值确定满量程，再选择相应的数标进行读数，如图 3.35 所示。

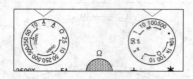

(a) 挡位开关位置

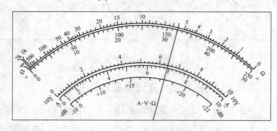

(b) 指针位置

图 3.35　直流电流的测量

测量电流时万用表应串接于被测电路中。

由图 3.35(a)所示拨盘挡位开关位置可知，满量程应为 100mA，读数刻度仍为第二条刻度线，图 3.35(b)所示指针位置所读得的数据为 64mA。

交流电流的测量除左拨盘挡位开关应拨在"<u>A</u>"的位置外，其余与直流电流的测量完全一样。

(4) 直流大电流的测量。

直流大电流的测量使用的刻度线也是第二条刻度线，满量程为 5A，可使用最大数值为 50 的一组数标，但表笔的位置和拨盘挡位开关位置应如图 3.36 所示。

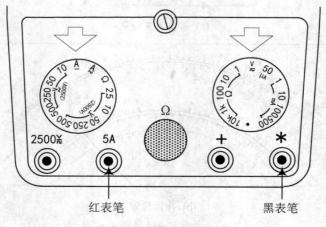

红表笔　　　　　　　　黑表笔

图 3.36　直流大电流的测量

(5) 交流大电流的测量。

交流大电流测量时，拨盘挡位开关与表笔位置如图 3.37(a)所示。而在读数时，则应使用第四条刻度线，如图 3.37(b)所示，图中指针位置的读数为 4.06A。

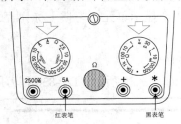

(a) 挡位开关和表笔接插位置

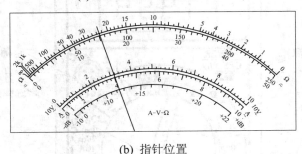

(b) 指针位置

图 3.37　交流大电流的测量

(6) 电阻的测量。

测量电阻时，左拨盘挡位开关应拨到"Ω"的位置，右拨盘挡位开关应拨到"Ω"位段上的相应挡位，如图 3.38 所示。

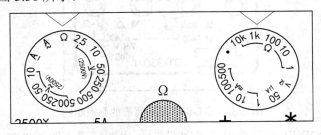

图 3.38　测量电阻时挡位开关的位置

测量电阻时，应使用第一条刻度线，即标有"Ω"的刻度线。

"Ω"的刻度线有两个与其他刻度线的不同之处：一是该刻度线的"0"刻度在最右端，指针偏转越大，电阻值越小；二是该刻度线是不均匀的，越往左刻度越密，在最左端，所标志的电阻为无穷大，即两表笔处于开路状态。

2. DT-830 型数字万用表

数字万用表是以数字的方式直接显示被测量的大小，十分便于读数。DT-830 型万用表是一种袖珍式仪表，与一般指针式万用表相比，该表具有测量精度高、显示直观、可靠性好、功能全、体积小等优点。另外，它还具有自动调零、显示极性、超量程显示及低压指示等功能，装有快速熔丝管过流保护电路和过压保护元件。其所有被测量经过 U/U、I/U、

Ω/U、AC/DC 变换，被折算成 200mV 以内的直流电压送入内部 7106 单片 CMOS A/D 转换器进行 A/D 变换和测量。

数字万用表显示的最高位不能显示 0～9 的所有数字，即称为"半位"，写成"1/2"位。例如，袖珍式数字万用表共有 4 个显示单元，习惯上称为"$3\frac{1}{2}$ 位"(读作"三位半")数字万用表。

1) DT-830 型万用表的面板功能

DT-830 型万用表的面板结构如图 3.39 所示。DT-830 型万用表面板中各部分的功能如下。

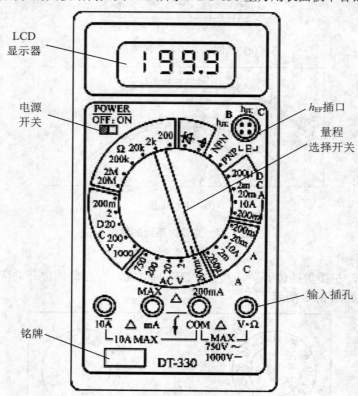

图 3.39 DT-830 型万用表的面板结构

(1) 电源开关 POWER。开关置于"ON"时，电源接通；置于"OFF"时，电源断开。

(2) 功能量程选择开关。完成测量功能和量程的选择。

(3) 输入插孔。

(4) h_{FE} 插座(为 4 芯插座)。标有 B、C、E 字样，其中 E 孔有两个，它们在内部是连通的，该插座用于测量三极管的 h_{FE} 参数。

(5) 液晶显示器。最大显示值为 1999 或-1999。该仪表可自动调零和自动显示极性，当仪表所用的 9V 叠层电池的电压低于 7V 时，低压指示符号被点亮；极性指示是指被测电压或电流为负时，符号"-"点亮，为正时，极性符号不显示。最高位数字兼作超量程指示。

2) DT-830 型万用表的使用方法

(1) 电压的测量。

将功能量程选择开关拨到"DCV"或"ACV"区域内恰当的量程挡，将电源开关拨至"ON"位置，这时即可进行直流或交流电压的测量。使用时将万用表与被测线路并联。

(2) 电阻的测量。

功能量程选择开关拨到"Ω"区域内恰当的量程挡，红表笔接"V·Ω"插孔，黑表笔接"COM"插孔，然后将开关拨至"ON"位置，即可进行电阻的测量。精确测量电阻时应使用低阻挡(如 20Ω)，可将两表笔短接，测出两表笔的引线电阻，并据此值修正测量结果。

(3) 二极管的测量。

将功能量程选择开关拨到二极管挡，红表笔插入"V·Ω"插孔，黑表笔接入"COM"插孔，然后将开关拨至"ON"位置，即可进行二极管的测量。

测量时，红表笔接二极管正极，黑表笔接二极管负极为正偏，两表笔的开路电压为 2.8V(典型值)，测试电流为 1mA±0.5mA。当二极管正向接入时，锗管应显示 0.150～0.300V，硅管应显示 0.550～0.700V，若显示超量程符号，表示二极管内部断路，显示全零表示二极管内部短路。

数字万用表的红表笔接内部电源的正极，黑表笔接内部负极，这与指针式万用表相反。

(4) 线路通、断的检查

将功能量程选择开关拨到蜂鸣器位置，红表笔接入"V·Ω"插孔，黑表笔接入"COM"插孔，将开关拨至"ON"位置，测量电阻，若被测线路电阻低于规定值(20Ω±10Ω)时，蜂鸣器发出声音，表示线路是通的。

3) DT-830 型万用表使用注意事项

(1) DT-830 型万用表不宜在高温(高于 40℃)、强光、高湿度、寒冷(低于 0℃)和有强烈振动的环境下使用或存放。

(2) 工作频率范围为 40～500Hz(规定值)，实测为 20Hz～1kHz。当频率为 2kHz 时，误差为±4%，被测交流(正弦波)电压频率越高，测量误差越大。

(3) 由于 DT-830 型万用表测试开关的挡数多，测量时应注意开关的位置，防止操作有误。

(4) 为延长电池的使用寿命，在每次测量结束后，应立即关闭电源。若欠压符号点亮，应及时更换电池。

3.3.2　毫伏表

测量交流电压时，自然会想到用万用表，万用表是以测量 50Hz 交流电的频率为标准设计生产的，因此对于频率高到数千兆赫的高频信号，或低到几赫的低频信号，或有些交流信号幅度极小(有时只有几毫伏)，这时普通万用表就难以胜任了，而必须用专门的电子电压表来测量。

电子电压表又叫毫伏表，它的种类很多，根据测量信号频率的高低可分为低频毫伏表、高频毫伏表和超高频毫伏表。现以 DA-16 型低频晶体管毫伏表为例说明其使用方法。

DA-16 型毫伏表采用放大-检波的形式，具有较高的灵敏度、稳定度。检波置于最后，使信号检波时产生良好的指示线性。DA-16 型毫伏表频带宽，可为 20Hz～1MHz；采用二级分压，故测量电压范围宽，可为 100μV～300V，指示读数为正弦波电压的有效值。

DA-16 型毫伏表采用放大-检波的形式，具有较高的灵敏度、稳定度。检波置于最后，使信号检波时产生良好的指示线性。DA-16 型毫伏表频带宽，可为 20Hz～1MHz；采用二级分压，故测量电压范围宽，可为 100μV～300V，指示读数为正弦波电压的有效值。

1. DA-16 型毫伏表的面板功能

DA-16 型毫伏表的面板结构如图 3.40 所示，面板各旋钮功能如下。

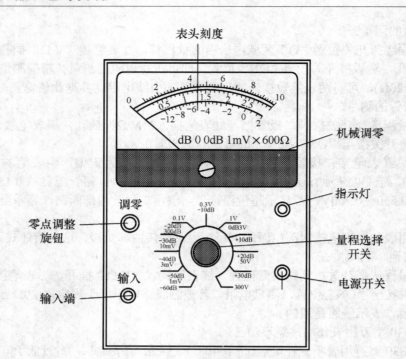

图 3.40　DA-16 型毫伏表的面板结构

(1) 量程选择开关。选择被测电压的量程，它共有 11 挡。量程括号中的分贝数供仪器作电平表时读分贝数用。

(2) 输入端。采用一同轴电缆线作为被测电压的输入引线。在接入被测电压时，被测电路的公共地端应与毫伏表输入端同轴电缆的屏蔽线相连接。

(3) 零点调整旋钮。当仪器输入端信号电压为零时(输入端短路)，毫伏表指示应为零，否则需调节该旋钮。

(4) 表头刻度。表头上有 3 条刻度线，供测量时读数之用。第三条(−12～+2dB)刻度线作为电平表用时的分贝(dB)读数刻度。

(5) 机械调零。毫伏表未接上电源时，可利用旋具调整该旋钮使指针指向零点。

(6) 电源开关和指示灯。插好外插头(接交流 220V)，当电源开关拨向上时，该红色指示灯亮，表示已接通电源，预热后可以准备进行测量。

2．DA-16 型毫伏表的使用方法

1) 机械调零

将毫伏表立放在水平桌面上，通电前，先检查表头指针是否指示零点，若不指零，可用旋具调整表头上的机械调零旋钮使指示为零。

2) 电气调零

将毫伏表的输入夹子短接，接通电源，待指针摆动数次至稳定后，校正电气调零旋钮，使指针在零位，此时即可进行测量(有的毫伏表有自动电气调零，无须人工调节)。

21世纪高职高专电子信息类实用规划教材

3) 连接测量电路

DA-16 型毫伏表灵敏度较高，为了保护毫伏表以避免表针被撞击损坏，在接线时一定要先接地线(即电缆的外层，要接到低电位线端)，再接另一条线(高电位线端)，接地线要选择良好的接地点。测量完毕拆线时，应先拆高电位线，然后再拆低电位线。

DA-16 型毫伏表的输入端采用的是同轴电缆，电缆的外层为接地线，为了安全起见，在测量毫伏级电压量程时，接线前最好将量程式开关置于低灵敏度挡(即高电压挡)，接线完毕再将量程开关置于所需的量程。另外，在测量毫伏级的电压量时，为避免外部环境的干扰，测量导线应尽可能短。

4) 测量

根据被测信号的大约数值，选择适当的量程。当所测的未知电压难以估计其大小时，就需要从大量程开始试测，逐渐降低量程，直至表针指示在 2/3 以上刻度盘时，即可读出被测电压值。

5) 读数

图 3.41 所示为 DA-16 型毫伏表的刻度面板，共有 3 条刻度线，第一、二条刻度线用来观察电压值指示数，与量程转换开关对应起来时，标有 0～10 的第一条刻度线适用于 0.1、1、10 量程挡位，标有 0～3 的第二条刻度线适用于 0.3、3、30、300 量程挡位。

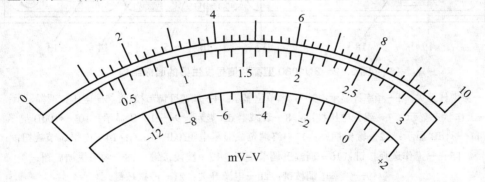

图 3.41　DA-16 型毫伏表的刻度面板

例如，量程开关指在 1mV 挡位时，用第一条刻度线读数，满度 10 读作 1mV，其余刻度均按比例缩小，若指针指在刻度 6 处，即读作 0.6mV(600μV)；如量程开关指在 0.3V 挡位时，用第二条刻度线读数，满度 3 读作 0.3V，其余刻度也均按比例缩小。

毫伏表的第三条刻度线用来表示测量电平的分贝值，它的读数与上述电压读数不同，是以表针指示的分贝读数与量程开关所指的分贝数的代数和来表示读数的。例如，量程开关置于+10dB(3V)，表针指在-2dB 处，则被测电平值为+10dB+(-2dB)=8dB。

3.3.3　信号发生器

信号发生器又称信号源，它能产生不同频率、不同幅度的规则或不规则的波形信号。在实际应用中，信号发生器能给测试、研究和调整电子电路及电子整机产品提供符合一定技术要求的电信号。

信号发生器类型很多，按频率和波段可分为低频信号发生器、高频信号发生器和脉冲信号发生器等。在电子整机产品装调中高频信号发生器使用较多。下面以 ZN1060 型高频信号发生器为例说明其性能和使用方法。

ZN1060 型高频信号发生器是一个具有数字显示的产品，其输出频率和输出电压的有效范围宽，频率调节采用交流伺服电动机传动系统，调谐方便，仪器内部有频率计，可对输出频率进行显示，提高了输出频率的准确度。

1. ZN1060 型高频信号发生器的面板结构

ZN1060 型高频信号发生器的面板结构如图 3.42 所示。

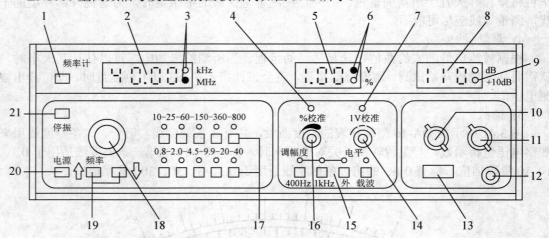

图 3.42　ZN1060 型高频信号发生器的面板结构

1—频率计开关；2—频率计显示；3—频率单位显示；4—调幅度调节校正；5—电压、调幅显示；
6—工作状态显示；7—载频电压校准；8—衰减器 dB 显示；9—+10dB 显示；10—×10dB 显示；
11—×1dB 显示；12—输出插座；13—终端负载显示电阻(0dB=1μV)；14—电平调节旋钮；
15——工作选择按键；16—调幅度调节旋钮；17—波段按键；18—频率手调旋钮；
19—频率电调按键；20—电源开关；21—停振按键

2．ZN1060 型高频信号发生器的功能

ZN1060 型高频信号发生器有载波、调幅两种信号输出状态。

(1) 载波工作状态。波段按键 17 用来改变信号发生器输出载波的波段，根据需要的信号频率，按下相应波段按键，指示灯即亮，表示仪器工作于该波段。

频率电调按键 19，标有"↑"符号表示按下此键频率往高调节，标有"↓"符号表示按下此键频率往低调节；频率手调旋钮 18，用于微调输出信号频率，将信号频率精确地调到所需数值；停振按键 21，起开关作用，用来中断测试过程中本仪器的输出信号。

(2) 调幅工作状态。工作选择按键 15 有"400Hz"、"1kHz"、"外"3 个键，按下对应按键分别输出由 400Hz、1kHz、外输入信号调制的调幅波；按下此键后仪器输出高频载波信号；电平调节旋钮 14，调节载波输出幅度；调幅度调节旋钮 16，用来调节调幅波的调幅度大小，调幅度的数值由数字电压表显示。

(3) 衰减器部分。"×10dB"显示 10 从 0 到 110dB 分 11 挡；"×1dB"显示 11 从 0～10dB 分 10 挡，衰减的分贝数由"衰减器 dB 数显示"读出。

(4) 频率计开关。在测试过程中，如果被测设备受频率计干扰大时，可以按动频率计开关 1 使之弹出，停止频率计工作，保证测试顺利进行。

3．ZN1060 型高频信号发生器的使用方法

(1) 按下"频率计开关"、"0.8～2MHz"波段开关和"载波开关"，将"调幅度调节"旋钮、"电平调节"旋钮逆时针旋至最小位置，衰减器置于最大衰减位置。

(2) 按下"电源开关"，预热 30min 即可正常使用。

(3) 根据所需要的输出频率，按下相应的波段后再按动"频率电调按键""↑"或"↓"，并调节"频率手调旋钮"，使输出频率符合所需的数值。

(4) 调节"电平调节旋钮"使数字电压表显示为 1V。

(5) 根据所需要的输出电压，将"×10dB"和"×1dB"衰减器置于所需 dB。在使用过程中电压表应始终保持 1V，以保证仪器输出电压值的准确性。

(6) 根据需要的调幅频率，按"400Hz"或"1kHz"按键，此时仪器处于调幅工作状态，调节"调幅度调节旋钮"可改变调幅系数的大小，并在电压表上直接显示 $M\%$。

电压表所显示的调幅度，只有载波电平保持 1V 的情况下 $M\%$ 才是准确的。若要检查载波电平是否在 1V 上，可按下"载波开关"，则电压表再次显示电压，可调节"电平调节旋钮"使电压表显示出 1V。

3.3.4　示波器

示波器是一种用荧光屏显示电信号随时间变化波形图像的电子测量仪器，是典型的时域测量仪器。它可直接测量被测信号的电压、频率、周期、时间、相位、调幅系数等参数，也可间接观测电路的有关参数及元器件的伏安特性；还可与传感器结合测量各种非电量，因此在科学研究、航空航天、工农业生产、医疗卫生、地质勘探等方面，示波器都获得了广泛应用。

根据用途、结构及性能，示波器一般分为通用示波器、多束示波器(或称多线示波器)、取样示波器、记忆与存储示波器、特殊示波器等。下面以 YB4320 双踪四线示波器为例来介绍示波器的使用方法。

1．YB4320 示波器的面板结构

YB4320 示波器的面板结构如图 3.43 所示，各控制件的功能见表 3.4。

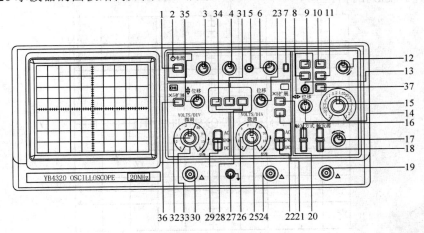

图 3.43　YB4320 示波器的面板结构

表 3.4　YB4320 示波器的面板控制件功能

序号	功　能	序号	功　能	序号	功　能
1	电源开关	14	水平位移	27	接地柱
2	电源指示灯	15	扫描速度选择开关	28	通道 2 选择
3	亮度旋钮	16	触发方式选择	29	通道 1 耦合选择开关
4	聚焦旋钮	17	触发电平旋钮	30	通道 1 输入端
5	光迹旋转旋钮	18	触发源选择开关	31	叠加
6	刻度照明旋钮	19	外触发输入端	32	通道 1 垂直微调旋钮
7	校准信号	20	通道 2×5 扩展	33	通道 1 衰减器转换开关
8	交替扩展	21	通道 2 极性开关	34	通道 1 选择
9	扫描时间扩展控制键	22	通道 2 耦合选择开关	35	通道 1 垂直位移
10	触发极性选择	23	通道 2 垂直位移	36	通道 1×5 扩展
11	X-Y 控制键	24	通道 2 输入端	37	交替触发
12	扫描微调控制键	25	通道 2 垂直微调旋钮		
13	光迹分离控制键	26	通道 2 衰减器转换开关		

2．YB4320 示波器的使用方法

1) 检查电源

检查示波器的电源是否符合技术指标要求。

2) 仪器校准

(1) 亮度、聚焦、移位旋钮居中，扫描速度置 0.5ms/DIV 且微调为校正位置，垂直灵敏度置 10mV/DIV 且微调为校正位置，触发源置内且垂直方式为 CH1，耦合方式置于“AC”，触发方式置“峰值自动”或“自动”。

(2) 通电预热，调节亮度、聚焦，使光迹清晰并与水平刻度平行(不宜太亮，以免示波管老化)。

(3) 用 10：1 探极将校正信号输入至 CH1 输入插座，调节 CH1 移位与 X 移位，使波形与图 3.44 所示波形相符合。

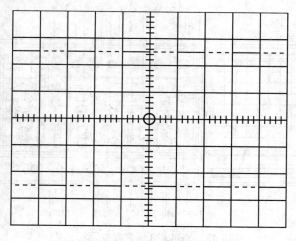

图 3.44　校正信号波形

(4) 将探极换至 CH2 输入插座，垂直方式置于"CH2"，重复(3)的操作，得到与图 3.44 相符合的波形。

3) 信号连接

(1) 探极操作。为减小仪器对被测电路的影响，一般使用 10：1 探极，衰减比为 1：1 的探极用于观察小信号，探极上的接地和被测电路地应采用最短连接。在频率较低、测量要求不高的情况下，可用前面板上接地端和被测电路地连接，以方便测试。

(2) 探极调整。由于示波器输入特性的差异，在使用 10：1 探极测试以前，必须对探极进行检查和补偿调节。校准时如发现方波前后出现不平坦现象，则应调节探头补偿电容。

4) 对被测信号和有关参量测试

3．测量方法举例

1) 幅度的测量方法

幅度的测量方法包括峰–峰值(U_{P-P})的测量、最大值的测量(U_{MAX})、有效值的测量(U)，其中峰–峰值的测量结果是基础，后几种测量都是由该值推算出来的。

(1) 正弦波的测量。

正弦波的测量是最基本的测量。按正常的操作步骤使用示波器显示稳定的、大小适合的波形后，就可以进行测量了。

峰–峰值(U_{P-P})的含义是波形的最高电压与最低电压之差，因此应调整示波器使之容易读数，方法是调节 X 轴和 Y 轴的位移，使正弦波的下端置于某条水平刻度线上，波形的某个上端位于垂直中轴线上，就可以读数了，如图 3.45 所示。

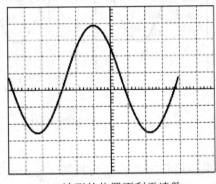
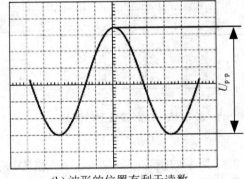

(a) 波形的位置不利于读数　　　　　(b) 波形的位置有利于读数

图 3.45　示波器上正弦波峰–峰值幅度的读数方法

在图 3.45(b)中，可以很容易读出，波形的峰–峰值占了 6.3 格(DIV)，如果 Y 轴增益旋钮被拨到 2V/DIV，并且微调已拨到校准，则正弦波的峰–峰值 U_{P-P}=6.3(DIV)×2(V/ DIV)=12.6。测出了峰–峰值，就可以计算出最大值和有效值了。对于正弦波，这 3 个值有以下关系，即

$$U_{MAX} = \frac{1}{2}P_{P-P} \tag{3.1}$$

$$U = \frac{1}{\sqrt{2}} U_{MAX} \approx 0.707 U_{MAX} \tag{3.2}$$

由此可计算出，$U_{MAX}=6.3V$，$U \approx 4.45V$。

(2) 矩形波的测量。

矩形波幅度的测量与正弦波相似，通过合适的方法找到其最大值与最小值之间的差值，就是峰-峰值(U_{P-P})，如图 3.46 所示。

示波器是通过扫描的方式进行显示，因此矩形波的上升沿和下降沿由于速度太快，往往显示不出来，但高电平与低电平仍能清晰看到。

矩形波的峰-峰值占 4.6 格(DIV)，若 Y 轴增益旋钮被拨到 2V/DIV，则矩形波的峰-峰值 $U_{P-P}=4.6(DIV)×2(V/DIV)=9.2V$，最大值 $U_{MAX}=4.6V$。

2) 周期和频率的测量方法

(1) 正弦波的测量。周期 T 的测量是通过屏幕上 X 轴来进行的。当适当大小的波形出现在屏幕上后，应调整其位置，使其容易对周期 T 进行测量，最好的办法是利用其过零点，将正弦波的过零点放在 X 轴上，并使左边的一个位于某竖刻度线上，如图 3.47 所示。

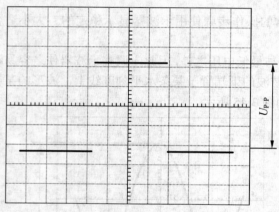

图 3.46　矩形波幅度的测量

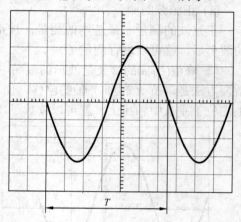

图 3.47　正弦波周期的测量

图 3.47 所示的正弦波周期占了 6.5 格(DIV)，如果扫描旋钮已被拨到的刻度为 5ms/DIV，可以推算出其周期 $T = 6.5(DIV)×5(ms/DIV)= 32.5ms$。同时，根据周期与频率的关系，即

$$f = \frac{1}{T} \tag{3.3}$$

可推算出正弦波的频率为

$$f = \frac{1}{32.5×10^{-3}(s)} \approx 30.77(Hz)$$

(2) 矩形波的测量。矩形波周期的测量与正弦波相似，但由于矩形波的上升沿或下降沿在屏幕上往往看不清，因此一般要将它的上平顶或下平顶移到中间的水平线上，再进行测量，如图 3.48 所示。

21世纪高职高专电子信息类实用规划教材

图 3.48 中一个周期占用了 7.25 格(DIV)，如果扫描旋钮已被拨到的刻度为 2ms/DIV，可以推算出其周期 T = 7.25(DIV)×2(ms/DIV)= 14.5ms，频率 $f \approx$ 68.97Hz。

3) 上升时间和下降时间的测量方法

在数字电路中，脉冲信号的上升时间 t_r 和下降时间 t_f 十分重要。上升时间和下降时间的定义是：以低电平为 0%，高电平为 100%，上升时间是电平由 10%上升到 90%时所使用的时间，而下降时间则是电平由 90%下降到 10%时使用的时间。

测量上升时间和下降时间时，应将信号波形展开使上升沿呈现出来并达到一个有利于测量的形状，再进行测量，如图 3.49 所示。

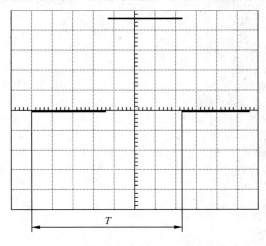

图 3.48　矩形波周期的测量

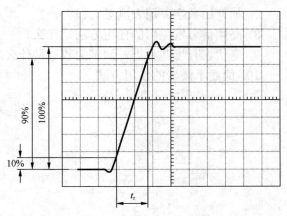

图 3.49　脉冲上升时间的测量

图 3.49 中波形的上升时间占了 1.78 格(DIV)，如果扫描旋钮已被拨到的刻度为 20μs/DIV，可以推算出上升时间 t_r = 1.78(DIV)×20(μs/DIV)= 35.6μs。

脉冲信号在上升沿的两头往往会有"冒头"，称为"过冲"，在测量时，不应将过冲的最高电压作为 100%高电平。

本 章 小 结

本章从电子产品装配的使用角度介绍了：

(1) 电子产品装配所需的常用工具的基本知识、使用方法，主要内容有常用的钳口工具、紧固工具、焊接工具。

(2) 现代电子产品生产所必需的专用设备，即浸锡炉、波峰焊接机、贴片机等的基本结构、控制和使用知识。

(3) 电子整机产品的调试过程中常用的万用表、毫伏表、信号发生器、示波器等仪器的基本原理和使用方法。

习　题　3

1. 电子整机产品组装过程中有哪些常用的工具？
2. 使用电烙铁时有哪些注意事项？
3. 烙铁头加工成不同形状有哪些用途？
4. 什么是波峰焊？
5. 贴片机的种类有哪些？
6. 万用表使用有哪些注意事项？
7. 如何用数字万用表测量二极管？
8. 高频信号发生器的使用方法是什么？
9. 毫伏表有哪些种类？测试的数据是什么值？
10. 简述示波器的使用方法。

第 4 章

部件装配工艺技术

教学目标

通过本章的学习，理解部件装配是电子产品组装的前道工序；了解印制电路板的作用特点和分类；基本掌握手工制作印制电路板的方法之一；掌握常规元器件插件的工艺流程和方法；理解贴片元器件与 PCB 的贴装技术；结合实训项目掌握手工焊接电路板技术；理解波峰焊和再流焊工艺技术。

本章按照电子产品生产的工艺程序介绍部件装配工艺技术，主要内容有：印制电路板的作用、组成、特点与分类；元器件插装和贴装的工艺技术；元器件与印制电路板的焊接技术，包括手工焊、波峰焊和再流焊。

4.1 概　　述

电子产品的部件装配工艺技术主要是指电子元器件与印制电路板的焊接技术和相关零部件与电路板的组合。印制电路是一种导电图形，连接点为焊盘，连接线为印制导线，导电图形附着于绝缘基板表面，它们统称为印制电路板，简称 PCB(Printed Circuit Board)，其在电子产品设计生产中的作用是实现电路元器件、零部件的电气连接。印制电路板对电子产品的电性能、温度性能、机械强度和可靠性都起到重要作用。

4.1.1　印制电路板的作用及组成

在绝缘基材上，用导体材料按预定设计，制成印制线路、印制元件或两者组合的导电图形，称为印制电路板。印制电路板主要由绝缘基板、印制导线和焊盘组成。

1. 印制电路板的作用

印制电路是电子设备设计的基础。印制电路板是电子工业生产中重要的电子部件之一。印制电路板在电子设备中有以下作用：

(1) 提供各种元器件固定、装配的机械支撑。

(2) 实现板内各种元器件之间的布线和电气连接或电绝缘，提供所要求的电气特性及特性阻抗等。

(3) 为印制电路板内的元器件和板外的元器件提供特定的连接方法。

(4) 为元器件插装、检查、维修提供识别字符 1 和图形。

(5) 为自动锡焊提供阻焊图形。

电子设备使用印制电路板后，由于同类印制电路板的一致性，并可实现自动插装、自动锡焊、自动检测，保证了电子设备的质量，提高了劳动生产率，降低了成本，而且便于维修。印制电路板从单面板发展到双面板、多层板、挠性板，并仍保持各自的发展趋势。由于印制电路板不断地向提高精度、布线密度和可靠性方向发展，并相应缩小体积、减轻重量，因而使其适应于大规模集成电路和电子产品微小型化的发展。

2. 印制电路板的组成

1) 绝缘基板

用于制造印制电路板的基板材料品种很多，但大体上分为两大类：有机类基板材料和无机类基板材料。有机类基板材料是指用增强材料，如玻璃纤维布(纤维纸、玻璃毡等)，浸以树脂黏合剂，通过烘干成坯料，然后覆上铜箔，经高温、高压而制成。这类基板称为覆铜箔层压板(CCL)，俗称覆铜板，是制造 PCB 的主要材料。市场上常见的有机类电路基板分为环氧玻璃纤维电路基板和非环氧树脂的层板。环氧玻璃纤维电路基板由环氧树脂和玻璃纤维组成，它结合了玻璃纤维强度好和环氧树脂韧性好的优点，具有良好的强度和延展性。用它既可以制作单面 PCB，也可以制作双面和多层 PCB。非环氧树脂的层板又可分为聚酰亚胺树脂玻璃纤维层板、聚四氟乙烯玻璃纤维层板、酚醛树脂纸基层板等。酚醛树脂纸基层板在民用电子产品中广泛使用；聚四氟乙烯玻璃纤维层板可用于高频电路中；聚酰亚胺树脂玻璃纤维层板可作为刚性或柔性电路基板材料。无机类基板主要是陶瓷板和瓷釉包覆钢基板。陶瓷电路基板的基板材料是 96% 的氧化铝，陶瓷电路基板主要用于厚/薄膜混合集成电路、多芯片微组装电路中，它具有有机材料电路基板无法比拟的优点。陶瓷基板还具有耐高温、表面光洁度好、化学稳定性高的特点，是薄/厚膜混合电路和多芯片微组装电路的优选电路基板。瓷釉包覆钢基板克服了陶瓷基板存在的外形尺寸受限制和介电常数高的缺点，介电常数也低，可作为高速电路的基板，应用于某些数码产品中。

2) 印制导线

印制导线是根据电子产品的电路原理图建立起来的、一种用以实现元器件间连接的、附着在基板上的铜箔导线。

3) 焊盘

焊盘是用以实现元器件引脚与印制导线连接的节点。一个元器件的某个引脚通过焊盘与某段铜箔导线的一端连接，该段铜箔导线的另一端连接着另一个焊盘，该焊盘与另一个元器件的某个引脚连接，那么这段铜箔导线两端的焊盘就将两个元器件引脚连接了起来。

4.1.2　印制电路板的特点与分类

1. 覆铜板的种类与选用

覆以铜箔的绝缘层压板称为覆铜箔层压板，简称覆铜板。它是用腐蚀铜箔法制作电路板的主要材料。覆铜箔层压板的种类很多，有纸基板、玻璃布板、酚醛板、环氧酚醛板、聚酸亚胶板和聚四氟乙烯板等。

1) 覆铜板的种类

(1) 酚醛纸基覆铜板。其特点是价格低，机械强度低，易吸水，耐高温性能差。主要用于低频和一般民用产品中，如收音机、电视机等产品使用较多。

(2) 环氧酚醛玻璃布覆铜板。这类覆铜板耐温性好，受潮湿影响小，电气和力学性能良好，加工方便，一般用于高温、高频电子设备，恶劣环境和超高频电路中。

(3) 环氧玻璃布覆铜箔板。与环氧酚醛覆铜板相比，具有较好的机械加工性能，防潮性良好，工作温度较高。

(4) 聚四氟乙烯玻璃布覆铜箔板。此种板电性能、化学性能均好，温度范围宽，介质损耗小，常用于微波、高频电路中。

2) 铜箔厚度

印制电路板铜箔厚度有 $10\mu m$、$18\mu m$、$35\mu m$、$50\mu m$ 和 $70\mu m$ 等。对于导电条较窄的，选取铜箔较薄的板材；否则选用厚些的板材。一般选用 35m 和 50m 厚的板材。

3) 板材的厚度

常用覆铜板的材质标称厚度有 0.5mm、0.7mm、0.8mm、1.0mm、1.2mm、1.5mm、1.6mm、2.0mm、2.4mm、3.2mm 和 6.4mm。电子仪器、通用设备一般选用 1.5mm 的最多。对于电源板，大功率器件板、有重物的、尺寸较大的电路板，可选用 2.0～3.0mm 的板材。

2. 印制电路板的分类

印制电路板将电气连线图"印制"在覆铜板上，通过腐蚀液去掉线路外的铜箔，保留连线图形部分的铜箔作为导线和安装元件的连接板。按所用基材的机械特性，可以分为刚性电路板(Rigid PCB)、柔性电路板(Flex PCB)及刚柔结合的电路板(Flex-Rigid PCB)。

常见的印制电路板有以下几种。

(1) 单面印制电路板(Single-Sided Boards)。单面印制电路板通常是用单面覆铜箔板制作的，在绝缘基板覆铜箔一面制成印制导线。

(2) 双面印制电路板(Double-Sided Boards)。双面印制电路板是在两面都有印制导线的印制板。通常采用环氧玻璃布覆铜箔板或环氧酚醛玻璃布覆铜箔板。由于两面都有印制导线，一般采用金属化孔连接两面印制导线。其布线密度比单面板更高，使用更为方便。它适用于对电性能要求较高的通信设备、电子计算机和仪器仪表等。

(3) 多层印制电路板(Multi-Layer Boards)。多层印制电路板为在绝缘基板上制成 3 层以上印制导线的印制电路板。它由几层较薄的单面或双面印制电路板(每层厚度在 0.4mm 以下)叠合压制而成。为了将夹在绝缘基板中间的印制导线引出，多层印制电路板上安装元件的孔需经金属化处理，使之与夹在绝缘基板中的印制导线沟通。目前多层板生产多集中在 4～6 层为主，如计算机主板，工控机 CPU 板等。在巨型机等领域内可达到几十层的多层板。

多层印制电路板主要特点：与集成电路配合使用，有利于整机的小型化及重量的减轻；接线短、直，布线密度高；由于增设了屏蔽层，可以减小电路的信号失真；引入了接地散热层，可以减少局部过热，提高整机工作的稳定性。

(4) 软性印制电路板(Flexible Printed Circuit Board)。软性印制电路板也称挠性印制电路板或柔性印制电路板，是以软层状塑料或其他软质绝缘材料为基材制成的印制电路板。它可以分为单面、双面和多层 3 大类。此类印制电路板除了重量轻、体积小、可靠性高以外，最突出的特点是具有挠性，能折叠、弯曲、卷绕，自身可端接及三维空间排列。软性印制电路板在电子计算机启动化仪表、通信设备中应用广泛。利用挠性板可以弯曲、折叠，可以连接活动部件，达到立体布线，三维空间互连，从而提高装配密度和产品可靠性。如笔记本电脑、移动通信、照相机、摄像机等高档电子产品中都应用了挠性电路板。

4.2　印制电路板的制作与检验

4.2.1　手工制作印制电路板

手工制作印制电路板通常是指在一块覆铜板上制作出印制电路的过程，常见的方法有蚀刻法、贴图法和刀刻法等。

21世纪高职高专电子信息类实用规划教材

1. 蚀刻法

蚀刻法，也称铜箔蚀刻法，主要步骤如下。

(1) 剪板。按实际尺寸剪裁覆铜板。

(2) 清板。去除板的四周毛刺，清除板面污垢。

(3) 拓图。用复写纸将已设计好的印制图拓在覆铜板上。

(4) 描图。用稀稠适宜的调和漆描图，描好后置于室内晾干。

(5) 修整。趁油漆未完全干透的情况下进行修整，把图形中的毛刺或多余的油漆刮掉。

(6) 腐蚀。当油漆干好后，把板放到三氯化铁溶液中，注意掌握浓度、温度和腐蚀时间。在腐蚀过程中，可轻轻地搅动，使"新鲜"的溶液不断流过工件表面。待工件表面需要腐蚀的铜箔都被去掉。

(7) 去漆膜。用热水浸泡板子，可以把漆膜剥掉，未擦净处可用稀料清洗。

(8) 清洗。漆膜去净后，用布蘸去污粉在板面上反复擦拭，去掉铜箔的氧化膜，使线条及焊盘露出铜的光亮本色。注意在擦拭时应按某一固定方向，这样可以使铜箔反光方向一致，看起来更加美观。擦拭后用水冲洗、晾干。一般来说，在漆膜去净后，一些不整齐的地方、毛刺和粘连等就会清晰地暴露出来，这时还需要用锋利的刻刀再进行修整。

2. 贴图法

贴图用的材料是一种各种宽度的导线薄膜和各种直径、形状的焊盘薄膜，这种抗蚀能力强的薄膜厚度只有几微米，图形种类有几十种，"标准的预切符号及胶带"，预切符号常用规格有 D373(OD-2.79，ID-0.79)、D266(OD-2.00，ID-0.80)、D237(OD-3.50，ID-1.50) 等几种，最好购买纸基材料做的(黑色)，尽量不用塑基(红色)材料。胶带常用规格有 0.3mm、0.9mm、1.8mm、2.3mm 和 3.7mm 等几种。如焊盘、接插头、集成电路引线及各种符号等，如图 4.1 所示。可以根据电路设计版图，选用对应的符号及胶带，粘贴到覆铜板的铜箔面上。用软一点的小锤，如光滑的橡胶、塑料等敲打图贴，使之与铜箔充分粘连。重点敲击线条转弯处、搭接处。张贴好后就可以进行腐蚀工序了。这些图形贴在一块透明的塑料软片上，使用时，可用刀尖把图形从软片上取下来，转贴到覆铜板上。焊盘及图形贴好后，再用各种型号的抗蚀胶带连接各焊盘，构成印制导线图样。整个图形贴好后可以立即进行腐蚀。

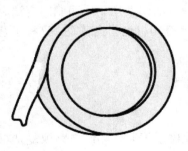

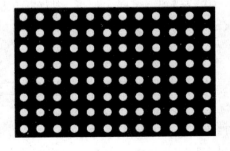

(a) 贴图用导线　　　　　　　　　　(b) 贴图用焊盘

图 4.1　贴图用的导线和焊盘

3. 刀刻法

对于一些电路比较简单，线条较少的印制电路板，可以用刀刻法来制作。在进行图形设计时，要求形状尽量简单，一般把焊盘与导线合为一体，形成多块矩形图形。先把印制电路图打印在广告贴纸上，再将贴纸背面的塑料纸撕下，把图样平整地粘在覆铜板上，利用刻刀将电路图以外的部分刻除，刻刀要求既硬且韧。制作时，用刻刀沿钢尺刻划铜箔，把铜箔划透。然后，把不需保留的铜箔的边角用刀尖挑起来，再用钳子夹住把铜箔撕下来。

4. 油印法

把蜡纸放在钢板上，用笔将电路图按 1∶1 刻在蜡纸上，并把刻在蜡纸上的电路图按电路板尺寸剪下，剪下的蜡纸放在所印敷铜板上。取少量油漆与滑石粉调成稀稠合适的印料，用毛刷蘸取印料，均匀地涂到蜡纸上，反复几遍，印制电路板即可印上电路。这种刻板可反复使用，适于小批量制作。提示：利用光电誊印机，可以按照设计图纸自动刻制成 1∶1 尺寸的蜡纸。

5. 使用预涂布感光覆铜板

使用一种专用的覆铜板，其铜箔层表面预先涂布了一层感光材料，故称为预涂布感光覆铜板，也叫感光板。制作方法如下。

1) 单面板的制作。将计算机绘制好的 PCB 图，用喷墨专用纸打印出 1∶1 黑白 720dpi 图纸(元件面)，用激光打印机输出图纸也可以。取一块与图纸大小相当的光敏板，撕去保护膜。用玻璃板或塑料透明板把图纸与光敏 PCB 板压紧，在阳光下曝光 5～10min。用附带的显影剂 1∶20 配水进行显影，当曝光部分(不需要的敷铜皮)完全裸露出时，用水冲净，即可用三氯化铁进行腐蚀了。操作熟练后，可制出精度达 0.1mm 的走线。

2) 双面线路板的制作。步骤参考单面板，双面板主要是两面定位要准确。可以两面分别曝光，但时间要一致，一面在曝光时另一面要用黑纸保护。

6. 热转印法

使用激光打印机，将设计的 PCB 铜箔图形打印到热转印纸上，再将热转印纸紧贴在覆铜板的铜箔面上，以适当的温度加热，转印纸上原先打印上去的图形，绘制图形的炭粉受热熔化，并转移到铜箔面上，形成腐蚀保护层。这种方法比常规制板印制的方法更简单，而且现在大多数的电路都使用计算机 CAD 设计，激光打印机也相当普及，这种工艺还比较容易实现。

4.2.2　机械制造印制板的生产工艺

工厂中一般用机械生产印制板，机械生产印制板比手工制作印制电路板复杂得多，一般要经过多道工序。如双面板的制造，工艺流程大致为：双面覆铜板→下料→叠板→数控钻导通孔→检验、去毛刺刷洗→化学镀(导通孔金属化)→(全板电镀薄铜)→检验刷洗→网印负性电路图形、固化(干膜或湿膜、曝光、显影)→检验、修板→线路图形电镀→电镀锡(抗蚀镍／金)→去印料(感光膜)→蚀刻铜→(退锡)→清洁刷洗→用热固化绿油网印阻焊图形(贴

21世纪高职高专电子信息类实用规划教材

感光干膜或湿膜、曝光、显影、热固化，常用感光热固化绿油)→清洗、干燥→网印标记字符图形、固化→(喷锡或有机保焊膜)→外形加工→清洗、干燥→电气通、断检测→检验包装→成品出厂。多层印制板的工艺更加复杂。生产印制板的多道工序中，制作底片、图形印制及图形电镀蚀刻是生产的关键工序。下面就作简要介绍。

1. 印制板底图的制作方法

印制电路原版底图一般是由设计人员提供的，在生产过程中还要将原版底片翻版成生产底片。生成底片的途径基本上有两种：一种是利用计算机辅助系统和光绘机直接制出原版底片；另一种是制作照相底图，再经拍照后得到原版底片。

2. 电路图形印制

制造印制电路图形通常称为掩膜图形，掩膜图形一般有 3 种方法：液体感光胶法、感光干膜法和丝网漏印法。目前，在图形电镀制造电路板工艺中，大多数厂家都采用感光干膜法和丝网漏印法。感光胶法是采用蛋白感光胶和聚乙醇感光胶，是一种比较老的工艺方法，它的缺点是生产效率低、难以实现自动化，本身耐蚀性差。丝网漏印法适用于批量较大、精度要求不高的单面和双面印制电路板的生产。感光干膜法在提高生产效率、简化工艺和提高制板质量等方面优于其他方法。

丝网漏印简称丝印，也是一种古老的工艺。丝网漏印法是先将所需要的印制电路图形制在丝网上，然后用油墨通过丝网版将线路图形漏印在铜箔板上，形成耐腐蚀的保护层，再经过腐蚀去除保护层，最后制成印制电路板。目前，丝网漏印法在工艺、材料和设备上都有较大突破，现在已能印制出 0.2mm 宽的导线。丝网漏印法的缺点是，所制的印制电路板的精度比光化学法的差，对品种多、数量少的产品，生产效率比较低。

感光干膜法中的干膜由干膜抗蚀剂、聚酯膜和聚乙烯膜组成。干膜抗蚀剂是一种耐酸的光聚合体，聚酯膜为基底膜，起支托干膜抗蚀剂及照相底片的作用。聚乙烯膜是在聚酯膜涂覆干膜蚀剂后覆盖的一层保护层。干膜分为溶剂型、全水型和半水型等。贴膜制板的工艺流程为：贴膜前处理→吹干或烘干→贴膜→对孔→定位→曝光→显影→晾干→修板。

3. 电路图形的腐蚀蚀刻

蚀刻也叫腐蚀，是指利用化学或电化学方法，将涂有抗蚀剂并经感光显影后的印制电路板上未感光部分的铜箔腐蚀除去，在印制电路板上留下精确的线路图形。制作印制电路板可以采用多种蚀刻工艺，工业上常用的是蚀刻剂有三氧化铁、过硫酸铵、铬酸及氯化铜。其中三氧化铁的价格低廉且毒性较低，最常用。碱性氯化铜的腐蚀速度快，能蚀刻高精度、高密度的印制电路板，并且铜离子又能再生回收，也是一种经常采用的方法。

4.2.3　印制电路板的检验

印制电路板在制作完成后，需要进行质量检验，印制板在进行元器件插装和焊接前，也要进行质量检验，检验的方法有以下几种。

1. 目视检验

目视检验是指人工检验印制电路板缺陷，检验内容包括凹痕、麻坑、划痕、表面粗糙、空洞和针孔、丝印是否清晰、完整、正确等。目视检验有时还要检查焊孔是否在焊盘中心、导线图形是否完整，方法是用照相底图制造的底片覆盖在已加工好的印制电路板上，测定导线的宽度和外形是否处于要求的范围内，印制电路板的外边缘尺寸是否处于要求的范围内。

2. 电性能的检验

电性能检验主要包括电路板的绝缘性和连通性检验。绝缘性检验主要测量绝缘电阻，测量绝缘电阻可以在同一层上的各导线之间来进行，也可以在两个不同层之间来进行。选择两根或多根间距紧密、电气上绝缘的导线，先测量它们之间的绝缘电阻；再加湿热一定时间后，置于室内条件下恢复到室温后，再测量它们之间的绝缘电阻，满足指标就行。测量连通性主要用来查明需要连接的印制电路图形是否具有连通性，在同一层和不同层都要进行连通性检测。

检验时采用的测试仪器有以下两种：

(1) 光板测试仪(通断仪)，可以测量出连线的通与断，包括金属化孔在内的多层板的逻辑关系是否正确。

(2) 图形缺陷自动光学测试仪，可以检查出 PCB 的综合性能，包括线路、字符等。

3. 焊盘可焊性的检验

可焊性是印制电路板的重要质量指标，主要用来测量焊锡对印制板焊盘的润湿能力，根据润湿能力的不同，可分为润湿、半润湿和不润湿来表示。润湿是指焊料在导线和焊盘上可自由流动及扩展，形成黏附性连接。半润湿是指焊料先润湿焊盘的表面，然后由于润湿不佳而造成焊锡回缩，结果在基底金属上留下一薄层焊料。不润湿焊料是指虽然在焊盘的表面上堆积，但未和焊盘表面形成黏附性连接。

4. 铜箔附着力检验

铜箔附着力是指印制导线和焊盘在基板上的黏附力，附着力小，印制导线和焊盘就容易从基板上剥离。检查铜箔附着力的一种通用方法是胶带试验法，即把透明胶带贴于要测的导线上，并将气泡全部排除，然后与印制电路板呈 90° 方向快速用力扯掉胶带，若导线完好无损，说明该板的镀层附着力合格。

4.3　元器件插装工艺

元器件与印制电路板的组装即元器件插装是电子产品生产中的重要环节，插装质量直接影响产品的性能和可靠性，提高电子产品组装质量是目前电子产品生产企业降低生产成本，提高成品率的重要手段，且随着 SMT 技术的发展，印制电路板的组装技术也出现了新的技术。

21世纪高职高专电子信息类实用规划教材

4.3.1　元器件插装工艺技术

元器件安装到印制电路板上，主要包括插装或贴装两种方式，传统的带引脚的(THT)元器件采用插装方式安装到印制电路板上，而表面贴片(SMT)元器件采用贴装方式安装到印制电路板上。

1. 元器件插装基本概念

传统 THT 元器件在印制板上的固定，通常通过插装方式，插装可以分为手工插装和自动插件机插装。前者简单易行，但效率低，误插率较高，而后者安装速度快，误插率低，但设备成本高，引线成形要求严格。

元器件在印制板上的固定方法有卧式、悬空、立式、有支架固定安装和有高度限制安装 5 种，如图 4.2 所示。

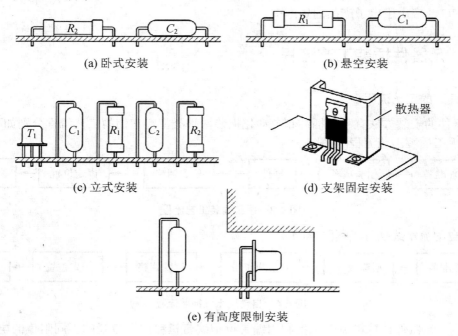

(a) 卧式安装　　　　　　　　　　　(b) 悬空安装

(c) 立式安装　　　　　　　　　(d) 支架固定安装

(e) 有高度限制安装

图 4.2　元器件的安装固定方式

1) 卧式安装

与立式安装相比，元器件卧式安装具有机械稳定性好、版面排列整齐等优点。卧式安装使元器件的跨距加大，容易从两个焊点之间走线，这对于布设印制导线十分有利。

2) 悬空安装

它适用于发热元件的安装，安装高度一般在 3～8mm，以利于对流散热。

3) 立式安装

元器件立式安装占用面积小，单位面积上容纳元器件的数量多，适合于元器件排列密集紧凑的产品。采用立式安装时，元器件要求体积小、质量轻，过大、过重的元器件不宜立式安装；否则，整机的机械强度变差，抗震能力减弱，元器件容易倒伏造成相互碰接，降低电路的可靠性。

4) 支架固定安装

这种方法适用于重量较大的元器件，一般用金属支架在印制基板上将元件固定。

5) 有高度限制安装

通常处理的方法是垂直插入后，再朝水平方向弯曲。

2. 贴片元器件贴装基本概念

贴装是指将片式元器件直接贴到印制电路板相应位置上的组装技术，由于片式元器件小，引脚间距小，不需要成形，但要求有较高的贴装精度。贴装也分手工贴装和自动化贴装，手工贴装主要应用于样机试制阶段或小批量试生产时，自动化贴装可靠性高、缺陷率低，现在广泛应用于电子产品的生产中。

4.3.2 元器件插装工艺流程

1. 插装的工艺流程

元器件的安装方法有手工插装和自动化插装两种类型，它们的工艺流程分别如下。

1) 手工插装工艺流程(见图 4.3)

图 4.3 手工插装工艺流程

2) 自动流水线插装流程(见图 4.4)

图 4.4 自动流水线插装流程

其中，元器件计算机编带是指利用编带机把编带机料架上放置的不同阻值的电阻带料自动编排成安装插路线顺序的料带。

2. SMT 贴装工艺流程

SMT 贴装工艺流程有两种，主要取决于焊接方式。

1) 采用波峰焊的工艺流程(见图 4.5)

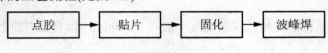

图 4.5 采用波峰焊的工艺流程

（1）点胶。将胶水点到需要安装元器件的中心位置，目的是让元器件粘贴在印制板上，点胶根据自动化程度不同可分为手动点胶、半自动点胶和自动点胶 3 种方式。

（2）贴片。将元器件贴放在印制板的相应位置上，可以采用手动、半自动和自动方式贴片。

（3）固化。利用设备将元器件固定在印制电路板上。

（4）焊接。利用波峰焊焊接。

2）采用再流焊的工艺流程(见图 4.6)

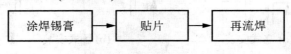

图 4.6 采用再流焊的工艺流程

（1）涂锡膏。利用锡膏涂敷设备将锡膏涂在印制板的焊盘上。

（2）贴片。将元器件贴放在印制板的相应位置上，可以采用手动、半自动和自动方式贴片。

（3）焊接。在再流焊炉中实施焊接。

4.3.3   元器件与印制电路板的插装

1. 插装的准备

1）元器件引线预加工

目前，插装电子元器件有两种方法：一种是人工插装；另一种是机械化自动插装。生产企业会根据产品的批量和自身的生产设备情况，选择适当的插装方式。在人工插装生产过程中，为了使不同种类的元器件在印制电路板上的装配排列整齐，便于手工安装和后续的焊接工艺，需要预先对元器件引线进行成形。成形就是借助特定的工具或设备，按照一定的技术要求将元器件的引线加工成给定的形状。人工插装已成形的元器件，可以提高劳动生产效率，降低插装错误的机会，增加元器件的可焊性，提高产品的质量。排列整齐的元器件，也使得产品美观大方，便于生产、调试和维护。

2）元器件引线成形的基本要求

元器件引线成形的基本要求是根据元器件在印制板上焊盘之间的距离，做出需要的形状，在装配时使它能迅速而准确地插入到通孔中。不同的元器件引线的成形形状不同、同样的元器件安装方式不同时，其成形形状也有区别。引线成形的基本要求是元器件引线的弯曲处距元器件引线引出端面处的距离应不小于 2mm。引线的弯曲半径应不小于引线直径的 2 倍。易受热的元器件或发热的元器件的引线应留长，成形时应将引线再绕一个环。成形后元器件安装在印制板上时，其型号及参数应便于查看。成形后元器件不能有损伤。

（1）电阻、二极管或外形类似的元器件成形要求。这类元器件的成形工艺示意图如图 4.7 所示。它们有两种安装方式。一种是立式安装，如图 4.7(a)所示，其优点是元器件占的面积较小、安装密度较高。缺点是元器件的引线容易相碰，散热效果差，不适合机械化装配。另一种是卧式安装，如图 4.7(b)所示，其优点是元器件排列整齐、重心低、牢固稳定，便于焊接与维修，也适合机械化装配。缺点是占用的印制板面积较大。

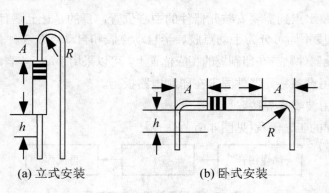

(a) 立式安装　　　　　(b) 卧式安装

图 4.7　电阻、二极管等引线成形工艺示意图

在图 4.7 中的立式安装和卧式安装的引线成形工艺要求，是引线成形的弯曲点到元器件端面的距离 A 应不小于 2mm，其弯曲半径 R 应不小于引线直径的 2 倍。对于立式安装时要求 $h \geqslant 2mm$，卧式安装时 $h = 0 \sim 2mm$。当 $h = 0mm$ 时是指元器件紧贴印制板安装，对于小功率元件器件一般选用 $h = 0mm$。

(2) 晶体三极管及类似封装的器件成形要求。晶体三极管及类似封装的器件，根据其在印制板中的安装情况，可按图 4.8 所示的工艺图进行成形。

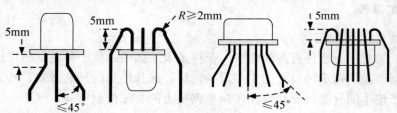

图 4.8　晶体三极管及类似封装的器件成形工艺示意图

(3) 易受热的元器件或发热的元器件的成形要求。这类元器件在成形时，应将元器件的引线绕一个环，增加其引线的散热面积，降低热传递。其成形工艺示意图如图 4.9 所示。

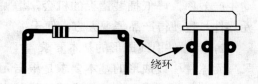

图 4.9　易受热或发热的元器件成形工艺示意图

(4) 自动插装时元器件引线成形要求。在元器件自动插装生产工艺中，元器件引线的成形也是由自动机械来完成的。为了保证机械设备自动插装过程中，元件器件能够良好地定位，元器件的引线弯曲形状及引线之间的距离必须保持一致，而且其精度要求较高。自动插装时，为了保证元器件不会产生歪斜或浮在印制板上等缺陷，在引线的弯曲处加一个半圆环，来固定元器件。其引线成形工艺示意图如图 4.10 所示。图 4.10 中，d 为引线的直径，R 为引线弯曲半径。

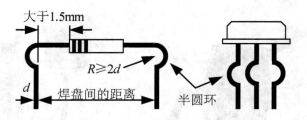

图 4.10　自动插装时元器件引线成形工艺示意图

3) 元器件引线成形的方法

元器件引线成形的方法主要有普通工具手工成形法、专用模具手工成形法和专用设备成形法 3 种。

(1) 普通工具手工成形法。普通工具手工成形法是利用尖嘴钳、平口钳及镊子等普通工具，对元器件引线进行手工加工的一种成形方法。普通工具手工成形法主要用于产品的样机研制和试制阶段及产品维修时采用。

(2) 专用模具手工成形法。专用模具手工成形法是采用特定的模具手工对元器件引线进行成形。如图 4.11 所示的元器件引线专用成形模具，图 4.11(a)是卧式安装元器件的成形模具，图 4.11(b)是发热元器件的成形模具。在图 4.11(b)中，模具的垂直方向开有供插入元器件引线的矩形孔，其孔距等于格距。手工成形时将元器件的引线从模具的上方插入矩形孔后，再从模具的正前方插入插杆，然后取出插杆和元器件，则元器件的引线就成形好了。这种成形方法适合于产品小批量生产。

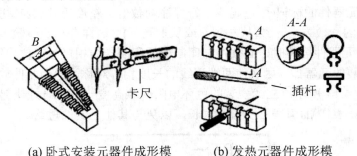

(a) 卧式安装元器件成形模　　　　　(b) 发热元器件成形模

图 4.11　器件引线专用成形模具

(3) 专用设备成形法。普通工具手工成形法和专用模具手工成形法只能适应小批量的生产，当生产量较大时，必须采用专用设备进行成形，以提高劳动生产效率，并且保证引线成形的一致性。专用成形设备就其工作方式来说，有手动成形机和自动成形机，而自动成形机又可分为电动成形机和气动成形机。图 4.12 所示为自动成形设备。

(a) 带装电阻手动成形机　　　　　　(b) 散装电阻电动成形机

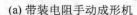

图 4.12　专用成形设备

4) 插装基本原则

元器件插装到印制电路板上，应按工艺指导卡进行，元器件的装插基本原则为：先小后大、先轻后重、先低后高、先里后外，先插装的元器件不能妨碍后插装的元器件。

2. 一般元器件的插装要求

(1) 要根据产品的特点和设备条件安排装配的顺序。

(2) 尽量减少插件岗位的元器件种类，同一种元器件尽可能安排给同一岗位。

(3) 所有组装件应按设计文件及工艺文件要求进行插装。插装装连过程应严格按工艺文件中的工序进行。

(4) 每个连接盘只允许插装一根元器件引线。当元器件引线穿过印制板后，折弯方向应沿印制导线方向，紧贴焊盘，折弯长度不应超出焊接区边缘或有关规定的范围。

(5) 尽量使元器件的标记(用色码或字符标注的数值、精度等)朝上或朝着易于辨认的方向，并注意标记的读数方向一致(从左到右或从上到下)，这样有利于检验人员直观检查；凡带有金属外壳的元器件插装时，必须在与印制板的印制导线相接触部位用绝缘体衬垫。

(6) 卧式安装的元器件，尽量使两端引线的长度相等对称，把元器件放在两孔中央，排列要整齐，如图 4.13 所示；立式安装的色环电阻应该高度一致，最好让起始色环向上，以便检查安装错误，上端的引线不要留得太长，以免与其他元器件短路。

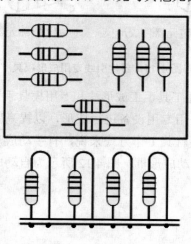

图 4.13　元器件的插装

(7) 装连在印制板上的元器件不允许重叠，并在不必移动其他元器件情况下就可拆装元器件。

(8) 0.5 W 以上的电阻一般不允许紧贴印制板上装接，应根据其耗散功率大小，使其电阻壳体距印制板留有 2～6 mm 间距。

(9) 凡不宜采用波峰焊接工艺的元器件，一般先不装入印制板，待波峰焊接后按要求装连。

(10) 凡插装静电敏感元件(如场效应管、集成电路等)时，一定要在防静电的工作台上进行，戴好接地腕带。

3. 特殊元器件的插装要求

(1) 大功率三极管、电源变压器、彩色电视机高压包等大型元器件的装插孔要加固。体积、质量都较大的大容量电解电容器，容易发生歪斜、引线折断及焊点焊盘损坏现象。为此，必要时，这种元件的装插孔除加固外，还要用黄色硅胶将其底部粘在印制电路板上。

(2) 中频变压器、输出/输入变压器带有固定插脚，插入电路板插孔后，须将插脚压倒，以便锡焊固定。较大的电源变压器则采用螺钉固定，并加弹簧垫圈防止螺钉、螺母松动。

(3) 集成电路引线脚比晶体管及其他元器件多得多，引线间距也小，装插前应用夹具整形，插装时要弄清引脚排列顺序，并和插孔位置对准，用力时要均匀，不要倾斜，以防引线脚折断或偏斜。

(4) 电源变压器、电视机高频头、中放集成块、遥控红外接收头等需要屏蔽的元器件，插装后，屏蔽装置的接地应良好。

4.3.4　印制电路板与元器件的贴装

1. 焊锡膏印刷技术

焊锡膏的印刷是 SMT 再流焊工艺流程中的第一道工序，焊锡膏可以通过丝网、模板涂布的方法涂于表面组装焊盘上，是 SMT 质量优劣的关键因素之一，60%的毛病来源于焊膏的印刷。

1) 焊锡膏印刷设备

焊锡膏印刷机是用来印刷焊膏的设备，其功能是将焊膏正确地印刷到 PCB 相应的位置上。

(1) 焊锡膏印刷机的分类。焊锡膏印刷机大致分为 3 类，手动、半自动和全自动。图 4.14 和图 4.15 分别是半自动焊锡膏印刷机和全自动焊锡膏印刷机的外形。

图 4.14　半自动焊锡膏印刷机

图 4.15　全自动焊锡膏印刷机

手动印刷机的各种参数与动作均需人工调节与控制，通常在小批量生产或难度不高的场合使用。半自动印刷机通过人工对第一块 PCB 与模板的窗口位置对中，从第二块 PCB 开始，操作者只要放置 PCB 板，其余动作由机器自动连续完成。PCB 板的定位对中通常通过印刷机台面上的定位销来实现，因此 PCB 板面上应设有高精度的工艺孔，以供装夹用。全自动印刷机可以实现 PCB 板自动装载，配备有光学对中系统，通过光学对中系统可以对 PCB 和模板上的对中标志识别，自动实现 PCB 焊盘与模板窗口的自动对中，印刷机重复精度达 ±0.01mm。工人可以对刮刀速度、刮刀压力、丝网或模板与 PCB 之间的间隙等参数设定。

(2) 焊锡膏印刷机的结构。焊锡膏印刷机由以下几部分组成。

① 夹持 PCB 基板的工作台，主要包括工作台面、真空夹持或板边夹持机构、工作台传输控制机构。

② 印刷头系统，主要包括刮刀、刮刀固定机构、印刷头的传输控制系统等。

③ 丝网或模板及其固定机构。

④ 其他选配件，主要包括视觉对中系统，干、湿和真空吸擦板系统以及二维、三维测量系统等。

2) 焊锡膏印刷方法

(1) 丝网印刷涂敷法。将乳剂涂敷到丝网上，只留出印刷图形的开口网目，就制成了丝网印刷涂敷法所用的丝网。丝网印刷法是传统的方法，制作丝网的费用低廉，但印刷焊锡膏的图形精度不高，适用于一般 SMT 电路板的大批量生产。丝网印刷涂敷法的基本原理如图 4.16 所示。

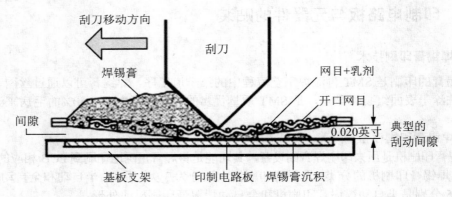

图 4.16　丝网印刷涂敷法

操作时，在工作支架上固定 PCB 板，将印刷图形的漏印丝网绷紧在框架上，并与 PCB 对准，将焊锡膏放在漏印丝网上，刮刀从丝网上刮过去，刮压焊锡膏，同时压迫丝网与 PCB 表面接触，这样焊锡膏通过丝网上的图形印刷到 PCB 的焊盘上。

(2) 模板漏印印刷法。使用模板漏印印刷法的印刷机精度高，一般模板是用薄不锈钢或铜板制成，因此模板加工制作费用比制作丝网高。用不锈钢薄板制作成的漏印模板，适合于大批量生产高精度 SMT 电子产品。漏印模板印刷法的基本原理如图 4.17 所示。操作时，将 PCB 板放在基板支架上，真空泵或机械方式固定 PCB 板，将已加工有印刷图形的漏印模板平整固定在模板框架上，镂空图形网孔与 PCB 上的焊盘对准，把焊锡膏放在漏印模板上，用刮刀从模板的一端刮向另一端，焊锡膏就通过模板上的镂空图形网孔印刷到 PCB 的焊盘上。一般刮刀单向刮一次，沉积在焊盘上的焊锡膏可能会不够饱满，需要刮两次。

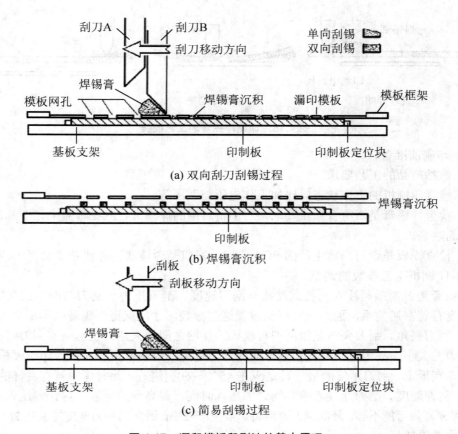

图 4.17　漏印模板印刷法的基本原理

(3) 印刷焊锡膏的注意事项。印刷焊锡膏除应注意第 3 章中焊锡膏使用注意事项外，还应注意以下几点。

① 焊锡膏被印到 PCB 上后，放置于室温下时间过久会由于溶剂挥发、吸收水分等原因造成性能劣化，因此要在 4h 内完成焊接。

② 焊锡膏印刷最好在 23℃±3℃、相对湿度 70% 以下进行。

③ 涂敷焊锡膏应适量均匀，焊锡膏图形清晰，相邻的图形之间尽量不要粘连，焊锡膏图形与焊盘图形要一致，尽量不要错位。在一般情况下，焊盘上单位面积的焊锡膏量应为 0.8mg/mm^2 左右，对窄间距元器件，应为 0.5mg/mm^2 左右。

④ 焊锡膏的初次使用量不宜过多，一般按 PCB 尺寸来估计，参考量为 A5 幅面约 200g；B5 幅面约 300g；A4 幅面约 350g。

⑤ 涂敷在 PCB 焊盘上的焊锡膏量与期望量值相比，可以允许存在一定的偏差，但焊锡膏覆盖每个焊盘的面积，应在 75% 以上。

⑥ 焊锡膏涂敷后，边缘整齐，应无严重塌落，错位不大于 0.2mm，对窄间距元器件焊盘，错位不大于 0.1mm，PCB 板不允许被焊锡膏污染。

3) 操作要点

印刷焊锡膏的工艺流程如图 4.18 所示。

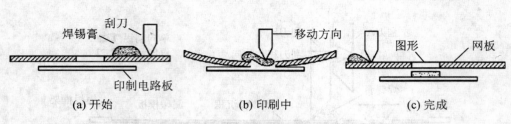

图 4.18　印刷焊锡膏的工艺流程

(1) 印刷前准备。

① 熟悉产品的工艺要求。

② 检查印刷机的工作状态，比如工作电压与气压等。

③ 检查焊锡膏是否符合质量要求，对于新启用的焊锡膏，应在罐盖上记下开启日期和操作者的姓名。

④ 检查模板是否与当前生产的 PCB 一致，窗口是否堵塞，外观是否良好。

(2) 印刷机工艺参数的调节。

焊锡膏是否能顺利注入网孔或漏孔与刮刀速度、刮刀压力、刮刀与网板的角度及焊锡膏的黏度有着密切关系，因此只有正确设置这些参数，才能保证焊锡膏的印刷质量。

① 刮刀夹角。刮刀夹角是指刮刀与模板或丝网之间的夹角，它影响到刮刀对焊锡膏垂直方向力的大小，夹角越小，其垂直方向的分力越大，焊锡膏更容易压入印刷模板开孔处，印刷到印制板上。刮刀角度的最佳设定应在 45°～60° 进行，此时焊锡膏有良好的滚动性。

② 刮刀速度。刮刀速度影响焊锡膏的压入时间，提高刮刀速度，焊锡膏压入的时间将变短，焊锡膏量可能不够，降低刮刀速度将影响生产效率。通常当刮刀速度控制在 20～40mm/s 时，印刷效果较好。

③ 刮刀压力。印刷压力的改变对印制质量影响重大，印刷压力不足会引起焊锡膏刮不干净且导致 PCB 上焊锡膏量不足，如果印刷压力过大又会导致模板背后的渗漏，同时也会引起丝网或模板不必要的磨损。理想的刮刀速度与压力应该以正好把焊锡膏从钢板表面刮干净为准。

④ 刮刀宽度。刮刀不能比 PCB 板窄，但也不能过宽。过宽，刮刀压力就要增大，并需要更多的焊锡膏参与工作，造成焊锡膏的浪费。一般，刮刀的宽度为 PCB 长度(印刷方向)加上 50mm 左右为最佳，并要保证刮刀头落在金属模板上。

⑤ 印刷间隙。通常要求使 PCB 板与模板处于同一平面，部分印刷机要求 PCB 平面稍高于模板的平面，即要求 PCB 板微微向上撑起模板，但撑起的高度不应过大，否则会引起模板损坏，从刮刀运行动作上看，刮刀在模板上运行自如，既要求刮刀所到之处焊锡膏全部刮走，不留多余的焊锡膏，同时要求刮刀不在模板上留下划痕。

⑥ 刮刀形状的选择。刮刀按制作形状可分为菱形和拖尾刮刀两种。菱形刮刀可双向刮印焊锡膏，但刮刀头焊锡膏量难以控制，并易弄脏刮刀头，给清洗增加工作量。为了防止刮刀将模板边缘压坏，使用菱形刮刀时应将 PCB 边缘垫平整。拖尾刮刀一般由微型汽缸控制，其特点是刮刀接触焊锡膏部位相对较少。

⑦ 刮刀头材料的选择。刮刀头制作材料上有为聚氨酯橡胶和金属刮刀两类。用聚氨酯制作的刮刀头，有不同硬度。丝网印刷模板一般选用硬度为 75 邵氏硬度单位(Shore)，金属模板应选用硬度为 85 邵氏硬度单位。这种刮刀使用时，刮刀头压力太大或焊锡膏材料较软，易嵌入金属模板的孔中，将孔中的焊锡膏挤出，造成印刷图形凹陷，印刷效果不良。金属制作刮刀头是指将金属片嵌在橡胶刮刀的前沿并突出支架 40mm 左右的刮刀。

(3) 操作步骤。

① 接通电源、气源后，印刷机进入初始化状态。

② 输入 PCB 长、宽、厚以及定位识别标志的相关参数。

③ 设置印刷行程、刮刀压力、刮刀运行速度、PCB 高度、模板分离速度、模板清洗次数与方法等相关参数。

④ 放入模板，使模板窗口位置与 PCB 焊盘图形位置保持在机器能自动识别范围之内。

⑤ 安装刮刀，调节 PCB 与模板之间的间隙，进行试运行。

⑥ 正常后，即可放入充足的焊锡膏进行印刷，并保存相关设置参数。

4) 印刷质量的检验

印制板焊锡膏印刷质量检验的方法主要有两种，即目测和自动光学检测。目测是指利用放大镜用眼睛观测的方法，适用于不含细间距器件或小批量生产场合，效率低，问题易遗漏。自动光学检测是一种视觉检测系统，可靠性可以达到 100%。检测中如发现有印刷质量，应停机检查，分析产生的原因，采取措施加以改进。

5) 焊锡膏印刷质量分析

由焊锡膏印刷不良导致的品质问题常见的有以下几种。

(1) 焊锡膏不足。焊锡膏不足将导致焊接后元器件焊点锡量不足，元器件开路、偏位、竖立。导致焊锡膏不足的主要原因如下。

① 印刷机工作时，没有及时补充添加焊锡膏。

② 焊锡膏品质有问题，可能混有硬块等异物，焊锡膏已经过期或未用完的焊锡膏被二次使用。

③ 电路板质量有问题，焊盘上或电路板上有污染物。

④ 电路板在印刷机内的固定夹持松动。

⑤ 焊锡膏漏印模板薄厚不均匀、损坏或有污染物。

⑥ 焊锡膏刮刀损坏、压力、角度、速度以及脱模速度等设备参数设置不合适。

⑦ 焊锡膏印刷完成后，因为人为因素不慎被碰掉。

(2) 焊锡膏粘连。焊锡膏粘连将导致焊接后电路短接、元器件偏位。导致焊锡膏粘连的主要因素如下。

① 电路板的设计缺陷，焊盘间距过小。

② 网板镂孔位置不正，网板未擦拭洁净。

③ 焊锡膏脱模不良，黏度不合格。

④ 印刷机内的固定夹持松动。

⑤ 焊锡膏刮刀的压力、角度、速度及脱模速度等设备参数设置不合适。

⑥ 焊锡膏印刷完成后，因为人为因素被挤压粘连。

(3) 焊锡膏印刷整体偏位。焊锡膏印刷整体偏位将导致整板元器件焊接不良，如少锡、开路、偏位、竖件等。导致焊锡膏印刷整体偏位的主要因素如下。

① 电路板上的定位基准点不清晰。

② 电路板上的定位基准点与网板的基准点没有对正。

③ 印刷机内的固定夹持松动，定位顶针不到位。

④ 印刷机的光学定位系统故障。

⑤ 焊锡膏漏印模板开孔与电路板的设计文件不符合。

(4) 焊锡膏拉尖。焊锡膏拉尖易引起焊接后短路。导致印刷焊锡膏拉尖的主要因素如下。

① 焊锡膏黏度等性能参数有问题。

② 脱模参数设定有问题。

③ 漏印网板镂孔的孔壁有毛刺。

2. 点胶工艺技术

点胶技术也称胶水的涂布技术，目的是将贴片胶涂布在印制板上，用来固定元器件，保证元器件在焊接时不会脱落。采用波峰焊和双面再流焊工艺时，需要用贴片胶固定片式元器件，防止元器件掉落。大的异型元器件也需要贴片胶固定。

1) 涂布方法

把贴片胶涂敷到电路板上，常用的方法有点滴法、注射法和印刷法。

(1) 点滴法。

在金属板上安装若干个针头，每个针头对准要放贴片胶的位置，涂布前将针床浸入一个盛贴片胶的槽中，将针床移到 PCB 上，轻轻用力下按，当针床再次提起时，胶液就会因毛细管作用和表面张力效应转移到 PCB 上，如图 4.19(a)所示。

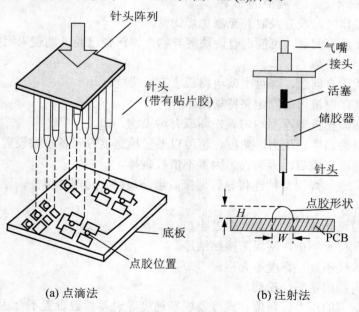

(a) 点滴法   (b) 注射法

图 4.19 涂布方法

点滴法只能手工操作，效率很低，要求操作者非常细心，由于贴片胶的量不容易掌握，操作人员还要特别注意避免涂到元器件的焊盘上导致焊接不良。适合单一品种的批量生产。

(2) 注射法。

注射法既可以手工操作，又能够使用设备自动完成，如图 4.19(b)所示。手工注射贴片胶，是把贴片胶装入注射器，靠手的推力把一定量的贴片胶从针管中挤出来。自动完成注射时，贴片胶装在针管(分配器)中，针管头部装接胶嘴，将针管装在点胶机上，点涂时，自动点胶机用压缩空气对针管容腔施加压力，胶液就自动分配到 PCB 指定位置。

(3) 印刷法。

把贴片胶印刷到电路基板上，这是一种成本低、效率高的方法，适用于元器件密度不太高、生产批量比较大的场合，方法和印刷焊锡膏相同，有模板漏印和丝网印刷两种。印刷质量上要求必须准确定位，要尽量避免胶水污染焊接面，影响焊接效果。

2) 胶水的固化

在涂敷贴片胶的位置贴装元器件以后，需要固化贴片胶，把元器件固定在电路板上。固化贴片胶的方法很多，常用电热烘箱加热固化、红外线辐射固化、紫外线辐射固化，也可以在胶水中添加一种硬化剂，在室温中固化或加温固化。

3) 胶水的涂敷工艺要求

(1) 根据固化方法不同，确定胶水的涂敷位置，若采用红外线或紫外线辐射固化，贴片胶至少应该从元器件的下面露出一半，以便被照射而实现固化，若采用加热固化，贴片胶可以完全被元器件覆盖。

(2) 贴片胶滴的大小和胶量，要根据元器件的尺寸和重量来确定，以保证足够的黏结强度为准。小型元件下面一般只点涂一滴贴片胶，体积大的元器件下面可以点涂多个胶滴或一个比较大的胶滴。

(3) 胶滴的高度应该保证贴装元器件以后能接触到元器件的底部，但也不能太高，防止贴装元器件后把胶挤压到元器件的焊端和印制板的焊盘上造成污染。

4) 点胶工艺的质量分析

点胶过程中可能产生的质量问题主要有拉丝、空打、胶固化后元器件移位或引脚上浮、焊后掉片。

(1) 拉丝。产生拉丝的原因可能为：胶嘴内径太小；点胶水压力太高；胶嘴离 PCB 的间距太大；贴片胶水过期或品质不好；贴片胶黏度太高；从冰箱中取出后未能恢复到室温造成胶含水量太大等。

(2) 空打。空打是指胶嘴出胶量偏少或没有胶水点出来，产生原因一般是针孔内未完全清洗干净；贴片胶中混入杂质，有堵孔现象；贴片胶水混入气泡；不相溶的胶水相混合等。

(3) 元器件移位或引脚上浮。产生固化后元器件移位或元件引脚浮起来的原因是贴片胶水不均匀、贴片胶水量过多或贴片时元件偏移。

(4) 掉片。固化后元器件黏结强度不够，低于规定值，有时用手触摸会出现掉片。产生原因是固化工艺参数不到位，温度不够，或者是由于元器件尺寸过大，吸热量太大，也有可能是由于光固化灯老化、胶水量不够、元器件或 PCB 有污染。

3. 贴片工艺技术

贴片是贴装过程中的关键环节，在 PCB 板上印好焊锡膏或胶水以后，用贴片机或手工的方式，将表面贴装元器件准确地贴放到 PCB 板表面相应位置上的过程，称贴片。目前在维修或小批量的试制生产中，采用手工方式贴片，大规模批量生产，主要采用自动贴片机进行贴片。

1) 手工贴片

手工贴片是指手工贴装 SMT 元器件。在具备自动生产设备的企业里，手工贴片作为机器贴装的补充手段，除了维修、小批量试制或因为条件限制需要手工贴片以外，一般不采用手工贴片。手工贴片一般在防静电工作台上进行，工人需要戴防静电腕带，需要配备不锈钢镊子、吸笔、3～5 倍台式放大镜或 5～20 倍立体显微镜等工具设备。

手工贴片之前必须先清洁焊盘，在电路板的焊接部位涂抹助焊剂和焊锡膏。涂抹助焊剂一般使用刷子，直接把助焊剂刷涂到焊盘上，涂敷焊锡膏可以采用手动滴涂或手工简易印刷的方法。操作时应注意针对不同的元器件采用不同的贴装方法。

(1) SMC 片状元件。贴装时，用镊子夹持元件，元件焊端对齐两端焊盘，居中贴放在焊锡膏上，用镊子轻轻按压，使焊端浸入焊锡膏。

(2) SOT 器件。贴装方法是用镊子夹持 SOT 元件体，对准方向，对齐焊盘，居中贴放在焊锡膏上，确认后用镊子轻轻按压元件体，使浸入焊锡膏中的引脚不小于引脚厚度的 1/2。

(3) SOP、QFP 器件。贴装时，应把器件的引脚 1 或前端标志对准印制板上的定位标志，用镊子夹持或吸笔吸取器件，对齐两端或 4 边焊盘，居中贴放在焊锡膏上，用镊子轻轻按压器件封装的顶面，使浸入焊锡膏中的引脚不小于引脚厚度的 1/2。

(4) SOJ、PLCC 器件。SOJ、PLCC 的贴装方法与贴装 SOP、QFP 相同，只是由于 SOJ、PLCC 的引脚在器件四周的底部，需要把印制板倾斜 45°来检查芯片是否对中、引脚是否与焊盘对齐。贴装引脚间距在 0.6mm 以下的窄间距器件时，可在 3～20 倍的放大镜或显微镜下操作。

2) 自动贴片

(1) 贴片机种类和性能指标。目前市场上使用的常见贴片机以日本和欧美的品牌为主，主要有 FUJI、SIEMENS、PANASONIC、YAMAHA、CASIO 和 SONY 等，图 4.20 所示为贴片机的外形。常见的贴片机类型如下。

① 高速贴片机，也称 CP 机，用于贴装小型的 SMC 和较小的 SMD 器件，如电阻、电容、二极管和三极管等。

② 中速贴片机，也称 IP 机，用于贴装集成电路芯片。

③ 多功机既能贴装大尺寸(最大 60mm×60mm)的 SMD 器件，又能贴装一些异形元器件SMD，但速度不高。贴片机性能指标包括贴片可靠性、精度、速度、服务界面、柔性及模块化。贴片机工作过程包括 4 个环节，即元件拾取、元件检查、元件传送和元件放置。

(2) 对贴片质量的要求。

① 被贴装的元器件类型、型号、标称值、方向和极性等都应该符合要求。

② 元器件的焊端或引脚应该尽量和焊盘图形对齐、居中；至少要有厚度的 1/2 浸入焊锡膏，一般元器件贴片时，焊锡膏挤出量应小于 0.2mm；窄间距元器件的焊锡膏挤出量应小于 0.1mm。

③ 允许元器件贴装位置有一定的偏差，矩形元器件允许横向移位、纵向移位和旋转偏移；小外形晶体管(SOT)允许旋转偏差，但引脚必须全部在焊盘上；小外形集成电路(SOIC)允许有平移或旋转偏差，但必须保证引脚宽度的 3/4 在焊盘上；四边扁平封装器件和超小型器件(QFP，包括 PLCC 器件)允许有旋转偏差，但必须保证引脚长度和宽度的 3/4 在焊盘上；BGA 焊球中心与焊盘中心的最大偏移量小于焊球半径，如图 4.21、图 4.22 和图 4.23 所示。

图 4.20　贴片机外形

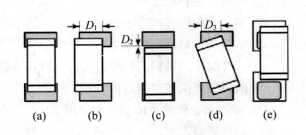

图 4.21　片式元件贴装偏差

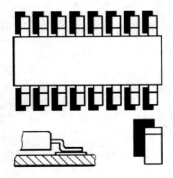

图 4.22　SOIC 集成电路贴装偏差

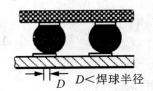

图 4.23　BGA 集成电路贴装偏差

④ 元器件贴片压力要合适，压力过小元器件焊端或引脚就会浮放在焊锡膏表面，焊锡膏就不能粘住元器件，在电路板传送和焊接过程中，未粘住的元器件可能移动位置。如果元器件贴装压力过大，焊锡膏挤出量过多，容易造成焊锡膏外溢，使焊接时产生桥接，同时也会造成器件的滑动偏移，严重时会损坏器件。

3) 贴片质量分析

SMT 贴片常见的品质问题有漏件、侧件、翻件、偏位和损件等。

(1) 导致贴片漏件的主要因素。

① 元器件供料架(Feeder)送料不到位。

② 元件吸嘴的气路堵塞、吸嘴损坏、吸嘴高度不正确。

③ 设备的真空气路故障，发生堵塞。

④ 电路板进货不良，产生变形。

⑤ 电路板的焊盘上没有焊锡膏或焊锡膏过少。

⑥ 元器件质量有问题，同一品种的厚度不一致。

⑦ 贴片机调用程序有错漏，或者编程时对元器件厚度参数的选择有误。

⑧ 人为因素不慎碰掉。

(2) 导致 SMC 器件贴片时翻件、侧件的主要因素。

① 元器件供料架送料异常。

② 贴装头的吸嘴高度不对。

③ 贴装头抓料的高度不对。

④ 元件编带的装料孔尺寸过大，元件因振动翻转。

⑤ 散料放入编带时的方向弄反。

(3) 导致元器件贴片偏位的主要因素。

① 贴片机编程时，元器件的 X-Y 轴坐标不正确。

② 贴片吸嘴原因，使吸料不稳。

(4) 导致元器件贴片时损坏的主要因素。

① 定位顶针过高，使电路板的位置过高，元器件在贴装时被挤压。

② 贴片机编程时，元器件的 Z 轴坐标不正确。

③ 贴装头的吸嘴弹簧被卡死。

4.4　焊接工艺技术

4.4.1　焊接概述

1. 焊接的分类

(1) 熔焊。熔焊是指焊接过程中母材和焊料均熔化的焊接方式。常见的熔焊方式有等离子焊、电子束焊、气焊等。

(2) 钎焊。在焊接过程中母材不熔化，而焊料熔化的焊接方式称为钎焊。钎焊又分为软钎焊和硬钎焊。软钎焊为焊料熔点低于 450℃ 的焊接，硬钎焊为焊料熔点高于 450℃ 的焊接。

(3) 加压焊。加压焊又分为加热与不加热两种方式，如冷压焊、超声波焊等属于不加热方式。加热方式又可以分为两种，一种是加热到塑性，另一种是加热到局部熔化。在电子产品制造过程中，应用最普遍、最具代表性的焊接形式是锡焊，它是一种最重要的软钎焊方式。锡焊能实现电气的连接，让两个金属部件实现电气导通，锡焊同时能够实现部件的机械连接，对两个金属部件起到结合、固定的作用。常见的锡焊方式有手工烙铁焊、手工热风焊、浸焊、波峰焊和再流焊等。

2．锡焊的特点

锡焊方法简便，只需要使用简单的工具(如电烙铁)即可完成焊接、焊点整修、元器件拆换、重新焊接等工艺过程。具体地说，锡焊的过程就是通过加热，让焊料在焊接面上熔化、流动、浸润，使焊料渗透到铜母材(导线、焊盘)的表面内，并在两者的接触面上形成脆性合金层。除了含有大量铬、铝等元素的一些合金材料不宜采用锡焊焊接外，其他金属材料大都可以采用锡焊焊接。此外，锡焊还具有成本低、易实现自动化等优点，在电子工程技术里，它是使用最早、最广、占比例最大的焊接方法。锡焊的主要特点有以下 3 点。

(1) 焊料熔点低于焊件。

(2) 焊接时将焊料与焊件共同加热到锡焊温度，焊料熔化而焊件不熔化。

(3) 焊接的形成依靠熔化状态的焊料浸润焊接面，由毛细作用使焊料进入焊件的间隙，形成一个合金层，从而实现焊件的结合。

3．锡焊的原理

锡焊是一种典型的钎焊，是将焊件和熔点比焊件低的焊料共同加热到锡焊温度，在焊件不熔化的情况下，焊料熔化并浸润焊接面，依靠二者原子的扩散形成焊件的连接。焊接的物理基础是"浸润"，浸润也叫"润湿"。如果焊接面上有阻隔浸润的污垢或氧化层，不能生成两种金属材料的合金层，或者温度不够高使焊料没有充分熔化，都不能使焊料浸润。进行锡焊，必须具备的条件有以下几点。

(1) 焊件必须具有良好的可焊性。可焊性是指在适当温度下，被焊金属材料与焊锡能形成良好结合的合金性能。有些金属的可焊性又比较好，如紫铜、黄铜等。另外，由于焊接时高温易使金属表面产生氧化膜，影响材料的可焊性。为了提高可焊性，常在材料表面镀锡、镀银来防止材料表面的氧化。

(2) 焊件表面必须保持清洁。为了使焊锡和焊件达到良好的结合，焊接表面一定要保持清洁。即使是可焊性良好的焊件，由于储存或被污染，都可能在焊件表面产生对浸润有害的氧化膜和油污。在焊接前务必把污垢清除干净，否则无法保证焊接质量。

(3) 要使用合适的助焊剂。助焊剂的作用是清除焊件表面的氧化膜。不同的焊接工艺，应该选择不同的助焊剂，如镍铬合金、不锈钢、铝等材料，没有专用的特殊焊剂是很难实施锡焊的。在焊接印制电路板时，为使焊接可靠稳定，通常采用以松香为主的助焊剂。

(4) 焊件要加热到适当的温度。焊接时，热能的作用是熔化焊锡和加热焊接对象，使焊料渗透到被焊金属表面的晶格中而形成合金。焊接温度过低，对焊料原子渗透不利，无法形成合金，极易形成虚焊；焊接温度过高，会使焊料处于非共晶状态，加速焊剂分解和挥发速度，使焊料品质下降，严重时还会导致印制电路板上的焊盘脱落。

(5) 合适的焊接时间。焊接时间是指整个焊接过程所需的时间，它包括被焊金属达到焊接温度的时间、焊锡的熔化时间、助焊剂发挥作用及生成金属合金的时间几个部分。当焊接温度确定后，就应根据被焊件的形状、性质、特点等来确定合适的焊接时间。焊接时间过长，易损坏元器件或焊接部位；过短，则达不到焊接要求。一般，每个焊点焊接一次的时间最长不超过 5s。

4. 锡焊焊点的质量要求

1) 实现可靠的电气连接

焊接是从物理上实现电气连接的主要手段。锡焊连接是靠焊接过程形成的合金层来实现电气连接的，合金层必须牢固可靠。如果焊锡仅仅是堆在焊件的表面或只有少部分形成合金层，也许在最初的测试和工作中不会发现焊点存在问题，但随着条件的改变和时间的推移，接触层渐渐氧化，电路就可能产生时通时断或者干脆不工作现象，而这时观察焊点外表，依然连接如初。这是电子产品工作中最头痛的问题，也是产品制造中必须十分重视的问题。

2) 连接应有足够的机械强度

焊接不仅起到电气连接的作用，同时也是固定元器件，保证机械连接的手段。由于锡焊材料本身强度是比较低的，要想增加强度，就要有足够的连接面积。另外，在元器件插装后把引线弯折，实行钩接、绞合后再焊，也是增加机械强度的有效措施。

3) 外观应光洁整齐

良好的焊点要求焊料用量恰到好处，表面圆润，有金属光泽。外表是焊接质量的反映，焊点表面有金属光泽是焊接温度合适、生成合金层的标志。若焊点表面出现发黑现象，焊点就容易氧化，若出现毛刺现象，焊点就易出现放电、短路等缺陷。

4.4.2 手工焊接技术

1. 手工焊接的准备

1) 焊接工具的准备

手工焊接需要准备的工具有电烙铁、镊子、剪刀、斜口钳等。镊子、剪刀、斜口钳等准备较简单，电烙铁的选用应注意以下几点。

(1) 功率。焊接集成电路和小型元器件应选用 30W 以下的电烙铁，较大的元器件应选用 35W 以上的电烙铁。

(2) 烙铁头。要根据不同焊接面的需要选用不同形状的烙铁头。

(3) 安全。在使用前，先检查烙铁电源线是否有破损，再用万用表检查烙铁的好坏。

2) 被焊接件的准备

在手工焊接前，要对各种焊件进行预处理。一般情况下，主要是对这些焊件进行表面搪锡处理，去除焊接件表面的锈迹、油污、氧化膜等杂质。

21世纪高职高专电子信息类实用规划教材

3) 焊接姿势

(1) 焊锡丝的拿法。根据焊锡丝的用量，焊锡丝的拿法分为两种。在连续进行锡焊时，焊锡丝的拿法应该像图 4.24(a)那样连续送锡，即用左手的拇指、食指和小指夹住焊丝，用另外两个手指配合就能把焊锡丝连续向前送进，若不是连续锡焊，焊锡丝的拿法如图 4.24(b)所示，也可采用其他形式。

(2) 电烙铁的握法。根据烙铁的功率大小、形状和被焊件要求不同，握电烙铁的方法有3 种形式，如图 4.25 所示。

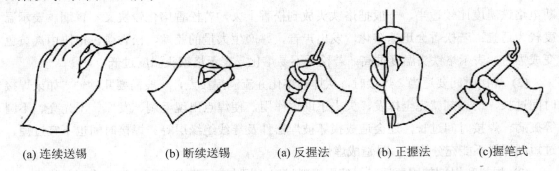

| (a) 连续送锡 | (b) 断续送锡 | (a) 反握法 | (b) 正握法 | (c)握笔式 |

图 4.24　焊锡丝的拿法　　　　　　　图 4.25　电烙铁的握法

图 4.25(a)所示为反握法，适用于弯头电烙铁操作或直烙铁头在机架上焊接焊点。图 4.25(b)所示为正握法，焊接时动作稳定，长时间操作手也不会感到疲劳。它适用于大功率的电烙铁和热容量大的被焊件。图 4.25(c)所示为握笔式，这种握电烙铁的方法就像写字时手拿笔一样。这种方法易于掌握，但手容易疲劳，烙铁头易出现抖动现象。它适合于小功率和热容量小的被焊件。

4) 手工烙铁焊锡的基本步骤

手工烙铁焊接时，掌握好电烙铁的温度和焊接时间，才可能得到良好的焊点。常采用 5步操作法，如图 4.26 所示。

(1) 准备施焊(见图 4.26(a))。左手拿焊丝，右手握烙铁，进入准备焊接状态。要求烙铁头保持干净，无焊渣等氧化物，并在表面镀有一层焊锡，做好随时焊接的准备。

(2) 加热焊件(见图 4.26(b))。烙铁头靠在两焊件的连接处，加热整个焊件全体，时间为1~2s。对于在印制板上焊接元器件来说，要注意使烙铁头同时接触两个被焊接物。例如，图 4.26(b)中的导线与接线柱、元器件引线与焊盘要同时均匀受热。

(3) 送入焊丝(见图 4.26(c))。焊件的焊接面被加热到一定温度时，焊锡丝从烙铁对面接触焊件。注意不要把焊锡丝送到烙铁头上。

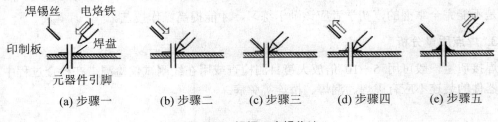

| (a) 步骤一 | (b) 步骤二 | (c) 步骤三 | (d) 步骤四 | (e) 步骤五 |

图 4.26　锡焊 5 步操作法

(4) 移开焊丝(见图 4.26(d))。当焊丝熔化一定量后，立即向左上 45°方向移开焊丝。

(5) 移开烙铁(见图 4.26(e))。焊锡浸润焊盘和焊件的施焊部位以后，向右上 45°方向移开烙铁，结束焊接。从第 3 步开始到第 5 步结束，时间也是 1～2s。

2. 焊接过程中的注意事项

在焊接过程中除应严格按照步骤去操作外，还应注意以下几个方面。

(1) 烙铁温度要合适。根据焊接原理，电烙铁需要一定温度，才能把焊料熔化。怎样判断电烙铁温度比较适当，一般把烙铁头放到松香上去，若松香熔化较快又不冒烟，表示温度较为适宜；若松香会迅速熔化，发出声音，并产生大量的蓝烟，松香颜色很快由淡黄色变成黑色，表示烙铁头温度过高；若松香不易熔化，表示烙铁头温度过低。

(2) 焊接时间要适当。焊接时，从焊料熔化并流满焊接点，一般需要几秒钟。如果焊接时间过长，助焊剂就完全挥发，失去了助焊作用，使焊点出现毛刺、发黑、不光亮、不圆等疵病。焊接时间过长，还会造成损坏被焊器件及导线绝缘层等。焊接时间也不宜过短，过短则焊料不能充分熔化，易造成虚焊。

(3) 焊料和焊剂使用要适量。使用焊料过多，焊点表面可能凸起，严重会引起搭焊；若焊料过少，可能出现不完全浸润、虚焊等缺陷。若使用焊剂过多，则在焊缝中夹有松香渣，形成松香焊；焊剂过少，可能形成毛刺、发黑等缺陷。

(4) 焊点冷却时间要充分。在焊接点上的焊料尚未完全凝固时，不宜移动焊接点上的被焊元器件及导线，否则焊接点要变形，可能出现虚焊现象。图 4.27 所示为烙铁撤离方向和焊点锡量的关系。

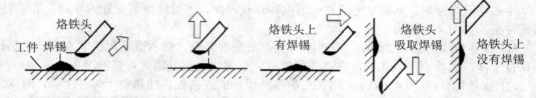

    (a) 沿烙铁头向45°斜上方撤离   (b) 向上方撤离 (c) 水平方向撤离 (d) 垂直向下撤离 (e) 垂直向上撤离

图 4.27　烙铁撤离方向和焊点锡量的关系

手工焊接技巧并不困难，但又有一定的技术难点。不经过相当长时间的实践和用心体会，是不能完全掌握的，初学者应该勤于练习，才能提高操作技艺。

3. 焊点质量分析

焊接质量一般可用 5～10 倍放大镜目测检查或用在线测试仪检测。在检查过程中，要求元器件的装连不应有虚焊、漏焊、桥连等弊病。

1) 焊点的外观检验

从外表直观看典型焊点，如图 4.28 所示，对它的要求是：形状为近似圆锥且表面稍微凹陷，呈慢坡状，以焊接导线为中心，对称呈裙形展开；焊点上，焊料的连接面呈凹形自然过渡，焊锡和焊件的交界处平滑，接触角尽可能小；表面平滑，有金属光泽；无裂纹、针孔、夹渣。

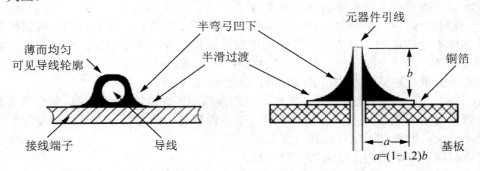

图 4.28　典型焊点的外观

实际操作时，主要从以下几个方面对整块印制电路板进行焊接质量的检查。

(1) 有无漏焊，元件引线、导线与印制板焊盘是否全部被焊料覆盖。

(2) 焊料是否拉尖，是否有短路(即"桥接")。

(3) 有没有损伤导线及元器件的绝缘层。

(4) 焊点表面是否光洁、平滑，有无虚焊、气泡、针孔、拉尖、桥接、挂锡、溅锡及外来夹杂物等缺陷。

检查时，除目测外还要用指触、镊子拨动、拉线等办法检查有无导线断线、焊盘剥离等缺陷。

2) 通电检查

如果外观检验通过，可进行通电检查，通电检查主要检验电路性能。如果不经过严格的外观检查，通电检查可能损坏设备仪器，造成安全事故。通电检查可以发现许多微小的缺陷。例如，用目测法是观察不到电路内部虚焊的，用通电检查就很容易检查出来。

通电检查焊接质量的结果及原因分析如表 4.1 所列。

表 4.1　通电检查焊接质量的结果及原因分析

通电检查结果		原因分析
元器件损坏	失效	过热损坏、烙铁漏电
	性能降低	烙铁漏电
接触不良	短路	桥接、焊料飞溅
	断路	焊锡开裂、松香夹渣、虚焊、插座接触不良等
	时通时短	导线断裂、焊盘脱落

3) 常见焊点缺陷及其分析

造成焊接缺陷的原因很多，在材料(焊料与焊剂)和工具(烙铁、工装、夹具)一定的情况下，采用什么样的操作方法、操作者是否有责任心，就是决定性的因素了。

(1) 虚焊。保证焊点质量最重要的一点，就是必须避免虚焊。虚焊的外观特点是焊锡与元器件引线和铜箔之间有明显黑色界限，焊锡向界限凹陷。一般来说，造成虚焊的主要原因是：焊锡质量差；助焊剂的还原性不良或用量不够；被焊接处表面未预先清洁好；烙铁头的温度过高或过低，表面有氧化层；焊接时间掌握不好，太长或太短；焊接中焊锡尚未凝固时，焊接元件松动。

解决虚焊缺陷的方法是添加助焊剂重焊。

(2) 焊料堆积。焊料堆积的外观特点是焊点呈白色、无光泽，结构松散。焊料堆积易引起机械强度不足和虚焊。造成焊料堆积的主要原因是：焊料质量不好；焊接温度不够，焊料没有浸润开；焊接未凝固前元器件引线移位；焊丝撤离过迟。

解决焊料堆积缺陷的方法是去除焊锡，添加助焊剂重焊。

(3) 焊料过少。焊料过少的外观特点是焊点面积小于焊盘的 80%，焊料未形成平滑的过渡面。焊料过少易引起焊点机械强度不足。造成焊料过少的主要原因是：焊锡流动性差或焊锡撤离过早；助焊剂不足；焊接时间太短。

解决焊料过少缺陷的方法为加焊料补焊。

(4) 拉尖。拉尖的外观特点是焊点出现尖端。拉尖的外观不佳，容易造成桥接短路。造成拉尖的主要原因是：助焊剂过少；加热时间过长，造成助焊剂全部挥发；烙铁撤离角度不当。

解决拉尖缺陷的方法是添加助焊剂重焊。

(5) 桥接。桥接的外观特点是相邻焊点连接。桥接易引起电气短路。造成桥接的主要原因是：焊锡过多；烙铁撤离角度不当。

解决桥接缺陷的方法是添加助焊剂重焊。

(6) 铜箔翘起。铜箔翘起是初学者常出现的焊接缺陷，现象是铜箔从印制板上剥离。铜箔翘起易引起印制板损坏。造成铜箔翘起的主要原因是：焊接时间太长；温度过高。

避免铜箔翘起缺陷发生的方法是多练，掌握焊接技巧。

(7) 不对称。不对称的外观特点是焊锡未流满焊盘。不对称易引起强度不足。造成不对称的主要原因是：焊料流动性差；助焊剂不足或质量差；加热不足。

解决该缺陷的方法是添加助焊剂重焊。

(8) 松香焊。松香焊是指焊缝中夹有松香渣。松香焊易造成强度不足，导通不良，可能时通时断。引起松香焊的原因可能是：助焊剂过多或已失效；焊接时间不够，加热不足；焊件表面有氧化膜。

解决该缺陷的方法是重焊。

(9) 浸润不良。浸润不良是指焊料与焊件交界面接触过大，不平滑。浸润不良易造成强度低，不通或时通时断。引起浸润不良的原因可能是：焊件未清理干净；助焊剂不足或质量差；焊件未充分加热。

解决该缺陷的方法是对焊件表面搪锡，添加助焊剂重焊。

(10) 过热。过热是指焊点发白，表面较粗糙，无金属光泽。过热易造成焊盘强度降低，容易剥落。造成过热的原因可能是：烙铁功率过大；加热时间过长。

解决该缺陷的方法是换烙铁重焊。

(11) 冷焊。冷焊是指表面呈豆腐渣状颗粒，可能有裂纹。冷焊易造成强度低，导电性能不好。造成冷焊的原因可能是：焊料未凝固前焊件抖动。

解决该缺陷的方法是添加助焊剂重焊。

(12) 针孔。针孔是指目测或低倍放大镜可见焊点有孔。针孔易造成强度不足，焊点容易腐蚀。造成针孔的原因可能是引线与焊盘孔的间隙过大。

解决该缺陷的方法是将元器件引脚或导线弯曲并与针孔一侧焊盘连接，然后添加助焊剂重焊。

(13) 松动。松动是指导线或元器件引脚可移动。松动易造成不导通或导通不良。造成松动的原因可能是焊锡未凝固前引线移动造成间隙；引线或引脚未处理好(不浸润或浸润差)。

解决该缺陷的方法是对引脚搪锡，再加助焊剂重焊。

(14) 气泡。气泡是指引线根部有喷火式焊料隆起，内部藏有空洞。气泡易造成暂时导通，时间长容易引起导通不良。造成气泡的原因可能是引线与焊盘孔间隙大；引线浸润性不良；双面板堵通孔焊接时间长，孔内空气膨胀。

解决该缺陷的方法是将元器件引脚或导线弯曲并与针孔一侧焊盘连接，然后添加助焊剂重焊。

(15) 剥离。剥离是指焊点从铜箔上剥落(不是铜箔与印制板剥离)，剥离易造成断路。产生剥离的原因是焊盘上金属镀层不良。

解决该缺陷的方法是对焊盘搪锡，添加助焊剂重焊。

4. 拆焊

在调试维修过程中或有焊接错误时元器件需要更换，把元器件拆下来。如果拆焊的方法不正确，会造成元器件的损坏，或印制电路板导线断裂和焊盘脱落。

1) 直接拆焊

对于一般电阻、电容、晶体管等引脚不多的元器件可以用烙铁直接拆焊。用烙铁加热被拆元器件的焊点，同时用镊子或尖嘴钳夹住元器件的引线，注意用力要适当。在焊点熔化状态下轻松地拔下元器件。重新焊接时应将原有焊孔再次扎通后，再进行焊接。这种方法不宜在同一个焊盘上多次使用。

2) 采用专用工具拆焊

当要拆下有多个焊点且引线较硬的元器件时，如中周、变压器、集成电路等要用专用工具来拆焊。一般采用的方法是选用吸焊器(或吸锡电烙铁)，将元器件引脚与焊点的焊脚逐个脱开后拆下元器件。吸锡电烙铁是一种专用拆焊电烙铁，它在对焊点加热的同时把焊盘上的锡吸入内腔，逐步将焊点上的焊锡吸干净，从而完成拆焊。

针孔式拆焊工具也是一种最常用的拆焊工具，可用医用针头。首先将医用针头用钢锉锉平，视元器件引线的粗细选择合适的针头。具体的操作方法是：一边用电烙铁熔化焊点一边将针头套在被拆焊的元器件引线上，直至焊点熔化将针头迅速插入印制电路板的孔内，并做圆周旋转，使元器件引脚与印制电路板的焊盘脱焊。当元器件的所有引脚都与印制电路板的焊盘脱离后，便容易将元器件从印制电路板上取下。

4.4.3　浸焊技术

1. 浸焊原理和设备

浸焊是将插装好元器件的印制电路板，浸入盛有熔融锡的锡锅内，一次性完成印制板上全部元器件焊接的方法，它可以提高生产率。浸焊的工作原理是让插好元器件的印制电路板水平接触熔融的铅锡焊料，使整块电路板上的全部元器件同时完成焊接。由于印制板上的印制导线被阻焊层阻隔，浸焊时不会上锡，对于那些不需要焊接的焊点和部位，要用特制的阻焊膜(或胶布)贴住，防止焊锡不必要的堆积。能完成浸焊功能的设备称为浸焊机，浸焊机价格低廉，现在还在一些小型企业中使用。浸焊设备示意图见图 3.21。图 3.21(a)所示为夹持式浸焊炉，即由操作者掌握浸入时间，通过调整夹持装置可调节浸入角度。图 3.21(b)所示为针床式浸焊炉，它可进一步控制浸焊时间、浸入及托起速度。这两种浸焊设备都可以自动恒温，一般还配置预热及涂助焊剂的设备。

2. 浸焊工艺

常见的浸焊有手工浸焊和自动浸焊两种形式。

1) 手工浸焊

手工浸焊是指由装配工人用夹具夹持待焊接的印制板(装好元件)，浸在锡锅内完成的浸焊方法，其步骤和要求如下。

(1) 锡锅的准备。将锡锅加热，使焊锡的温度达 230～250℃，并及时去除焊锡层表面的氧化层。

(2) 印制板的准备。将装好元器件的印制板涂上助焊剂。通常是在松香酒精溶液中浸渍，使焊盘上涂满助焊剂。

(3) 浸焊。用夹具将待焊接的印制板夹好，水平地浸入锡锅中，使焊锡表面与印制线路板的底面完全接触。浸焊深度以印制板厚度 50%～70%为宜，切勿使印制板全部浸入锡中。浸焊时间以 3～5s 为宜。

(4) 完成浸焊。在浸焊时间到后，要立即取出印制板。稍冷却后，检查质量，如果大部分未焊好，可重复浸焊，并检查原因。个别焊点未焊好可用烙铁手工补焊。印制板浸焊的关键是印制板浸入锡锅，此过程一定要平稳，接触良好，时间适当。手工浸焊不适用大批量的生产。

2) 自动浸焊

自动浸焊一般利用具有振动头或是超声波的浸焊机进行浸焊。将插装好元器件的印制板放在浸焊机的导轨上，由传动机构自动导入锡锅，浸焊时间为 2～5s。由于具有振动头或为超声波，能使焊料深入焊接点的孔中，焊接更可靠，所以自动浸焊比手工浸焊质量要好，但使用自动浸焊有两方面不足。

(1) 焊料表面极易氧化，要及时清理。

(2) 焊料与印制板接触面积大，温度高，易烫伤元器件，还可使印制板变形。

3. 导线和元器件引线的浸锡

1) 导线浸锡

导线端头浸锡通常称为搪锡，目的在于防止端头氧化，以提高焊接质量。导线搪锡前，应先剥头、捻头。方法是将捻好头的导线蘸上助焊剂，然后将导线垂直插入锡锅中，待润湿后取出，浸锡时间为 1～5s。浸锡时注意以下几点。

(1) 时间不能太长，以免导线绝缘层受热后收缩。

(2) 浸渍层与绝缘层之间必须留有 1~2mm 间隙；否则绝缘层会过热收缩甚至破裂。

(3) 应随时清除锡锅中的锡渣，以确保浸渍层光洁。

(4) 如果一次不成功，可稍停留一会儿再次浸渍，切不可连续浸渍。

2) 裸导线浸锡

裸导线、铜带、扁铜带等在浸锡前要先用刀具、砂纸或专用设备等清除浸锡端面的氧化层污垢，然后再蘸助焊剂浸锡。镀银线浸锡时，工人应戴手套，以保护镀银层。

3) 元器件引脚浸锡

元器件引线浸锡前，应在距离器件的根部 2～5mm 处开始去除氧化层。元器件引脚浸锡以后立刻散热。浸锡的时间要根据元器件引脚的粗细来确定，一般在 2～5s，时间太短，引脚未能充分预热，易造成浸锡不良，时间过长，大量热量传到器件内部，易造成器件变质、损坏。

4. 浸焊工艺中的注意事项

(1) 焊料温度控制。一开始要选择快速加热，当焊料熔化后，改用保温挡进行小功率加热，既可防止由于温度过高加速焊料氧化，保证浸焊质量，也可节省电力消耗。

(2) 焊接前须让电路板浸渍助焊剂，并保证助焊剂均匀涂敷到焊接面的各处。有条件的，最好使用发泡装置，有利于助焊剂涂敷。

(3) 在焊接时，要特别注意电路板底面与锡液完全接触，保证板上各部分同时完成焊接，焊接的时间应该控制在 3s 左右。离开锡液的时候，最好让板面与锡液平面保持向上倾斜的夹角，$\delta \approx 10°\sim20°$，这样不仅有利于焊点内的助焊剂挥发，避免形成夹气焊点，还能让多余的焊锡流下来。

(4) 在浸锡过程中，为保证焊接质量，要随时清理刮除漂浮在熔融锡液表面的氧化物、杂质和焊料废渣，避免其进入焊点造成夹渣焊。

(5) 根据焊料使用消耗的情况，及时补充焊料。

4.4.4　波峰焊技术

1. 波峰焊原理和设备

1) 波峰焊原理

波峰焊是让插装好元件的印制板与熔融焊料的波峰相接触，实现焊接的一种方法。这种方法适合于大批量焊接印制板，特点是质量好、速度快、操作方便，如与自动插件器配合，即可实现半自动化生产。实现波峰焊的设备称为波峰焊机。波峰焊是利用焊锡槽内的机械式或电磁式离心泵，将熔融焊料压向喷嘴，从喷嘴中形成一股向上平稳喷涌的焊料波峰，并源源不断地溢出，如图 4.29 所示，装有元器件的印制电路板以平面直线匀速运动的方式通过焊料波峰，在焊接面上形成润湿焊点而完成焊接。与浸焊机相比，波峰焊设备具有以下优点。

(1) 熔融焊料的表面漂浮一层抗氧化剂，隔离了空气，只有焊料波峰处暴露在空气中，减少了氧化的机会，可以减少焊料氧化带来的浪费。

(2) 电路板接触高温焊料时间短，可以减轻电路板的变形。

(3) 浸焊机内的焊料相对静止，焊料中不同密度的金属会产生分层现象。波峰焊机在焊料泵的作用下，整槽熔融焊料循环流动，使焊料成分均匀一致。

(4) 波峰焊机的焊料充分流动，有利于提高焊点质量。

现在，波峰焊设备已经国产化，波峰焊已成为一种普遍应用的焊接工艺方法。这种方法适宜成批量焊接一面装有分立元件和集成电路的印制电路板。

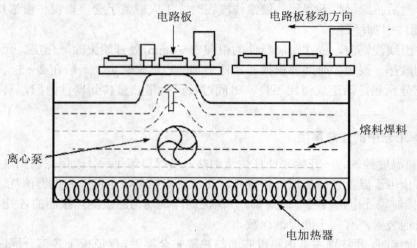

图 4.29　波峰焊机的焊锡槽示意图

2) 常见波峰焊机

波峰焊机外形如图 4.30 所示。下面介绍几种新型的波峰焊机。

图 4.30　波峰焊机外形

(1) 斜坡式波峰焊机。斜坡式波峰焊机是一种单峰波峰焊机，它与一般波峰焊机的区别在于传送导轨是以一定角度的斜坡方式安装的，如图 4.31(a)所示。这种波峰焊机的优点是：假如电路板以一般波峰焊机同样速度通过波峰，等效增加了焊点浸润的时间，增加了电路板焊接面与焊锡波峰接触的长度，从而提高了传送导轨的运行速度和焊接效率，不仅有利于焊点内的助焊剂挥发，避免形成夹气焊点，还能让多余的焊锡流下来。

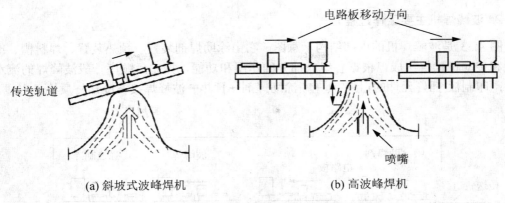

图 4.31　斜坡式波峰焊机和高波峰焊机波峰图

(2) 高波峰焊机。高波峰焊机也是一种单峰波峰焊，它的焊锡槽及其锡波喷嘴如图 4.31(b) 所示，适用于 THT 元器件"长脚插焊"工艺，其特点是，焊料离心泵的功率比较大，从喷嘴中喷出的锡波高度比较高，并且其高度 h 可以调节，保证元器件的引脚从锡波里顺利通过。一般，在高波峰焊机的后面配置剪腿机，用来剪短元器件的引脚。

(3) 双波峰焊机。为了适应 SMT 技术发展，特别是为了适应焊接那些 THT+SMT 混合元器件的电路板，在单峰波峰焊机基础上改进形成了双波波峰焊机，即有两个焊料波峰。双波波峰焊机的焊料波形有 3 种：空心波、紊乱波、宽平波。一般两个焊料波峰的形式不同，最常见的波形组合是"紊乱波"+"宽平波"、"空心波"+"宽平波"。图 4.32 所示是双波峰焊机的焊料波形。

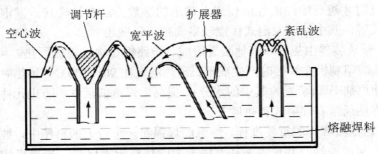

图 4.32　双波峰焊机的焊料波形示意图

空心波的特点是在熔融焊料的喷嘴出口设置了指针形调节杆，让焊料熔液从喷嘴两边对称的窄缝中均匀地喷流出来，使两个波峰的中部形成一个空心的区域，并且两边焊料熔液喷流的方向相反。空心波的波形结构可以从不同方向消除元器件的阴影效应，有极强的填充死角、消除桥接的效果。它能够焊接 SMT 元器件和引线元器件混合装配的印制电路板，特别适合焊接极小的元器件，空心波焊料熔液喷流形成的波柱薄、截面积小，使 PCB 基板与焊料熔液的接触面减小，不仅有利于助焊剂热分解气体的排放，克服气体遮蔽效应，还可以减少印制板吸收的热量，降低元器件损坏的概率。

2. 波峰焊机主要工作过程

图 4.33 是波峰焊机的内部结构示意图。它由涂助焊剂装置、预热装置、焊料槽、冷却风扇和传动机构等组成。根据各组成部分的作用和功能，按先后顺序一般波峰焊的流水工艺为：印制板(插好元件的)上夹具→喷涂助焊剂→预热→波峰焊接→冷却→质检→出线。

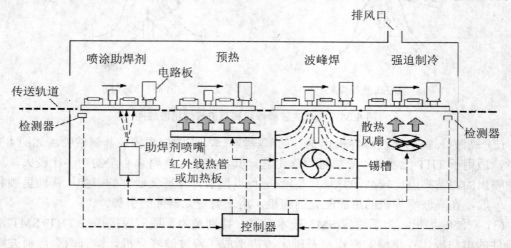

图 4.33　波峰焊机的内部结构示意图

(1) 涂助焊剂。为了去除被焊件表面的氧化物和污物，阻止焊接时被焊件表面发生氧化，需要对印制板涂敷助焊剂。助焊剂喷涂方式有两种，既可以连续喷涂，也可以设置成检测到有电路板通过时才进行喷涂的经济模式。常用的涂敷方法有波峰式、发泡式、喷射式、刷涂式和浸涂式等，其中又以发泡式优点较多而被广泛应用。

(2) 预热。预热装置由热管和其他装置组成。电路板在焊接前被预热，可以减小温差、避免热冲击，预防印制板在焊接时产生变形。预热温度在 90～120℃，预热时间必须控制得当，预热可使助焊剂干燥(蒸发掉其中的水分)，提高助焊剂的活性，防止元件突受高热冲击而损坏预热的方法通常有辐射式和热风式。

(3) 焊接。这是波峰焊的重要过程。熔融的焊锡在一个较大的料槽中，被料槽底部装的锡泵向上泵送，形成波峰，并使喷涌在波峰表面的焊料无氧化层，传导机构控制印制板，把印制板传送到料槽焊锡波峰处，焊接面就与波峰相接触，形成焊点。由于印制板与波峰处于相对运动状态，助焊剂在高温下挥发并活化，焊点内不出现气泡，保证了焊接质量。

(4) 冷却。印制板被送出焊接区后要立即冷却，冷却方式大都为强迫风冷。正确的冷却温度与时间，有利于改进焊点的外观与可靠性。

值得注意的是，为了获得良好的焊接质量，焊接前应做好充分的准备工作，如保证产品的可焊性处理(预镀锡)等，焊接后的清洗、检验、返修等步骤也应按规定进行操作。

3. 波峰焊操作工艺

1) 波峰焊焊接材料的补充

在波峰焊机工作的过程中，焊料和助焊剂被不断消耗，需要经常对这些焊接材料进行监测与补充。

(1) 焊料。应该根据设备的使用情况，每隔 3 个月到半年定期检测焊料中锡的比例和主要金属杂质含量。如果不符合要求，可以更换焊料或采取其他措施。例如，当锡的含量低于标准时，可以添加纯锡以保证含量比例。

(2) 助焊剂。波峰焊使用的助焊剂，要求表面张力小，扩展率大于 85%；黏度小于熔融焊料；相对密度在 0.82～0.84g/mL。可以用相应的溶剂来稀释调整。另外，可根据电子产品对清洁度和电性能的要求选择助焊剂的类型：要求不高的消费类电子产品，可以采用中等活性的松香助焊剂，焊接后不必清洗，当然也可以使用免清洗助焊剂，通信类产品可以采用免清洗助焊剂，或者用清洗型助焊剂，焊接后进行清洗。

(3) 焊料添加剂。在波峰焊的使用过程中，还要根据需要添加或补充一些辅料，比如防氧化剂和锡渣减除剂。防氧化剂由油类与还原剂组成。防氧化剂可以减少高温焊接时焊料的氧化，不仅可以节约焊料，还能提高焊接质量。锡渣减除剂能让熔融的焊料与锡渣分离，起到防止锡渣混入焊点、节省焊料的作用。

2) 波峰焊温度参数的设置

整个焊接过程被分为 3 个温度区域：预热、焊接、冷却。理想的双波峰焊的焊接温度曲线如图 4.34 所示，实际的焊接温度曲线可以通过对设备的控制系统编程进行调整。

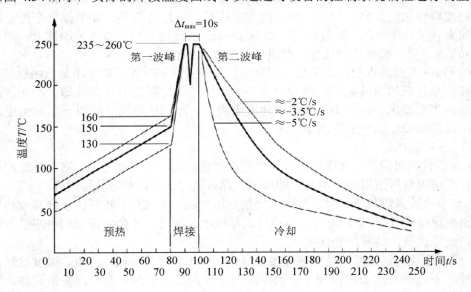

图 4.34　理想的双波峰焊的焊接温度曲线

(1) 预热区温度的设置。在预热区内，电路板上的助焊剂中的溶剂被挥发，松香和活化剂开始分解活化，去除焊接面上的氧化层和其他污染物，并且防止金属表面在高温下再次氧化。在该区域，印制电路板和元器件被充分预热，可以有效地避免焊接时急剧升温产生的热应力损坏。电路板的预热温度及时间可调，常根据印制板的大小、厚度、元器件的尺寸和数量，以及贴装元器件的多少来确定，在 PCB 表面测量的预热温度应该在 90～130℃，板或贴片元器件较多时，预热温度取上限。预热时间由传送带的速度来控制。如果预热温度低或预热时间过短，助焊剂中的溶剂挥发不充分，焊接时就会产生气体引起气孔、锡珠等焊接缺陷；如预热温度偏高或预热时间过长，焊剂被提前分解，使焊剂失去活性，同样会引起毛刺、桥接等焊接缺陷。为恰当控制预热温度和时间，达到最佳的预热温度，可以参考表 4.2 内的数据，也可以从波峰焊前涂覆在 PCB 底面的助焊剂是否有黏性来进行判断。

表4.2 不同印制电路板在波峰焊时的预热温度

OCB 类型	元器件种类	预热温度/℃
单面板	THC+SMD	90～100
双面板	THC	90～110
双面板	THC+SMD	100～110
多层板	THC	110～125
多层板	THC+SMD	110～130

(2) 焊接区温度的设置。焊接过程是焊接金属、熔融焊料之间相互作用的复杂过程，同样必须控制好温度和时间。如焊接温度偏低，液体焊料的黏性大，不能很好地在金属表面浸润和扩散，就容易产生拉尖和桥接、焊点表面粗糙等缺陷；如焊接温度过高，容易损坏元器件，还会因焊剂被炭化失去活性、焊点氧化速度加快，产生焊点发乌、不饱满等问题。由于热量、温度是时间的函数，在一定温度下，焊点和元件的受热量随时间而增加，所以波峰焊的焊接时间可以通过调整传送系统的速度来控制。在实际操作时，传送带的速度要根据不同波峰焊机的长度、预热温度、焊接温度等因素进行调整。如果以每个焊点接触波峰的时间来表示焊接时间，焊接时间一般为3～4s。双波峰焊第一波峰处的速度一般调整为235～240℃/s，第二波峰处的速度一般设置在240～260℃/3s。

(3) 冷却区温度的设置。为了减少印制电路板的受高热时间，防止印制电路板变形，提高印制导线与基板的附着强度，增加焊接点的牢固性，焊接后应立即冷却。冷却区温度应根据产品的工艺要求、环境温度及传送速度来确定，冷却区温度一般以一定负温度速率下降，可以设置成-2℃/s、-3.5℃/s 或-5℃/s。

3) 其他工艺要求

(1) 元器件的可焊性。元器件的可焊性是焊接良好的一个主要方面。对可焊性的检查要定时进行，按现场所使用的元器件、助焊剂、焊料进行试焊，测定其可焊性。

(2) 波峰高度及波峰平稳性。波峰高度是作用波的表面高度。较好的波峰高度是以波峰达到电路板厚度的 1/2～2/3 为宜。波峰过高易拉毛、堆锡，还会使锡溢到电路板上面，烫伤元件；波峰过低，易漏焊和挂焊。

(3) 焊接温度。焊接温度是指被焊接处与熔化的焊料相接触时的温度。温度过低会使焊接点毛糙、不光亮，造成虚假焊及拉尖；温度过高，易使电路板变形，烫伤元件。对于不同基板材料的印制板，焊接温度略有不同。

(4) 传递速度。印制板的传递速度决定焊接时间。速度过慢，则焊接时间过长且温度较高，给印制板及元件带来不良影响；速度过快，则焊接时间过短，容易有假焊、虚焊、桥焊等不良现象。焊接点与熔化的焊料所接触的时间以 3～4s 为宜，即印制板选用 1m/min 左右速度。

(5) 传递角度。在印制板的前进过程中，当印制板与焊料的波峰成一个倾角时，则可减少挂锡、拉毛、气泡等不良现象，所以在波峰焊焊接时印制板通常与波峰成 5°～8° 的仰角。

(6) 氧化物的清理。锡槽中焊料长时间与空气接触容易被氧化，氧化物漂浮在焊料表面，积累到一定程度，在泵的作用下，随焊料一起喷到印制电路板上，使焊点无光泽，造成渣孔和桥连等缺陷，所以要定时清理氧化物，一般每4小时一次，并在焊料中加入抗氧化剂，防止焊料氧化。

4. 波峰焊接缺陷分析

1) 沾锡不良或局部沾锡不良

沾锡不良是不可接受的缺点，在焊点上只有部分沾锡。局部沾锡不良不会露出铜箔面，只有薄薄的一层锡，无法形成饱满的焊点，产生原因及改善方式如下。

(1) 在印刷阻焊剂时沾上的外界污染物，如油、脂、蜡等。通常可用溶剂清洗去除。

(2) 氧化。常因储存状况不良或在基板制造过程中发生氧化，且助焊剂无法完全去除，会造成沾锡不良。解决方法是过两次锡。

(3) 助焊剂涂敷方式不正确，或发泡气压不稳定或不足，致使泡沫高度不稳或不均匀，使基板部分没有沾到助焊剂。解决方法是调整助焊剂涂敷质量。

(4) 浸锡时间不足，焊接一般需要足够的时间对焊盘湿润，焊锡温度应高于熔点温度 $50 \sim 80 \text{℃}$。

(5) 锡温不足，焊接一般需要足够的温度对焊盘湿润，总时间约 3s。

2) 冷焊或焊点不亮

焊点碎裂、不平。大部分原因是零件在焊锡正要冷却形成焊点时振动而造成，注意锡炉输送是否有异常振动。

3) 焊点破裂

焊点破裂通常是由于焊锡、基板、导通孔及零件脚之间膨胀系数不一致造成的，应在基板材质、零件材料及设计上去改善。

4) 焊点锡量太大

通常在评定一个焊点时，总希望焊点能又大又圆又胖，但事实上过大的焊点对导电性及抗拉强度未必有所帮助。产生的原因可能有以下几点。

(1) 锡炉输送角度不正确，会造成焊点过大。一般角度越大沾锡越薄，角度越小沾锡越厚。

(2) 焊接温度和时间设置不够正确。一般略微提高锡槽温度，或加长焊锡时间，可使多余的锡再回流到锡槽。

(3) 预热温度设置不正确。一般提高预热温度，可减少基板沾锡所需热量，增加助焊效果。

(4) 助焊剂相对密度有问题。通常相对密度越高吃锡越厚，也越容易短路，相对密度越低吃锡越薄，但越易造成锡桥、锡尖。

5) 拉尖

拉尖是指在元器件引脚顶端或焊点上发现有冰尖般的锡，通常发生在通孔安装元器件的焊接过程中。产生的原因和解决方法如下。

(1) 基板的可焊性差，通常伴随着沾锡不良。此问题应从基板可焊性方面去考虑，可试着提升助焊剂相对密度来改善。

(2) 基板上焊盘面积过大。可用阻焊漆线将焊盘分隔来改善，原则上用阻焊漆线将大焊盘分隔成 5mm×10mm 区块。

(3) 锡槽温度不足或沾锡时间太短。可用提高锡槽温度加长焊锡时间来改善。

(4) 冷却风的角度不对。冷却风不可朝锡槽方向吹，会造成锡点急速冷却，多余焊锡无法受重力与内聚力拉回锡槽。

6) 白色残留物

在焊接或溶剂清洗过后发现有白色残留物在基板上。这些白色残留物通常是松香的残留物，它不会影响电路性能，但客户不接受。

(1) 助焊剂通常是此问题主要原因，有时改用另一种助焊剂即可改善，松香类助焊剂常在清洗时产生白斑，此时最好的方式是寻求助焊剂供货商的协助，他们较专业。

(2) 基板制作过程中残留杂质或所使用的溶剂使基板材质变化，通常是某一批量单独产生，在长期储存下也会产生白斑，可用助焊剂或溶剂清洗，建议印制板储存时间越短越好。

(3) 助焊剂与基板氧化保护层不兼容。通常出现在新的基板供货商或更改助焊剂厂牌时，应请供货商协助解决。

(4) 助焊剂使用过久或暴露在空气中吸收水汽劣化。建议更新助焊剂(通常发泡式助焊剂应每周更新，浸泡式助焊剂每两周更新，喷雾式助焊剂每月更新)。

(5) 清洗基板的溶剂水分含量过高，降低了清洗能力，并产生白斑，应更新清洗溶剂。

(6) 若在元器件引脚及其他器件的金属上出现白色残留物，尤其是含铅成分较多的金属上有白色腐蚀物，可能是氯离子与铅形成了氯化铅，再与二氧化碳形成碳酸铅(白色腐蚀物)。在清洗时，应正确选用清洗剂，若选用清洗剂不当，只能清洗松香，无法去除含氯离子，如此一来反而加速腐蚀。

7) 针孔及气孔

针孔是在焊点上发现一小孔，内部通常是空的，气孔则是焊点上较大孔，可看到内部，气孔则是内部空气完全喷出而造成的大孔，是焊锡在气体尚未完全排除即已凝固而形成。

(1) 基板与元器件引脚有污染物，焊接时都可能产生气体而造成针孔或气孔，这些污染物一般可能来自自动插件机或储存过程。解决此问题较为简单，只要用溶剂清洗即可。但如发现污染物不容易被溶剂清洗，可能是制造过程中一些化合物的残余物，应考虑其他产品代用。

(2) 使用较便宜的基板材质，或使用较粗糙的钻孔方式，导致在孔处容易吸收空气中的湿气，焊接过程中受到高温，湿气蒸发出来而造成针孔与气孔。解决方法是把印制板放在烤箱中120℃烤两小时。

(3) 电镀溶液中的光亮剂挥发造成针孔与气孔。制造印制板时，使用大量光亮剂电镀，特别是镀金时，光亮剂常与金同时沉积，遇到高温则挥发。这时要与印制板供货商协商解决。

8) 焊点灰暗

焊点灰暗现象是指制造出来的成品焊点就是灰暗的。产生原因如下。

(1) 焊锡内杂质或锡含量过低，必须每3个月定期检验焊锡内的金属成分。

(2) 某些助焊剂(如 RA 及有机酸类助焊剂)在热的焊点表面会产生某种程度的灰暗色，在焊接后立刻清洗应可改善。

9) 焊点表面粗糙

焊点表面呈砂状突出表面，而焊点整体形状却很好。产生原因如下。

(1) 有金属杂质的结晶。此时必须每3个月定期检验焊锡内的金属成分。

(2) 有锡渣。锡渣被泵经锡槽内喷嘴喷流涌出，使焊点表面有砂状突出，此时应追加焊锡，并应清理锡槽及泵内的氧化物。

(3) 有外来物质。如毛边、绝缘材料等藏在元器件引脚处，也会产生粗糙表面。

10) 短路

短路是指两焊点相接。产生短路的原因如下。

(1) 基板吃锡时间不够或预热不足。

(2) 助焊剂不良，助焊剂的相对密度不当、劣化等。

(3) 基板行进方向与锡波配合不良。

(4) 线路设计不良，线路或接点间太过接近。

(5) 被污染的锡或积聚过多的氧化物被泵带上造成短路，此时应清理锡炉或全部更新锡槽内的焊锡。

4.4.5　再流焊技术

再流焊，也叫作回流焊，是为了适应电子元器件的微型化而发展起来的锡焊技术。它是预先在印制电路板的焊接部位施放适量和适当形式的焊锡膏，然后贴放表面组装元器件，焊锡膏将元器件粘在 PCB 板上，利用外部热源加热，使焊料熔化而再次流动浸润，将元器件焊接到印制板上。再流焊的核心环节是将预敷的焊料熔融、再流、浸润。

再流焊作为一种适合自动化生产的电子产品装配技术，主要应用于各类表面安装元器件的焊接。它操作方法简单、效率高、质量好、一致性好及节省焊料(仅在元器件的引脚下有很薄的一层焊料)，目前已经成为 SMT 电路板焊接技术的主流。

1. 再流焊设备

用于再流焊的设备称为再流焊炉，图 4.35 所示是再流焊炉的外形。再流焊炉主要由炉体、上下加热源、PCB 传送装置、空气循环装置、冷却装置、排风装置、温度控制装置及计算机控制系统组成。再流焊对焊料加热有不同的方法，就热量的传导来说，主要有辐射和对流两种方式。按照加热区域，可以分为对 PCB 整体加热和局部加热两大类。整体加热的方法主要有红外线加热法、气相加热法、热风加热法和热板加热法。局部加热的方法主要有激光加热法、红外线聚焦加热法、热气流加热法和光束加热法。

图 4.35　再流焊炉的外观

1) 再流焊设备的种类

根据再流焊对焊料加热方式的不同，常见的再流焊设备有以下几种。

(1) 红外线再流焊。红外线再流焊的加热炉使用远红外线辐射作为热源，红外线再流焊是目前使用最为广泛的 SMT 焊接方法。图 4.36 是红外线再流焊炉的工作过程示意图。这种方法的主要工作原理是，在设备的隧道式炉腔内，通电的陶瓷发热板(或石英发热管)辐射出远红外线，热风机使热空气对流均匀，让电路板随传动机构直线匀速进入炉腔，顺序通过预热、焊接和冷却 3 个温区。在预热区里，PCB 在 100～160℃的温度下均匀预热 2～3min，焊锡膏中的低沸点溶剂和抗氧化剂挥发，化成烟气排出；同时，焊锡膏中的助焊剂浸润焊接对象，焊锡膏软化塌落，覆盖了焊盘和元器件的焊端或引脚，使它们与氧气隔离；并且电路板和元器件得到充分预热，以免它们进入焊接区因温度突然升高而损坏。在焊接区，温度迅速上升，比焊料合金熔点高 20～50℃，漏印在印制板焊盘上的膏状焊料在热空气中再次熔融，浸润焊接面，时间为 30～90s。当焊接对象从炉腔内的冷却区通过，使焊料冷却凝固以后，全部焊点同时完成焊接。

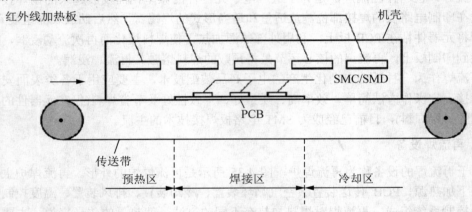

图 4.36　红外再流焊炉的工作过程示意图

红外线再流焊设备适用于单面、双面、多层印制板上 SMT 元器件的焊接，也可以用于电子器件、组件、芯片的再流焊，还可以对印制板进行热风整平、烘干，对电子产品进行烘烤、加热或固化粘合剂。红外线再流焊设备既能够单机操作，也可以与电子装配生产线配套使用。

(2) 气相再流焊。气相再流焊工作原理是：在介质的沸点温度下，把饱和蒸汽转变成为相同温度的液体，释放出潜热，使膏状焊料熔融浸润，从而使电路板上的所有焊点同时完成焊接。这种焊接方法的介质液体要有较高的沸点(高于焊料的熔点)，有良好的热稳定性，不自燃。常见的介质有 FC70(沸点 215℃)和 FC71(沸点 253℃)等。气相再流焊的优点是焊接温度均匀、精度高、不会氧化；其缺点是介质液体及设备的价格高，工作时介质液体会产生少量有毒气体。

(3) 热风对流再流焊与红外热风再流焊。热风对流再流焊是利用加热器与风扇，使炉腔内的空气或氮气不断加热并强制循环流动，工作原理见图 4.37。这种再流焊设备的加热温度均匀但不够稳定，容易氧化，PCB 上、下的温差以及沿炉长方向的温度梯度不容易控制，一般不单独使用。

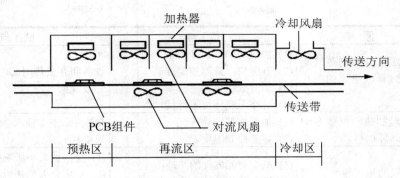

图 4.37   热风对流再流焊工作原理

改进型的红外热风再流焊是按一定热量比例和空间分布，同时混合红外线辐射和热风循环对流来加热的方式，也叫热风对流红外线辐射再流焊。这种方法的特点是各温区温度独立调节，减小了热风对流，能保证加热温度均匀稳定，电路板表面和元器件之间的温差小，温度曲线容易控制。红外热风再流焊设备的生产能力强，操作成本低，是 SMT 大批量生产中的主要焊接设备之一。

(4) 激光加热再流焊。激光加热再流焊是利用激光束良好的方向性及功率密度高的特点，通过光学系统将激光束聚集在很小的区域内，在很短的时间内使被加热处形成一个局部的加热区的焊接方法，常用的激光有 CO 和 YAG 两种。图 4.38 是激光加热再流焊的工作原理示意图。激光加热再流焊的加热具有高度局部化的特点，不产生热应力，热冲击小，热敏元器件不易损坏。但是设备投资大，维护成本高。

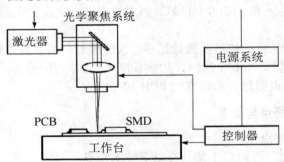

图 4.38   激光加热再流焊工作原理

(5) 各种再流焊工艺主要加热方法的优、缺点见表 4.3。

表 4.3   再流焊主要加热方法的优、缺点

加热方式	原　理	优　点	缺　点
红外	吸收红外线辐射加热	(1) 连续、同时成组焊接 (2) 温度可调范围宽，加热效果好 (3) 减少焊料飞溅、虚焊和桥接	材料、颜色与体积不同，热吸收不同，温度不均匀

续表

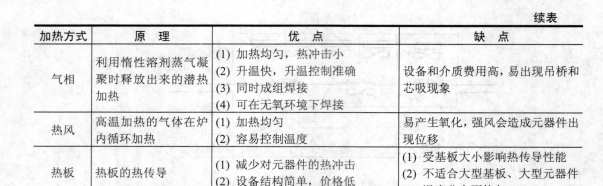

加热方式	原 理	优 点	缺 点
气相	利用惰性溶剂蒸气凝聚时释放出来的潜热加热	(1) 加热均匀,热冲击小 (2) 升温快,升温控制准确 (3) 同时成组焊接 (4) 可在无氧环境下焊接	设备和介质费用高,易出现吊桥和芯吸现象
热风	高温加热的气体在炉内循环加热	(1) 加热均匀 (2) 容易控制温度	易产生氧化,强风会造成元器件出现位移
热板	热板的热传导	(1) 减少对元器件的热冲击 (2) 设备结构简单,价格低	(1) 受基板大小影响热传导性能 (2) 不适合大型基板、大型元器件 (3) 温度分布不均匀
激光	激光热能加热	(1) 聚光性好,适用于高精度焊接 (2) 非接触式焊接 (3) 用光纤传输能量	(1) 激光在焊接面反射率高 (2) 设备成本很高

芯吸现象又称抽芯现象,是常见的焊接缺陷之一,多见于气相再流焊,是焊料脱离焊盘沿引脚上行到引脚与芯片本体之间而形成的严重虚焊现象。原因:引脚热导率过大,升温迅速,以致焊料优先润湿引脚。焊料和引脚之间的浸润力远大于焊料与焊盘之间的浸润力,引脚的上翘会加剧芯吸现象的发生。

2) 再流焊设备的主要技术指标

(1) 温度控制精度(指传感器灵敏度):应该达到±0.1~0.2℃。

(2) 传输带横向温差:要求在±5℃内。

(3) 温度曲线调试功能:如果设备无此装置,要外购温度曲线采集器。

(4) 最高加热温度:一般为300~350℃,如果考虑温度更高的无铅焊接或金属基板焊接,应该选择350℃以上。

(5) 加热区数量和长度:加热区数量越多、长度越长,越容易调整和控制温度曲线。一般中、小批量生产,选择4~6个温区,加热长度1.8m左右的设备,即能满足要求。

(6) 传送带宽度:根据最大和最宽的PCB尺寸确定。

2. 再流焊工艺的特点与要求

1) 再流焊工艺的特点

与波峰焊技术相比,再流焊工艺具有以下技术特点。

(1) 元件不直接浸渍在熔融的焊料中,所以元件受到的热冲击小(由于加热方式不同,有些情况下施加给元器件的热应力也会比较大)。

(2) 能在前导工序里控制焊料的施加量,减少了虚焊、桥接等焊接缺陷,所以焊接质量好、可靠性高。

(3) 能够自动校正偏差,假如前导工序在 PCB 上施放焊料的位置正确而贴放元器件的位置有一定偏离,在再流焊过程中,当元器件的全部焊端、引脚及其相应的焊盘同时浸润时,由于熔融焊料表面张力的作用,能产生自定位效应(Self-alignment),把元器件拉回到近似准确的位置。

(4) 再流焊的焊料是能够保证正确组分的焊锡膏,一般不会混入杂质。

(5) 可以采用局部加热的热源,因此能在同一基板上采用不同的焊接方法进行焊接。

(6) 工艺简单,返修的工作量很小。

2) 再流焊的工艺要求

(1) 要设置合理的温度曲线。温度曲线设置是 SMT 生产中的关键工序，假如温度曲线设置不当，会引起焊接不完全、虚焊、元件翘立("竖碑"现象)、锡珠飞溅等焊接缺陷，影响产品质量。

(2) SMT 电路板在设计时就要确定焊接方向，应当按照设计方向进行焊接。

(3) 在焊接过程中，要严格防止传送带振动。

(4) 必须对第一块印制电路板的焊接效果进行判断，适当调整焊接温度曲线。

(5) 定时检查焊接质量，对温度曲线进行修正。检查内容包括焊接是否完全、有无焊锡膏熔化不充分或虚焊和桥接的痕迹、焊点表面是否光亮、焊点形状是否向内凹陷、是否有锡珠飞溅和残留物等现象，还要检查 PCB 的表面颜色是否改变。

3. 再流焊工艺中的温度控制

再流焊工艺中，需要对再流焊炉中的温度进行控制。温度控制是按照温度曲线进行的。温度曲线是指 SMA 通过再流焊炉时，SMA 上某一点的温度随时间变化的曲线。温度曲线提供了一种直观的方法，来控制和分析某个元件在整个再流焊过程中的温度变化情况。这对于获得最佳的可焊性，避免由于超温而对元件造成损坏，以及保证焊接质量都非常有用。

1) 温度曲线

在再流焊工艺过程中，加热过程可以分成预热区、保温区、焊接区(再流区)和冷却区 4 个区域，作用是沿着传送系统的运行方向，让电路板顺序通过隧道式炉内的 4 个温度区域，在控制系统的作用下，按照 4 个区域的梯度规律调节、控制温度的变化。理想的再流焊的焊接温度曲线如图 4.39 所示。

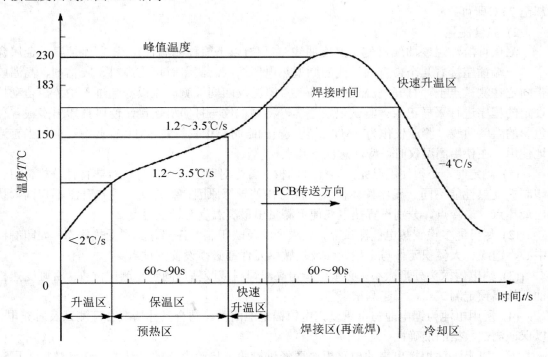

图 4.39　理想的再流焊的焊接温度曲线

(1) 预热区。该区域的目的是把室温的 PCB 尽快加热，以达到下一区域温度要求，但升温速率要控制在适当范围以内，如果过快，会产生热冲击，电路板和元件都可能受损；过慢，则溶剂挥发不充分，影响焊接质量。为防止热冲击对元件的损伤，一般规定最大速度为 4℃/s，通常上升速率设定为 1～3℃/s，典型的升温速率为 2℃/s。

(2) 保温区。保温区是指温度从 120～150℃升至焊锡膏熔点的区域。其主要目的是使 SMA 内各元件的温度趋于稳定，尽量减少温差。在这个区域里给予足够的时间使较大元件的温度赶上较小元件，并保证焊锡膏中的助焊剂的溶剂得到充分挥发，活性得到加强。到保温区结束，焊盘、焊料球及元件引脚上的氧化物被助焊剂除去，整个电路板的温度达到平衡。应注意的是 SMA 上所有元件在这一段结束时应具有相同的温度，否则进入到再流段将会因为各部分温度不均产生各种不良焊接现象。

(3) 焊接区。在这一区域里加热器的温度设置得最高，使组件的温度快速上升至峰值温度。在焊接区，焊接峰值温度视所用焊膏的不同而不同，一般推荐为焊锡膏的熔点温度加20～40℃。对于 95.5Sn/4.0Ag/0.5Cu(熔点为 217～218℃)和 96.5Sn/3.5Ag(熔点为 221℃)焊锡膏，峰值温度一般为 230～245℃，再流时间不要过长，以防对 SMA 造成不良影响。理想的温度曲线是超过焊锡熔点的"尖端区"覆盖的面积最小。

(4) 冷却区。进入该区域前，焊锡膏内的焊料粉末已经熔化并充分润湿被连接表面，应该用尽可能快的速度进行冷却，这样将有助于得到明亮的焊点，并有好的外形和低的接触角度。缓慢冷却会导致电路板的铜更多分解而进入锡中，从而产生灰暗毛糙的焊点。在极端的情形下，它能引起沾锡不良和减弱焊点结合力。冷却段降温速率一般为 3～10℃/s，冷却至 75℃即可。

2) 温度测量

测量再流焊温度曲线需使用温度曲线测试仪(以下简称测温仪)，其主体是扁平金属盒子，一端插座接着几个带有细导线的微型热电偶探头。测量时可用焊料、胶粘剂、高温胶带固定在测试点上，打开测温仪上的开关，测温仪随同被测印制板一起进入炉腔，自动按设定的程序进行采样记录。测试记录完毕，将测试仪与打印机连接，便可打印出多根各种色彩的温度曲线。测温仪作为 SMT 工艺人员的眼睛与工具，在 SMT 行业中已被相当普遍地使用。在使用测温仪时，应注意以下几点。

(1) 测定时，必须使用已完全装配过的板。首先对印制板元器件进行热特性分析，由于印制板受热性能不同，元器件体积大小及材料差异等原因，各点实际受热升温不相同，找出最热点、最冷点，分别设置热电偶便可测量出最高温度与最低温度。

(2) 尽可能多设置热电偶测试点，以求全面反映印制板各部分真实受热状态，如印制板中心、边缘、大体积元件与小型元件及热敏感元件都必须设置测试点。

(3) 热电偶探头外形微小，必须用指定高温焊料或胶粘剂固定在测试位置；否则受热松动，偏离预定测试点，引起测试误差。

(4) 所用电池为锂电池与可重复充电镍镉电池两种。结合具体情况合理测试及时充电，以保证测试数据的准确性。

通过以上工序焊接出来的电路板，要经过检验，检验合格的产品才能送到整机工厂进行电子产品组装。电路板的检验一般分为人工目检、静态检验和动态检验，目检就是检验人员用眼睛或放大镜对焊点和元器件进行检查，发现有连焊、虚焊、元器件碰撞、倒伏等问题给予纠正，比如补焊、扶正等措施。静态检验就是指经过目检的电路板在通电以前要用万用表进行主要焊点的电阻测量，特别是关键元器件的焊点电阻的测量，并与合格电路板同样焊点的对地电阻进行比较，判断该电路板是否可以通电，现代电子企业一般采用电路板在线监测仪，即将电路板放在用计算机控制的专用针床上测试各个点的电阻，并与合格电路板进行比较，判断是否合格。动态检验就是按照设计文件(或工艺文件)对电路板的要求，将电路板接入专用工装，接上相关检测仪器，接通电源进行通电测试，测试合格的电路板才能送到整机组装工厂(或车间)进行电子产品的组装。

本 章 小 结

　　本章是电子产品整机组装前的准备工序，也称为部件装配工序。本章围绕着部装工序，主要介绍 PCB 与元器件的插装和焊接工艺技术。

　　(1) 印制电路板的制作与检验。在简单了解 PCB 的基础上，介绍了 PCB 的手工制作和机械自动化制作工艺技术。

　　(2) 元器件与印制板的插装工艺，包括一般元器件的插装和贴片元器件的贴装技术。其中元器件的引脚成形和安装次序是在设计工艺流程时需要特别注意的。

　　(3) 焊接工艺技术，包括手工焊、浸焊、波峰焊和再流焊。手工焊接是电子工程师必备的基本功(要通过实训练习掌握)。浸焊在小型公司也经常使用。波峰焊和再流焊是现代大型或专业生产电路板的企业使用，是现代电子产品必需的新型生产工艺技术。

　　(4) 对焊接质量水平及其检验工艺技术做了较为详尽的介绍。

习 题 4

1. 用于 PCB 基板的材料主要有哪些类型？各有什么特点？

2. SMB 设计的基本原则有哪些？

3. 单面印制板与双面印制板在材料、工艺、使用中有什么不同？

4. 叙述双面印制板的典型制造工艺流程。

5. 印制板组装分为几种方法？适用什么场合？有何特点？简述其工艺流程。

6. 在插装元器件前须预先对元器件进行哪些准备工作？

7. 元器件引线弯曲成形应注意些什么？引线的最小弯曲半径及弯曲部位有何要求？

8. 元器件插装应遵循哪些原则？

9. SMT 焊锡膏印刷有哪些方法？

10. 简述焊锡膏印刷会产生哪些缺陷，并说明缺陷产生的原因。

11. 为什么要点胶？点胶应用于何种场合？有哪些方法？

12. 简述贴片时会造成哪些缺陷，它们是怎样产生的。

13. 试总结焊接的分类及应用场合。

14. 对焊点质量有何要求？

15. 手工焊接技巧有哪几项？

16. 简述手工焊接的步骤。

17. 常见焊点缺陷及原因分析。

18. 什么叫波峰焊？波峰焊机如何分类？各有什么特点？

19. 简述波峰焊的主要流程。

20. 助焊剂的涂敷方法有哪几种？

21. 如何进行波峰焊机材料参数的调整？

22. 波峰焊机的传递速度和角度应如何确定？

23. 简述波峰焊焊接缺陷和产生原因。

24. 什么叫再流焊？主要用在什么元件的焊接上？

25. 再流焊常见缺陷和解决办法是什么？

第 5 章

整机组装工艺技术

教学目标

通过本章的学习，熟悉电子产品的整机组装工艺与过程，能正确地阅读整机装配所用到的各类技术文件和图纸，能对绝缘导线及电缆进行加工，理解流水线生产方式，能编写组装工艺流程，熟悉电子整机的调试检验方法，理解整机防护的基本概念，熟悉电子整机的包装工艺流程。

本章着重介绍电子产品整机的组装工艺技术。主要内容有整机组装前的准备工作，绝缘导线及电缆的加工、元件引线的成形、常见图纸的识读。整机组装工艺流程，组装的分级、电子产品生产流水线、组装工艺要求及组装过程。电子整机产品的调试和检验方法，以及电子整机产品的防护与包装的基本知识。

5.1 识图与工艺准备

5.1.1 识图

1. 识图基本知识

图纸是工程技术的通用语言，它是用标明尺寸的图形和文字、符号来说明建筑、机械、电气等的结构、形状、尺寸、工作原理、信号流程等要素及其他要求的一种技术文件。整机组装中的识图主要是针对电气装配图纸，电气识图就是对整机组装过程中所使用的各类图纸进行阅读。阅读电气图纸必须具备必要的基础知识。

(1) 熟悉常用电子元器件的电路图形符号，了解这些电子元器件的特点、用途、基本使用方法及基本工作原理。

(2) 熟悉一些基本的单元电路、典型电路的基本电路组成及其工作原理。

(3) 熟悉不同类型图纸的不同作用和功能，对于不同类型的图纸其阅读方法也不同。

2. 常见图纸及其阅读

电子产品整机组装过程中，常用的图纸有零件图、总布置图、框图、装配图、电路图、接线图、线缆连接图等。

1) 零件图

零件图是采用相应标准规定的线径，按规定的比例画出零件的外形形状、尺寸，并标明零件所用材料、标称公差及其他技术要求的简图。它也是表示零件结构、大小及技术要求的图样。

在零件图中，可从标题栏中读出零件的名称、材料、比例等资料，在图幅中可读出零件的尺寸、公差及表面粗糙度等技术参数，从给出的视图中可初步了解零件的大致形状及外形结构，从涂敷栏中可知道零件的涂镀要求。

2) 总布置图

总布置图(BL)主要采用简化外形和连线，按位置布局，表示成套设备的各直接组成项目的内容、简要特性以及在使用地点的相对位置及其间线缆连接等方面总的概况，它是说明成套设备的规模和在现场进行设备布置的一种设计文件。

总布置图由简化外形、机械及电气连线、项目代号、整件目录、电缆整件目录及标注等内容组成。电子设备成套设备在生产场所不用组装，而是在设备的使用地按总布置图所规定的整机、整件和线缆等进行组装和调试。

3) 概略图(框图)

概略图(框图)(FL)是采用方框符号和单线连接，按功能布局，概略地表示成套设备或整机(整件)的基本组成、主要特征及其功能关系，用以说明其总的概貌和简要的工作原理，为编制详细的设计文件提供依据的一种简图。概略图主要由图形符号、带注释的实线框、连接线、项目代号和标注等组成。图 5.1 所示是晶体管收音机的概略图。

从概略图的标题栏可读出图纸的名称是 CEC-2000 晶体管收音机概略图，图纸的图号是CEC2.022.011FL，图纸共有 1 张，这是第 1 张，也是图纸的首页。如果一页不能绘完整机或整件的概略图，可采用续页，续页的格式和首页有所不同，从图纸中可读出首页是采用表 6.2 中的格式(3)。在概略图中一般用箭头表示信号的流程顺序，可顺着箭头的方向进行阅读。从图 5.1 中可以看出，晶体管收音机主要由天线、输入电路、本振电路、混频、中放、检波、前置低放、功率放大等电路部分组成。

4) 电路图

电路图(DL)是采用相应标准规定的元器件符号、电气符号和连线，按电路功能关系进行布局，表示整机或整件的实际电路组成和连接关系，而不考虑各组成项目的实际尺寸、形状或位置的一种简图。图 5.2 所示是晶体管收音机的电路图。电路图是电子整机产品设计和编制其他图纸的基础，如装配图、接线图等，也是电子整机产品测试、维修的依据。在组装、测试、检验及使用时，电路图通常与接线图、概略图、印制电路板图及装配图一起使用。在图 5.2 所示的电路图中，可从标题栏中读出电路图的名称、电路图的图号及本整机或整件所用图纸的张数等信息。电路图的识读，一般从左到右、从上到下进行阅读。一般来说，高频部分在电路图的左边或上边，低频部分在图纸的右边或下边，电源部分在图纸的左下边或右下边。如图 5.2 所示，高频调谐回路、混频与本振电路在图纸的左边，而音频前置放大和音频功率放大在图纸的右边。在对电路图的阅读时要求熟悉一些基本功能单元电路的基本组成和工作原理。

5) 接线图

接线图(JL)是采用简化的外形、图形符号和连线，按位置布局，表示整机、整件或部件内部的连接关系，用以进行接线和检查的一种图样。接线图可以表示单元内部接线关系、各单元之间的接线关系及单元与外部的接线关系。接线图可以和电路图、装配图、印制板图等一起用于电子整机产品的生产、装配、调试及维修工作中。接线图还应编制相应接线表，在接线图的明细栏中应填入所有直接装接的项目和材料。

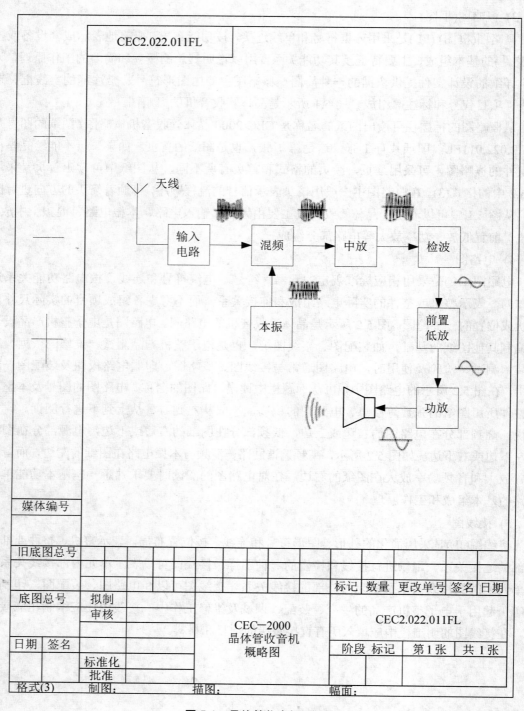

图 5.1 晶体管收音机概略图

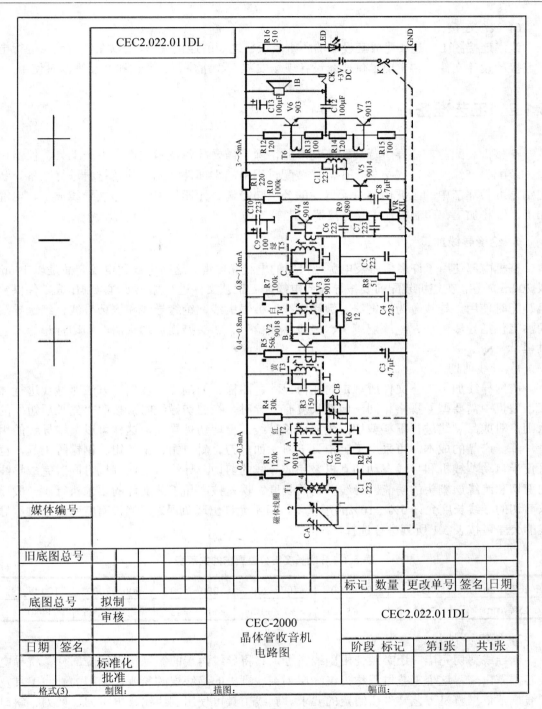

图 5.2　晶体管收音机电路图

6) 线缆连接图

线缆连接图(LL)是表述成套设备的各组成项目之间的连接关系，用以在使用地点进行电气连接的设计文件。它主要是供成套设备现场安装、线路检查、调试和产品维修时使用。

5.1.2 工艺准备

在整机装配前，需要进行装配工艺准备，除了需要准备技术文件、生产工具、仪器仪表、装配生产线及生产人员外，还需对装配过程中的零部件、元器件及材料进行准备。装配工艺准备环节中的主要内容是元器件的分类与筛选、元器件引线成形、导线加工、电缆加工、线扎加工、印制板加工、连接器加工等工作。

1. 绝缘导线加工

整机内部使用了许多信号及电源连接用的电线和电缆，这些电线和电缆产品是以 100m 或 200m 成卷，在整机装配前要按导线或电缆加工工艺文件进行加工处理，制作成零件供整机装配时使用。导线分为裸铜线、镀锡铜线、镀银铜线、绝缘导线和屏蔽导线，绝缘导线的加工包括导线剪切、绝缘层剥头、多股芯线捻头、线头搪锡、端头清洗和印标记等工艺过程。

1) 导线剪切

依据导线加工工艺文件所规定的几何尺寸、图样、加工工具及加工方法对导线进行加工，整机中需要型号规格相同，但其长度有差异时，在剪切导线时，按照"先长后短"的原则，对成品导线进行下料剪切，先剪切长导线，再剪切短导线，这样可以节省导线的用量，降低产品的成本。可采用手工工具下料，如剪刀、斜口钳、钢丝钳、钢锯等工具，也可使半自动剪线机和导线自动切剥机来完成导线的剪切。导线自动切剥机可同时完成导线的剪切和绝缘层剥头的功能。导线剪切的长度、误差按产品工艺文件的要求执行。一般要求剪切的导线长度允许 5%～10%的正误差，但不允许出现负误差。当没有特殊要求时，导线的公差可按表 5.1 所列进行选择。

表 5.1 导线长度与公差要求的关系表

长度/mm	50 以下	50～100	100～200	200～500	500～1000	100 以上
公差/mm	+3	+5	+5～+10	+10～+15	+15～+20	+30

2) 绝缘层剥头

当导线剪切完毕，还必须使用剥线钳等工具将导线两端的绝缘层去掉一部分，将导电线芯裸露出来，这个工艺过程称为绝缘层剥头。剥去的绝缘层的长度、采用的剥线工具及剥线规范依据整机工艺文件所给定的要求。剥线工具可使用剥线钳、电工刀、剪刀、斜口钳等手工工具，也可以使用自动剥头机。

导线剥头的方法通常有刃截法和热截法两种，而刃截法又有手工刃截法和自动刃截法之分。在操作中可按相应的文件规定选用。手工刃截法就是利用手工剥线工具进行剥头，而在大批量的生产中，多采用自动刃切法，即使用自动剥线机对绝缘层进行剥离。

热截法就是使用热控剥皮器剥除导线的绝缘层。热截法的优点是操作简单，不损伤导线的线芯，但在加热绝缘层时会产生有毒的气体。在生产场地，应备有良好的通风换气设备。而刃截法的特点是操作简单易行，缺点是容易损伤导线的线芯，导线线芯截面积较小的单芯导线应采用热截法剥去绝缘层。

绝缘层剥去的长度应按工艺文件的要求操作，如文件没有特殊规定时，可依据导线线芯的截面积、导线需要连接的接线端子的形状及连接方式来确定。表 5.2 规定了导线截面面积与绝缘层剥去长度的关系，表 5.3 是导线的连接方式与剥头长度的关系，图 5.3 所示是绝缘导线加工几何尺寸的示意图。

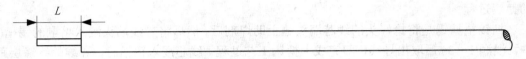

图 5.3 绝缘导线剥头示意图

表 5.2 导线线芯截面积与剥头长度的关系

导线线芯截面积/mm^2	<1	1.1～2.5
剥头长度 L/mm	8～10	10～14

表 5.3 导线连接方式与剥头长度的关系

连接方式	剥头长度/mm	
搭接连接	3	0～+2
勾焊连接	6	0～+4
绕焊连接	15	±5

3) 捻头(多芯导线)

对于多芯的绝缘导线，当将其绝缘层去除后，线芯容易松散和折断。而整机中所使用的安装导线，绝大部分是多芯导线。因此，当多芯导线去掉绝缘层后，还要增加一个工艺步骤，那就是捻头。捻头就是将线芯依据它本身的扭绞方向进行再次扭绞，使松散的线芯扭结在一起。

捻头的方法有手工捻头和自动捻头，手工捻头就是借助简单的工具手工操作；自动捻头是采用捻线机进行捻头。现代大批量产品生产中，多采用捻线机捻头，使用捻线机比手工捻头效率高、质量好。线芯在扭绞过程中要求其捻线角度为 30°～45°。捻线角的含义是线芯的扭绞角度与导线轴线的夹角，多芯导线的捻线角如图 5.4 所示。

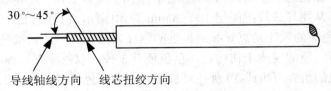

导线轴线方向   线芯扭绞方向

图 5.4 多芯导线线芯的捻线角示意图

4) 搪锡

导线剥头和捻头后，还要对导线的端头进行处理，这个工艺过程称为搪锡或上锡。搪锡是指对捻头后的导线的线芯进行浸涂焊料的过程。搪锡的目的是提高线芯的可焊性，防止在整机装配过程中形成虚焊、假焊，并且可避免捻头的线芯松散和氧化。手工搪锡的方法有电烙铁搪锡和搪锡槽(锅)搪锡两种。电烙铁搪锡适用于样机生产、样机研制、数量较少的导线加工。搪锡槽搪锡适合数量较多的导线加工。

电烙铁搪锡的方法是先将电烙铁加热到可熔化焊料时，在电烙铁上蘸满焊料，将捻好头的导线端头放在松香上，烙铁顺着捻头方向上锡，同时转动和移动导线，完成导线端头的搪锡过程。

搪锡槽搪锡是将捻好头的线芯端头蘸上助焊剂后，然后将导线端头浸入熔融的锡槽(锅)中，浸润 1～3s 后取出导线，即完成上搪锡工艺过程。线芯浸入锡槽时，导线的绝缘层距离熔融锡面的距离保持在 1～2mm，主要是避免导线的绝缘层受热而收缩，使导线的绝缘层长度变短，同时也便于检查剥头和捻头过程中造成的线芯损伤或断线等故障。

5) 清洗

搪锡后的线芯端头还会有残留物等杂质，影响导线的焊接。搪锡后还要对导线端头进行清洗处理，通常采用无腐蚀的无水乙醇进行清洗。

6) 印标记

整机中有许多导线，为了便于装配、调试和维修，通常将在导线的端头印制上相应的标记，以此来区别不同的导线。印标记的方法有 3 种，一种是在导线的两端的绝缘层印上相同的文字或字符，称为导线印字标记。另一种是在导线的两端的绝缘层上印制相同的色环，称为导线印制色环标记。第三种方法是在导线两端的绝缘外表面套上印有标记的套管，称为用标记管作标记。不论哪种方法，都是为了区分和辨识导线。

导线印字标记示意图如图 5.5 所示，在图中导线的两端都印上了相同的数字 15，以便同整机内其他的导线进行区别。印制标记的位置应在距导线端的绝缘层 8～15mm 处，印字要清晰，文字的方向应一致，字号的大小应和导线的粗细相适应，深色线用白色油墨印刷，浅色导线用黑色油墨印刷，标记的字符印与工艺文件一致。印字标记可用打号机进行印刷工艺文件上规定的文字或字符。

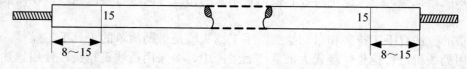

图 5.5　导线印字标记示意图

导线印制色环标记的示意图如图 5.6 所示。从图中可以看出，在导线的两端印上了红黑环 3 个色环。色环从距导线端绝缘层 10～20mm 开始印制，色环的宽度为 2mm，色环间的间隔也为 2mm。色环的顺序是离导线端最近的色环为第一色环，依次是第二和第三色环。一般用红、黑、黄三色的组成来作标记，单色环有 3 种，双色环有 9 种，三色环有 27 种，用红、黑、黄三色的组合可组成 39 种色环标记，在印制色环时，应按工艺文件提出的相关要求实施。

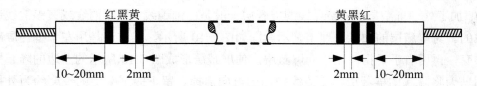

图 5.6　导线印制色环标记示意图

用标记套管作标记的示意图如图 5.7 所示，图中导线的两端都套上了标记为 A369 的套管。套管的粗细要适中，导线的绝缘外径和导管的内径相符，保证导管正好套在绝缘导线上，在操作中，用打号机在选定的导管上打好字后进行剪切，然后再套装在绝缘导线的两端。

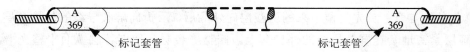

图 5.7　用标记套管作标记的示意图

2. 屏蔽导线加工(同轴电缆)

屏蔽导线是在绝缘导线的绝缘层外面用金属线编织了一层金属屏蔽层，这种导线称为屏蔽导线。有些屏蔽导线在屏蔽层外表还覆盖了一层绝缘，这一绝缘层称为外护套层。屏蔽导线的加工方法与同轴电缆的加工方法基本类同。屏蔽导线的结构如图 5.8 所示。屏蔽导线(同轴电缆)的加工方法一般有屏蔽层不接地的加工、屏蔽层直接接地和屏蔽层上加接导线引出接地端的加工等方法。由于屏蔽导线(同轴电缆)的结构比绝缘导线复杂得多，其加工步骤也较多，在对这类线缆的加工工艺中还可能涉及导线端头的绑扎和射频插座、插头的装配等。

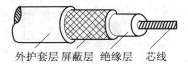

外护套层　屏蔽层　绝缘层　芯线

图 5.8　屏蔽导线的结构

1) 屏蔽层不接地的加工工艺

(1) 去外护套层。根据工艺文件图纸规定的屏蔽导线的长度，用剪切工具从成卷的屏蔽导线成品上取下给定的长度，用热切法或刃切法去掉文件指定长度的一段外护套，裸露出屏蔽层。在操作过程中，不能损伤屏蔽层导线。其工艺示意图如图 5.9 所示。

去外护套前　　　　　　　　去外护套后

图 5.9　屏蔽导线去外护套加工示意图

(2) 加工处理屏蔽层。屏蔽导线的屏蔽层一般是由细铜线、镀锡铜线或镀银铜线通过编织形成的。对屏蔽层的加工处理工艺示意图如图 5.10 所示。其方法是用左手握住屏蔽导线的外护套，再用右手手指向左推动屏蔽层，使屏蔽层形成图 5.10 所示的左边的隆起图形。然后用剪刀将隆起的屏蔽层沿着绝缘径向的方向剪掉。留下的屏蔽层的长度约为外护套厚度的 2 倍。

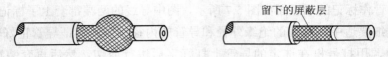

留下的屏蔽层

图 5.10　屏蔽层加工处理示意图

(3) 加装缩导管。首先将留下来的屏蔽层向外翻后，反折向屏蔽导线的外护套层，再使金属屏蔽层紧密地套在屏蔽导线的外护套上。修整屏蔽层，使屏蔽层端面平整光滑，选用直径合适的热缩导管套装在屏蔽层上，再用热吹风枪吹热缩导管，使热缩导管收缩。其工艺示意图如图 5.11 所示。

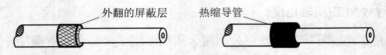

外翻的屏蔽层　　热缩导管

图 5.11　加装热缩导管示意图

(4) 芯线处理。用剥线钳、电工刀等剪切工具，按照工艺文件给定的几何尺寸要求，剥去一定长度的绝缘层，露出导电线芯，在剥头过程中要避免对线芯的损伤，特别是单芯屏蔽导线。其工艺过程示意图如图 5.12 所示。图中 L_1 表示绝缘层的长度，L_2 表示剥去绝缘层后露出的线芯长度，L_1 和 L_2 要符合相应的工艺文件要求。

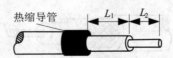

热缩导管　　L_1　L_2

图 5.12　芯线处理工艺示意图

(5) 浸锡和清洗。通过上述工艺步骤后，还需要对屏蔽导线的芯线进行浸锡处理，防止导线氧化，提高可焊性。浸锡完成后，再对芯线端面进行清洗，清除加工过程的残留物。

2) 屏蔽层直接接地的加工工艺

整机中使用的屏蔽导线，有时需要将导线的屏蔽层接地。这样，在对屏蔽导线的加工工艺过程中，就必须引出屏蔽层，以便在整机装配中直接将屏蔽层接到规定的地线端。

(1) 去外护套。去外护套的方法与屏蔽层不接地的加工工艺方法相同，可以采用热切法或刃切法去掉规定长度的外护套。在去外护套时，不能损伤屏蔽层的导线。

(2) 屏蔽层的处理。用钟表起子或镊子沿着屏蔽层导线编织的方向，将屏蔽层梳理成一根一根的导线，不能用剪刀沿屏蔽层的轴线方向剪切，如果这样会将编织的屏蔽层导线全剪断。将梳理后的屏蔽线均分成 3 份，然后像编辫子一样进行交叉编织，这时屏蔽导线就

21世纪高职高专电子信息类实用规划教材

像辫子样整洁规整，然后剪掉多余的屏蔽线，一般要求屏蔽线的长度长于芯线的长度。

(3) 芯线的加工处理。芯线的加工处理与屏蔽层不接地的加工工艺类同。

(4) 浸锡和清洗。屏蔽层和芯线都按要求加工处理结束后，为了提高芯线和重新编织后的屏蔽带的可焊性，还要对芯线和屏蔽带进行浸锡处理。最后用无腐蚀性的清洗剂对芯线和屏蔽带进行清洗，去掉加工过程中的残留物。通过上述步骤，基本上完成了屏蔽层直接接地的加工工艺过程。

(5) 加装套管。根据整机装配工艺的要求，在有些屏蔽导线(或同轴电缆)的加工过程中要求加装套管，主要是避免裸露的芯线和屏蔽层有可能短路，目的是将芯线和绝缘层隔开。在这个环节中，一般有 3 种加装套管的方法。第一种方法是先对编织在一起的屏蔽带加装热缩导管，然后将加了热缩导管的屏蔽线和芯线一起再加装热缩导管，这种方法在实施中要用一大、一小的两个热缩导管。如图 5.13(a)所示。第二种方法是只用一个直径略大于护套外径的热缩导管，套装在屏蔽导线的外护套上，在热缩导管上开一个小口，其口的大小与导线的绝缘外径相当，让芯线从开口中伸出，热缩管只套在屏蔽导线的护套和编织后的屏蔽带上，如图 5.13(b)所示。第三种方法是采用专用的屏蔽导线套管，其外形如图 5.13(c)所示。它有 3 个管口，管口最大的那一端套装在屏蔽导线的外护套上，管口最小的那一端套装在编织后的屏蔽带上，剩下的一端装在芯线上。

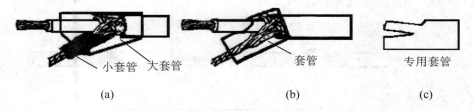

| (a) | (b) | (c) |

小套管　大套管　　　　　　　　套管　　　　　　专用套管

图 5.13　屏蔽线的线端加装套管工艺示意图

(6) 保持屏蔽层原状的屏蔽层加工处理。在对屏蔽导线(或同轴电缆)的屏蔽层加工处理中，有些整机的工艺要求是不能改变屏蔽层原来的编织结构的，这时可以采用如图 5.14 所示的屏蔽层加工处理方式。首先去掉外护套，在屏蔽层的适当位置，用镊子或钟表起子等工具拨开一个小孔，不能拨断屏蔽导线，然后将绝缘线从小孔中抽出，如图 5.14(a)所示。再把剥脱出的屏蔽层整形，使屏蔽层平整，将芯线和屏蔽层浸锡，浸锡时要用尖嘴钳夹持，防止锡向上渗进，形成硬结，如图 5.14(b)所示。

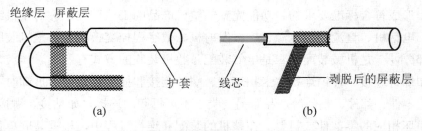

绝缘层　屏蔽层　　　　　　　　　　　　　　　　　　　线芯

护套　　　　　　　　　　　　　剥脱后的屏蔽层

| (a) | (b) |

图 5.14　保持屏蔽层原状的加工工艺示意图

3) 屏蔽层上加接导线引出接地端的加工工艺

对于一些几何尺寸较大的屏蔽导线或同轴电缆，在整机及成套设备的装配和安装过程中，为了使屏蔽导线或同轴电缆有更好的屏蔽效果，可以直接在屏蔽层上加接接地导线。有两种工艺处理方法。

(1) 在屏蔽层上面绕制镀银铜线。将屏蔽导线(同轴电缆)的外护套去掉，用直径为 0.5～0.8mm 的镀银铜线焊在屏蔽层上，然后在屏蔽层上紧密地绕制 2～6m 长度的线圈后再进行焊接，焊接后将镀银铜线再空绕一圈，并留存一定的长度供装配接地之用，在焊接时应避免时间过长烫坏绝缘层。其加工工艺示意图如图 5.15 所示。

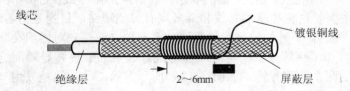

图 5.15 屏蔽层加接镀银铜线作接地线的工艺示意图

(2) 在屏蔽层上面焊接绝缘软导线。将屏蔽导线(同轴电缆)的外护套去掉，露出一段屏蔽层，选用合适的绝缘软导线，将其焊在屏蔽层上的金属线上，再用热缩管将绝缘软线和屏蔽层套装在一起，其工艺如图 5.16 所示。

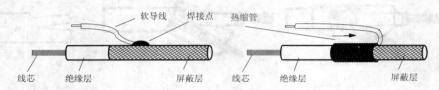

图 5.16 屏蔽层上焊接绝缘软导线工艺示意图

5.2 组装生产工艺流程

5.2.1 组装的分级

整机组装是把组成整机的各种零件、部件、整件，按照工艺要求进行装配、连接、调试、检验，形成符合标准要求的、功能完整的整机产品的工艺过程，称为整机组装。如彩色电视机、电话机、直流稳压电源、广播发射机、数字程控交换机等。整机装联的内容主要有两大部分，一是机械装配，二是电气装配。整机装联的方式有两类。一类是可以拆卸的连接，如螺钉连接、柱销连接、卡扣连接、螺纹连接和插头连接等，拆卸时不会损坏与之相连接的零件、部件、整件等产品。另一类是不可拆卸的连接，如粘接、铆接、压接等，拆卸时会损坏相应的零部件或材料。在整机的装配和连接过程中，根据装联单位的大小、尺寸、复杂程度和特点，可将整机组装分成不同的组装级别，称为整机的组装级。通常分为 4 个级别，即第一级组装、第二级组装、第三级组装和第四级组装，又分别称为元件级组装、插件级组装、系统级组装和成套设备级组装。

1. 元件级组装

第一级组装，又称为元件级组装，是整机装联工艺过程中最低的级别，其特点是结构不可再分。通常是指电子元件、器件、集成电路以及由分离元件构成特定功能的组件等。如电阻、电容、晶体三极管、集成电路、中周、变压器和电感线圈等。

在第一级组装中，通用的电子元器件、集成电路、中频变压器(俗称中周)等产品由专业生产企业完成组装，而整机组装企业只需采购符合标准要求的产品进行第二级组装。而一些特殊的厚膜集成电路、电感线圈、变压器及印制电路板等由整机生产企业自己生产组装。

2. 插件级组装

第二级组装，也称为插件级组装，是利用第一级组装所产生的合格产品，按照整机工艺要求，将这些电子元器件及零件进行装联，如印制电路板部件的组装、整机面板的组装、机架的组装和插箱的组装等。

3. 系统级组装

第三级组装，又名系统级组装，是将插件级组装所生产的部件、整件及元件级组装的元器件，通过接插件、导线、电缆等连接成具有一定完整功能的整机产品。如前面提到的电视机、程控交换机等产品。

4. 成套设备级组装

第四级组装，即成套设备级组装，它是更高一级的组装，主要是通过电缆、连接器等材料将第二级及第三级组装的产品进行互连，形成具有一定完整功能的仪器或设备。在成套设备级组装过程中，相关设备可以不在同一地点，它们之间的互连可以通过电缆或无线电进行联络。成套设备级组装是在设备使用地完成的，而不是在生产企业完成的。例如，卫星电视地面接收设备，它是由室外天线、馈线、接收机等单元组成，是在使用地进行组装调试的。再如，教室用的多媒体教学仪，是由计算机主机、显示器、投影仪、音频功率放大器、音箱、话筒、屏幕等单元组成。

5.2.2　生产流水线

1. 生产流水线

现代化的电子产品生产企业，在产品的加工生产过程中，都采用生产流水线的方式来组织产品的加工与生产。生产流水线(见图 5.17)就是将产品的加工生产过程，根据其生产工艺的特点分成若干生产工序，再由每位生产人员来完成规定的生产工序。根据产品的加工与生产特点，电子产品生产流水线的形式有闭路环形流水线、开路直线流水线、输送带式流水线、板式传送流水线、SMT 自动化生产流水线等多种形式。

采用生产流水线的生产方式，可以提高劳动生产率，提高产品的质量。在生产流水线中，每位生产人员的工作内容固定、简单重复、便于记忆，因此能减少生产环节中的差错。大批量的电子产品生产都采用流水线的生产方式组织生产。

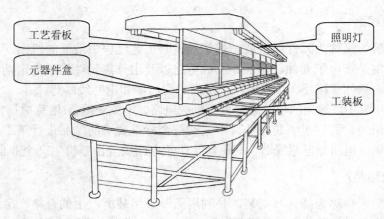

工艺看板

照明灯

元器件盒

工装板

图 5.17 生产流水线示意图

2. 流水节拍

流水节拍是指在生产流水线上生产加工出相邻两件相同产品的时间间隔。流水节拍是生产流水线最重要的参数，也是一种期望标准，它确定生产流水线的生产能力、生产速度和效率。流水节拍可根据计划时间内的产量和有效工作时间来确定。

生产节拍时间计算举例：某电子公司生产手机的计划产量为 1000 台/日，每天工作时间为 8 小时，上班准备时间为 15 分钟，上、下午休息时间各 15 分钟。

每天实际作业时间=每天工作时间−(准备时间+休息时间)

=8×60−(15+15+15)=435 秒

则生产节拍时间=实际作业时间/计划日产量=(435×60)/1000=26.1 秒

3. 流水线的工作方式

根据生产产品的特点、工艺及生产设备、工艺设备的不同，流水线的工作方式有多种不同的形式。

(1) 按生产产品的移动方式，可分为固定流水线和移动流水线。固定流水线是加工与生产的产品位置固定，由生产人员携带工具沿着顺序排列的产品移动，经过一个循环完成产品的加工与生产。固定流水线主要用于不便于移动的大型产品的生产，如重型机械。移动流水线是指加工与生产的产品位置按预定的工艺顺序移动，而生产人员、生产设备和生产工具的位置固定，产品连续不断地通过各个生产工序来完成产品的加工与生产。电子产品的生产就是采用移动流水线的工作方式进行的。

(2) 按照生产产品的数目，可分为单一产品流水线和多产品流水线。单一产品流水线又称不变流水线，是指流水线上只生产一种产品。多产品流水线是指将结构、工艺相似的两种以上的需要生产的产品，组织到一条生产线上进行生产。

(3) 按生产产品的轮换方式，可分为可变流水线、成组流水线和混合流水线。可变流水线是轮流地、成批地生产固定在流水线上的几个产品，当某一产品批生产完成后，相应地调整设备和工艺装备，再开始另一产品的生产。成组流水线是指固定在流水线上的几种产品不是成批轮流地生产，而是在一定的时间内同时或顺序地进行生产，在变换生产产品时不需要调整设备和工艺装备。混合流水线是在流水线上同时生产多个产品，各产品均匀混合流送。混合流水线一般多用于产品的装配生产阶段。

(4) 按连续程度，可分为连续流水线和间断流水线。连续流水线是指加工的产品在流水线上的加工与生产是连续不断地进行，没有等待和间断时间。连续流水线通常用于批量生产中，是一种较为完善的流水线形式。间断流水线是指由于各工艺工序的劳动量不等或不成整倍数，加工与生产的产品在工序间会出现等待间断时间，生产过程是不完全连续的。

(5) 按流线的机械化程度，可分为手工流水线、机械化流水线和自动流水线。

(6) 按节奏性程度，可分为强制节拍流水线、自由节拍流水线和相对自由节拍流水线。强制节拍流水线要求准确地按节拍生产出产品。自由节拍流水线不严格要求按节拍生产出产品，但要求工作地在规定的时间间隔内生产效率符合节拍要求。相对自由节拍流水线是各工序的加工时间与节拍相差很大，如按节拍组织生产就会使生产设备和生产人员处于断续的工作状态，为了充分地利用人力、物力，只要求流水线每经过一个合理的时间间隔生产等量的产品，而每道工序并不按节拍进行生产。

电子产品组织一般选用强制节拍流水线、自由节拍流水线及粗略节拍流水线进行生产。

在强制节拍流水线生产中，生产的产品按节拍地间歇流动，每位生产人员必须在给定的时间间隔内完成该工序的生产工艺过程，生产人员完成该工序的时间周期就是一个生产节拍时间，产品两次运行的间隔时间就是生产人员的作业时间。因此，这种生产流水线的生产方式带有一定的强制性。在选择每个工序的工作量时适当留有余地，以保证一定的劳动生产率，又保证产品质量。强制节拍流水线方式，其优点是工作内容简单，动作单纯，记忆方便，可减少差错，提高工效，能控制均衡生产，保证作业计划按时完成。其缺点是生产人员情绪紧张，当遇到难点时容易草率处理，影响产品的质量，工时利用率低，不利于发挥生产人员的主观能动性。

自由节拍流水线是在强制节拍流水线的基础上留有一定的缓冲余地，产品始终在流水线上匀速、缓慢地流动。实现缓冲的方式有两种。一种是生产人员遇到难点和未完成的作业时，可通过走动延长作业点位置来调节作业时间。另一种是在生产线旁边设置工作台，生产人员可将产品从流水线上取下来再进行作业，通过生产人员延长取放产品位置来调节。当然，第二种方法是以产品本身能从生产线上取下为前提。自由节拍流水线的优点是弥补强制节拍的缺点，有利于保证产品质量。其缺点是不利于均衡生产，从生产线上取放产品是多余的劳动。

在相对自由节拍流水线中，每个节拍的作业时间相对自由，产品放在专用的工装托板上，工装托板在流水线上匀速运动，当产品移动到工作地时，工装托板自动停止，待生产人员完成该工序的作业后，再由生产人员控制托板向后续工序移动。相对自由节拍流水线的优点是对保证产品质量、提高生产效率和发挥人的潜能都有利。其缺点是控制均衡生产的难度加大。

5.2.3　组装工艺流程

整机的组装工艺流程是根据设计文件和工艺文件的要求，依据工艺文件的工艺规程和具体要求，对电子元器件、零件、部件及整件进行装联的过程。通过装联过程形成功能确定的整机产品。整机装配一般可分为装配准备、部件装配、整件装配、机架及插箱装配等4个阶段。根据产品的复杂程度不同，有些整机没有机架或插箱装配阶段，整机的组装工艺流程也有所区别。一般整机组装工艺流程如图5.18所示。

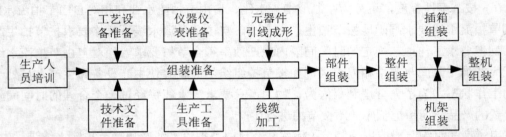

图 5.18　整机组装工艺流程图

某电子整机设备生产企业生产光传输终端设备的组装工艺流程如图5.19所示。

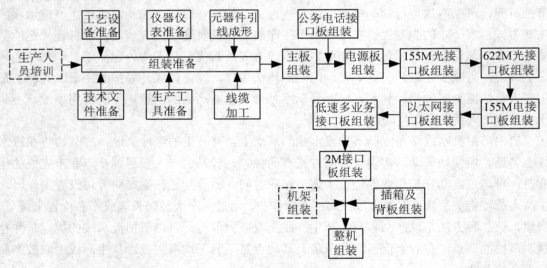

图 5.19　光传输终端设备的组装工艺流程

在光传输终端设备的组装工艺流程图中，生产人员培训是虚线框，其含义是如果是生产定型产品，对生产人员的培训可免去，如果是新产品或生产工艺有重大改变的，在整机组装前必须对生产人员进行相关的培训。在组装准备环节中，主要对元器件进行检测和引脚成形，整机中用到的线缆、线扎、接插件等零件进行加工。光传输设备中的主板、电源板、155M光接口板、622M光接口板、155M电接口板、2M接口板、以太网接口板、低速多业务接口板、插箱及背板等部件或整件的组装，可根据生产人员、生产线及产品的数量同时进行组装，也可依次组装。当这些部件及整件组装结束后，再按照整机的结构布置及设备的合同配置情况进行整机组装。流程图中的机架组装可依据合同的需要机架，进行灵活处理。整机组装完成后进行整机的调试和检验，在组装流程中，当各部件、整件组装完成后，还应按相应的技术文件规定技术要求和方法进行检测。

　　上述例子简要说明了整机组装的工艺流程的编写过程，在编写中，重点要从产品的设计文件中了解整机的整件、部件及零件的数量，熟悉工厂生产组织的形式，才能正确、完整地编写产品的组装工艺流程。

5.3　组装工艺要求及过程

5.3.1　整机组装工艺的要求

1. 整机组装的顺序

　　整机组装的工艺顺序是先轻后重、先小后大、先铆后装、先装后焊、先里后外、先平后高、易损易碎件后装，上道工序不得影响下道工序。

2. 整机组装的基本原则

　　整机组装的基本原则是装联牢固可靠，装配过程中不损坏元器件和零部件，不得划伤整机面板、机架和插箱等表面的涂敷层，保证整机的电气绝缘性，装配完全的整机应有良好的接地端子供安装接地使用，各种零部件和元器件的安装位置、方向和极性要正确，整机产品的各项性能指标要稳定，整机要有足够的机械强度。

3. 整机组装工艺的基本要求

　　整机组装是将零件、部件、整件及材料、插箱和机架通过装联工艺，组装成合格的整机的过程。可从以下几个方面对组装工艺提出要求。

　　(1) 零件、部件、整件、外协件及电子元器件和组装过程中用到的材料等产品，在组装前必须按照相应的技术条件或协议进行检验、测试，不合格的元器件和零部件不能流入整机组装工艺过程中。

　　(2) 根据整机的机械结构、电气结构以及生产设备和生产人员的技术水平，合理地编制组装工艺流程，采用经济、高效、先进的生产工艺，使产品达到设计要求。

　　(3) 编制组装工艺时，严格遵守整机组装的顺序要求，并注意工序的前后衔接。

　　(4) 整机组装工艺过程中，要按照整机组装的基本原则进行，组装出合格的整机产品。

　　(5) 组装工艺过程中，要设置相关的质量控制点，设置专职的检测工位。

　　(6) 在整机组装过程中严格执行自检、互检与专职检验相结合的"三检"原则，保证产品的质量。

5.3.2　整机组装的过程

整机组装的过程是依据工艺文件的工艺规程和具体要求，把电路板、零部件、插箱及机架等进行相关的装配与连接，形成具有完整功能的整机。根据电子产品的生产特点和生产环节，整机组装有样机生产组装、小批量生产定型组装、大批量生产组装等生产，由于产品的复杂程度、技术要求、生产人员的技术水平、生产工艺设备和生产组织形式不同，其整机组装过程也有所区别，但是其基本的生产工序大同小异，其组装工艺过程可分为准备、装联、调试、检验、包装、入库或出厂等几个阶段。批量生产一般采用流水线生产形式，有些工序过程在实际的生产中可并列进行，也可有先后顺序，比如线缆的加工和部件、整件的装配可同时进行，也可以是一前一后。一般整机组装工艺过程如图 5.20 所示。

1. 装配准备

在对整机进行组装之前，应进行装配准备工作，其主要工作内容是电子元器件的筛选分类整理及引线成形、生产设备及工装设备准备、生产工艺文件的准备、测试仪器的准备、生产人员的技术培训等工作。

2. 部件及整件装配

整机是由许多部件及整件组成的具有特定功能的整体，在整机的组装过程中，首先是要进行部件、整件的组装，当部件、整件组装完成，通过规定的检测，再进行整机组装。在部件及整件组装过程中，按照该部件的组装工艺文件，进行电子元器件的插装、焊接，再进行修正及检测。在这一过程中生产出符合部件及整件技术条件的中间产品。

3. 线缆的加工

整机中使用大量的线缆及线扎，在进行整机总装及部件组装之前，应将所有的线缆及线扎加工成形，并且符合设计文件规定的线缆加工技术要求。

4. 机架及插箱装配

电子产品整机的结构形式有多种多样，一般家用电子产品采用塑料压制成形的外壳，而通信电子产品整机多采用插箱结构，将部件及整件通过插头与插箱母板上的插座实现电气连接，再将插箱按工艺要求装配到机架上。机架的高度有 1m、2m、2.5m 等多种规格，在一个机架上可以装配多套相互独立的整机。机架的装配主要是按照机架的设计文件、工艺文件要求，将各种不同的机械零件通过螺纹连接、铆接和熔焊的方式进行组装。插箱的装配也主要采用螺纹连接、铆接的方式将机械零件及印制模板装配成规定的插箱。

21世纪高职高专电子信息类实用规划教材

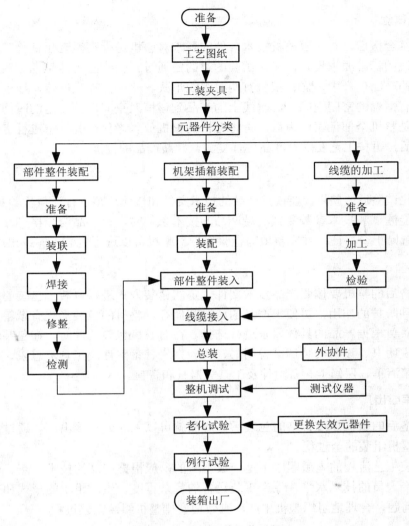

图 5.20　整机组装工艺过程

5. 总装

总装一般是整机组装工艺过程中装联的最后一步，不同的整机产品总装的内容、生产组装形式都有很大的区别。总装的生产形式可以是流水线作业，也可以不采用流水线作业。如在彩色电视机的生产过程中，采用流水线的方式装配印制线路板，电视整机的总装调试也采用流水线生产的方式，在流水线的末端就是包装成品电视机。总装是将合格的部件、整件、插箱、机架、连接线缆、外协件按照整机的工艺要求、技术要求(或技术合同)进行装联的过程，总装后的产品就是具备特定功能的电子整机产品。

6. 整机调试

采用流水线作业的整机总装，整机调试工艺过程也在生产流水线上完成。采用非流水总装的整机，是在总装全部工序结束后再进行整机调试。整机调试主要有 3 个部分：一是对整机内的可调节元器件进行调节；二是利用测试仪器对整机的性能参数进行测试和记录；三是测试整机的一些特定功能是否满足设计文件的要求。

7. 老化试验

整机调试合格后，要按照整机技术条件的要求对整机进行高温老化试验，试验的温度及时间按整机的标准要求设定，老化试验的目的是通过试验排除可能早期失效的电子元器件。在实际的产品生产中，老化试验有两种组织形式。一种是在生产流水线上进行，在流水作业上建有恒温的密闭空间，流水线上的产品到该恒温空间保持规定的时间进行老化试验。另一种是整机全部调试结束后，再将合格的整机放入老化试验室中进行老化试验。老化试验结束后，再按工艺要求对产品进行复测，判断产品的性能。

8. 检验

通过老化试验后的整机，要依据产品的技术文件和检验规范进行质量检验和测试验收，当产品的功能测试和技术参数测试满足产品的技术条件时，该产品为合格产品，在该整机上规定的位置贴上合格证，并完整填写检验报告。整机可以进行包装入库或出厂。

9. 包装

检验合格后的整机要按照产品技术文件规定的包装方式进行包装，包装的主要目的就是对产品起到防护的作用，更便于产品的运输和储存。整机的包装形式有纸箱包装、木箱包装等形式，可根据产品的具体要求进行选择。在对整机包装的同时，在包装箱中还应放置整机使用说明书、设备安装调试说明书、检验报告、备附件及工具汇总表、成套运用文件清单、装箱清单、保修卡、备附件及工具等器具和资料。

10. 入库或出厂

检验合格后的整机经过合格的包装后，产品就可以入库或直接出厂。通过上述工艺过程，实现了整机组装的全过程。

整机组装工艺流程的先后顺序不是一成不变的，应根据产品的技术特点、生产流水线的方式、生产人员的技术水平、生产工装设备的复杂程度、生产组织的形式和产品批量的大小等具体问题，合理地组织整机生产，有效地安排整机组装工艺过程。

5.4　电子产品的调试与检验

5.4.1　电子产品调试工艺

1. 概述

电子产品整机是由零件、部件、整件及插箱、机架等经过组装后，具备一定独立功能的电子产品。整机的生产过程一般是先生产零件、部件、整件，然后再进行组装。装配只是电子产品生产中的一个环节，要生产出合格的产品，调试和检测是必不可少的工作。根据电子产品的一个生产流程，产品的调试也可分为部件调试、整件调试和整机调试等 3 个步骤，每一步有相应的调试内容、目的和方法。在调试过程中，不论是部件调试、整件调试，还是整机调试，都必须有相应的调试工艺文件或技术文件做指导。在电子产品流水线生产装配中，调试也是生产工序中的一个工位，其工位可对产品的性能参数进行测试和调整，使产品的技术指标达到产品标准的规定值或要求。

1) 电子产品调试的含义

调试就是借助工具、仪器、仪表，依据技术文件对电子产品进行测试、检测和调整，使产品的参数、性能等要求符合标准要求。调试包括调整和测试(检验)两部分内容。通过测试(检验)可以对产品是否合格做出判定，通过调整可使产品的技术参数满足标准，使生产的产品合格。测试(检验)主要是借助于仪器仪表对产品的各项技术指标进行测量、对各项功能进行试验，并将测试和试验的结果同标准相比较，以确定产品是否合格。调整也是利用工具、测试仪器仪表对产品的参数进行调测，是通过对产品中一些可调节的元器件或机械部分进行调节使产品的性能符合要求。如电路中的可调电阻、可调电容、可调电感等。在实际工作中，测试和调整是相互依赖、互相补充和配合的，是一项工作的两个方面，通过测试、调整、再测试、再调整如此循环，直至产品达到技术标准要求。

2) 电子产品调试的目的

电子产品调试的目的主要表现在 3 个方面：一是通过调试发现组装错误，再对错误进行纠正；二是通过调整电路参数，使产品性能达到技术标准要求，使产品工作在最佳状态；三是通过调试发现产品的设计缺陷，提出改进产品设计的方案或思路。

3) 电子产品调试工作的基本要求

在电子产品的生产组装过程中，调试是一个重要的环节，对从事调试工作的人员也提出了一些具体的要求。总的来说，需要调试人员明确电子产品调试的意义和目的，能正确地使用调试工具和测试仪器仪表，会阅读调试工艺文件图纸并按要求进行调整和测试，能利用相关的理论知识分析和排除调试过程中出现的故障，依据相关资料对测试数据进行分析并得出结论，能根据调试工作的要求编写调试工作报告和总结，对调试工艺提出改进的措施。

2. 部件与整件调试

当电子产品的部件、整件生产装配完成后，要对这些半成品进行调试与检测，通过检测与调试，找出生产装配过程中的装配缺陷或错误，对部件或整件上的可调器件进行调整，使其性能参数满足部件或整件的性能要求。部件与整件调试一般按下列要求进行。

(1) 部件与整件调试可以根据产品生产工艺流程的特点安排在生产装配流程中进行调试，也可以待装配结束后，再安排调试。

(2) 调试前准备相应的测试仪器仪表与工具。

(3) 准备部件与整件调试工艺说明、部件与整件的技术条件、技术参数等文件。

(4) 工序安排、调试流程设计、人员培训与安排等。

(5) 对不符合技术要求的部件、整件进行维修与调整后，可再进行调试检测。

3. 整机调试

整机调试是在部件、整件调试完成，且其性能满足整件、部件的技术条件所规定的参数后，再将这些单元组装成整机。按照整机技术条件所规定的调试项目、技术要求进行调试。整机的调试内容一般是整机外观检查、整机机械结构调试、整机通电测试、整机统调、

整机技术指标综合测试和例行试验等。如果整机产品是通信设备，首先要进行单端调试，当单端满足要求后，再将两端采用假负载或仿真负载线连接，进行收发对通统调。

1）调试准备

在进行整机调试前，应当按整机调试要求进行相应的准备工作，主要是测试仪器仪表和工具的配备、调试方案的制订、工作场地的布置、调试人员的培训与学习等。

（1）工作场地的布置。整机调试工作场地应干净、整洁，占地面积合适，便于整机及仪器的摆放，在地面应铺上绝缘胶垫，房间应用良好的接地线，对电磁环境要求较严格的整机产品应在电磁屏蔽室中进行调试。

（2）调试工艺文件、技术文件的准备。整机的调试依据是整机的相关技术要求，在调试前应准备好调试工艺说明、整机的图纸、整机技术说明书、整机的各部件的技术条件、整机测试卡、整机调试记录、出厂技术参数卡片等。

（3）被调试整机的准备。进入整机调试的产品应是按照整机技术条件所要求的零件、部件、整件及各种机械调节件装配完成后的产品，并且其部件、整件都是经过调试后的合格品。

（4）测试仪器仪表的准备。根据整机的要求，选用计量合格的仪器仪表，在整机调试中不允许使用超过计量鉴定周期的仪器仪表。所选仪器仪表的精度也要满足整机规定的性能参数指标的误差。

（5）调试工具的准备。在整机的调试过程中，还会用到许多工具，如热吹风、电动工具、五金工具、电烙铁、无感起子和木槌等。

（6）辅助材料。调试过程中需要对整机、印制板、面板等部位进行清洗，需要准备清洗剂，如无水酒精、航空汽油、三氯三氟乙烷等。在产品调试过程中，有时需要对检测过的焊点、拧紧后的紧固件等进行标识，一般要在相应的点涂上检验标记漆，所以还应准备标记漆，标记漆一般配制为红色。根据实际产品调试的需要，还可准备一定数量和品种的粘合剂，如 502 粘合剂、热熔胶和环氧树脂等。

（7）制订调试方案。根据整机产品的生产阶段不同，合理地制订相应的调试方案。在实际的工作中，有可能是样机研制的整机、小批量试制的整机、生产定型后的产品等，产品所处的阶段不同，整机调试的项目、内容都会有所变化和侧重，应根据实际情况制订调试方案。

（8）人员培训。参与整机调试的人员对产品的基本工作原理、电路结构、机械结构、技术要求都要很清楚，测试中用到的仪器仪表和工具要熟练地操作，这就要求对调试人员进行技术培训。如果是新产品，除要求必须培训调试人员外，在实际的调试工作中，产品的技术设计人员、调试工艺人员应参与新产品样机的调试，以便现场对调试人员的培训及设计人员更深入地了解产品的性能，为产品的改进获得新的资料。

2）调试的工装夹具

在大批量生产电子产品时，不可能将每块电路板安装到整机上进行调试。实际生产中，一般会设计制造一种调试工装夹具(或叫测试架)来模拟整机。最常见的调试工装夹具是测试针床。图 5.21 所示是一个电路测试针床的示意图，其中图 5.21(a)～图 5.21(c)是顶针的形式，图 5.21(d)是顶针的内部结构。当把产品电路板装卡在一个支架上，弹性顶针把电源、地线、输入、输出信号线从板下接通到电路板上，电路板就可以正常工作了，调试人员可根据输出的信号进行调试。

21世纪高职高专电子信息类实用规划教材

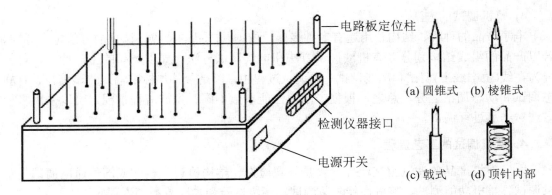

图 5.21　电路测试针床示意图

如果检测仪器接口接到计算机上，便构成了在线测试仪(ITC)。它是一种自动测试设备，目前在一些外资企业已得到广泛应用。ITC 的结构是由计算机、测试电路、测试压板及针床和显示、机械传动等部分组成。软件部分由操作系统和 ICT 测试软件组成。利用计算机的操作系统与测试软件可以完成测试数据的显示、打印、统计等功能。

3) 整机调试工艺流程的一般原则

电子产品种类繁多、结构复杂，通常由电路和机械两大部分组成。根据电子产品的使用性质可分为家用电子产品、公用电子产品、军用电子产品等。家用电子产品有彩色电视机、VCD 影碟机、DVD 影碟机、功率放大器、收音机等，公用电子产品有广播电视发射机、移动通信设备、卫星通信设备、光纤通信设备、程控交换机和手机等，军用电子产品有军用短波电台、军用雷达、指挥仪等。不同的电子产品由于它的工作环境、使用方式、生产流程都有很大的区别，因此，整机的调试工艺方案和流程也会有所不同。家用电子产品的生产量较大，部件调试、整机调试一般是在生产流水线上进行，而通信产品及军用电子产品的参数性能指标较多、要求较高，在调试时有时还要求收发两端同时进行统调，所以，这些产品一般是整机装配完成后，再按技术要求进行整机调试。不论是哪类产品，装配完成后的整机在调试过程中也有许多共同的特点，在调试中一般应遵循"先静后动，分块调试"的原则。

(1) 首先检查整机的外观结构，按照技术文件检查整机内部的连接电缆、电线是否正确，检查整机的各部件、整件的配置是否符合要求。

(2) 先调试整机的电源部分，再调试其他电路部分。在调试电源时先空载调试，再加负载调试。

(3) 先静态测试后，再进行动态调试。对各部件、整件应先通电进行静态调试，当满足要求后，再按技术标准要求加入信号进行动态调试。

(4) 分块调试，整机是由许多功能相对独立的部件、整件组成的，在调试时应按其技术要求先分快调试，再进行整机调试。

(5) 先完成电路调试，再做机械部分的调试。

(6) 在整机调试过程中，一定要按照整机调试方案、产品技术要求、调试工艺卡等技术文件的要求执行。

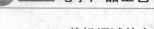
4) 整机调试的方法

电子产品的种类、结构、用途有多种多样，依据其产品的特点，调试的方法也有区别。若以产品的组成结构划分，有机械调试方法和电气调试方法。如以产品的生产特点，可分为在线(生产线上)调试和离线调试。在调试过程中，以是否外加标准输入测试信号，有静态调试和动态调试之分。总之，根据产品的性能参数不同、生产流程不同，可以采用多种方法对产品进行调试。

4. 整机调试的工艺流程

电子整机产品的调试工艺流程一般是外观检查、结构检查、整件或部件通电调试、整机调试、整机功能测试、整机性能参数测试、环境试验和参数复测等流程。

1) 调试工艺流程

整机调试是一项系统的工程，在制定整机调试工艺流程时，应主要考虑几个方面，那就是参照产品的生产工序合理安排零部件的调试工位，根据产品的自身特点安排产品的功能性检查工位和性能参数调试工位，根据产品的生产特点布置整机调试和性能参数指标岗位。总之，电子整机产品不论是采用自动流水线生产，还是采用人工、流水相结合的方法生产；是样品生产，还是批量生产。其整机调试的工艺流程的主要过程是一致的，一般都是先调试零部件、再调试整机，先检测产品的功能要求、再调试产品的性能参数，先静态测试产品的技术指标、再动态测试产品的动态参数，先电路调试、再机械结构调试，最后再做环境试验、例行试验和特殊试验。图 5.22 是整机调试的一般工艺流程。

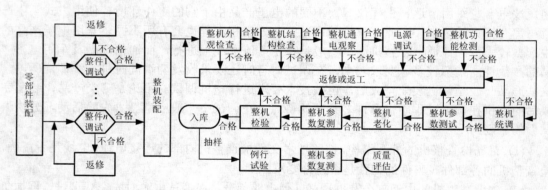

图 5.22 整机调试工艺流程

2) 整机调试说明

(1) 外观检测。根据整机技术条件和工艺要求进行，一般电子整机产品的外观应没有严重的缺陷。表面应无脱漆、生锈、划伤等现象。整机面板上的操作按键、指示灯、开关等符合产品装配工艺要求。整机上印刷的产品名称、型号、规格、出厂日期、条码、生产许可证号等是否正确。

(2) 结构检查。根据整机技术要求或技术合同的要求，检查整机的配置、机架的配置、供电电源的配置等是否满足相应的要求。检查整机内部的走线是否符合工艺要求。检查各部件、整件的装配位置。检查整机的机械装配是否完整、美观，该配置的工件是否完好无缺。

21世纪高职高专电子信息类实用规划教材

(3) 通电前检查。在对整机通电前应先确定整机的工作电源,对电子整机来说通常的工作电源有 220V、50Hz 交流,48V 直流,24V 直流,5V 直流,3V 直流,-48V 直流,-24V 直流等。不同的设备,有不同的工作电源。交流电源应分清相线、零线和地线,直流电源应分清正极和负极,电源的极性不能搞错;否则,会损坏整机的部分零部件。在加电前,可用万用表的电阻挡来测试整机上直流电源端子上的正极与负极之间的电阻,或交流插座上相线和零线之间电阻的大小,以此判断整机是否有短路现象。

(4) 整机加电检测。通过前面的步骤后,整机就可以进行通电试验。为了避免除电源板以外的零部件的短路故障对电源的影响,通常先将负载断开,先加直流电源,再加交流电源,最后再同时加上交流和直流电源(如果整机需要的话),观察电源板的工作情况。当电源的各指示正常后,可将负载接入,观察整机各部件、整件的工作情况,如有异常,应立即断开电源,查找原因,当问题解决后,再加电检测。

(5) 电源调试。根据整机的供电情况,首先将电源的负载断开(或接假负载)后,调试电源输出的电压,测量电压的纹波系数等值。然后接上负载,再测试电源的输出直流电压、纹波系数等值,并与技术标准比较,对电源得出相应的判断结论。

(6) 整机功能检测。当电源工作满足要求后,可对整机的功能进行检测,如电视机遥控接收、遥控发射、对比度调节、亮度调节、选台等,如程控交换机的内部交换、出局接入等。

(7) 整机统调。当整机的一些基本功能正常后,可对整机进行统调。在统调试时,主要依据整机调试工艺文件、产品技术文件、相应的企业标准、行业标准或国家标准进行调试。如果产品是通信产品,当 A、B 端都调试完成后,还必须将两端通过假负载(或仿真线)连接,进行收发对通调试。

(8) 整机参数测试。当整机调试完成后,可以按照产品技术文件、工艺文件所规定的整机技术参数项目,依据产品技术文件所指定的测试方法和手段对整机的参数进行测试,将测试结果记录在相应的测试卡或测试记录上,一般是每部(端、台)整机都有一份随机的测试卡或测试记录。

(9) 整机老化试验。对整机的功能、性能参数符合要求的产品,可以进行整机老化试验。根据目前电子产品的生产规模、生产流程,对于大批量生产的家用电子产品,如彩色电视机,它的老化试验也是在自动生产流水线上完成的。而其他的电子产品,如通信产品,是整机调试合格后,再统一进行老化试验。老化是模拟整机在高温环境下工作,考察元器件的高温失效性,工作时间和工作温度有产品的技术标准或技术文件规定。时间有 2h、16h、72h、96h、168h 等连续工作时间,温度有 30℃、35℃、40℃、45℃、50℃、55℃、60℃、65℃、70℃ 等档次。

(10) 整机参数复测。整机通过老化试验后,元器件的参数可能发生变化,甚至出现失效,造成整机的性能参数发生偏差,而达不到标准要求。还可能使整机出现故障,不能正常使用。必须对老化后的整机进行参数复测和功能检测,找出失效的元器件。

5. 调试中故障查找和排除

1) 查找与排除故障的一般步骤

调试过程中,往往会遇到在调试工艺文件指定的调整元件时,调试指标达不到规定值,或者调整这些元件时根本不起作用,这时可按以下步骤进行故障查找与排除。

(1) 仔细地摸清故障现象，了解故障现象及故障发生的经过，掌握第一手资料。

(2) 根据产品的工作原理、整机结构及维修经验正确分析故障，根据记录进行分析和判断，确定故障的部位和原因。

(3) 查出故障原因后，修复损坏的元件和线路。对于需要拆卸修复的故障，必须做好处理前的准备工作。修复后，再对电路进行一次全面的调整和测定，并做好必要的标记或记录。

2) 查找与排除故障的方法和技巧

(1) 观察法。在不通电的情况下，打开产品外壳观察整机电路、单元电路板或元器件有无异常。检查内容包括：保险管、熔断电阻是否烧断；电阻器是否有烧坏变色现象、电解电容器是否有漏液和爆裂、晶体管是否有焦、裂现象；焊点是否有短路、虚焊和假焊；连接线是否有断线、脱焊、短路、接触不良现象；插头与插座接触是否良好等。

当采用上述方法不能发现问题时，接通电源进行观察，观察是否冒烟、烧断、烧焦、跳火；机内的传动机构是否运行良好，如遇到这些情况，必须立即切断电源分析原因，再确定检修部位。如果一时观察不清，可重复开机几次；但每次时间不要长，以免扩大故障范围。必要时，断开可疑的部位再行试验，看故障是否消除。必要时还可以用手触摸电子元器件看是否有发烫、松动等现象；可以用耳朵去听电子产品的箱体内是否有异常的声音出现；也可以用鼻子去嗅闻电子产品在通电工作时，是否有不正常的气味散发出来，以此来判断故障的部位和性质。

(2) 测量电阻、电压或电流法。测量电阻、电压或电流法是利用万用表去测量所怀疑部分的阻值、电压或电流，将测出的值与正常值进行比较，从中发现故障所在的检测方法。测量电阻对开路与短路性质的故障判断有很好的效果与准确性，在检测电阻时，被测电路必须在断电的情况下进行，否则会造成测量不准或元器件的损坏，甚至可引起短路，出现打火现象，严重时可能损坏万用表。测量电压是指用万用表的电压挡测量电路电压、元器件的工作电压，并与正常值进行比较，以判断故障所在的检测方法，这种方法是维修中使用最多的一种方法。通过对电源输出直流电压的测量，可以确定整机工作电压是否正常；对集成电路各引脚直流电压的测量，可以判断集成电路本身及其外围电路是否工作正常；通过测量晶体管各级直流电压，可判断电路所提供的偏置电压是否正常，晶体管本身是否工作正常；通过测量电路关键点的直流电压，可以大致判断故障所在的范围。

测量直流电流是指用万用表的电流挡去检测某一单元电路的电流或某一回路的电流及集成电路的工作电流，并与其正常值进行比较，从中发现故障所在的检测方法。电流检测法适用于由于电流过大而出现烧坏保险管、烧坏晶体管、使晶体管发热、电阻器过热及变压器过热等故障。检测电流时需要将万用表串联到电路中，故给检测带来一定的不便。

(3) 波形观察法。用示波器检查电路中关键点波形的形状、幅度、宽度及相位是否正常，从中发现故障所在。波形观察法是检修波形变换电路、振荡器、脉冲电路的常用方法。若同时再与信号源配合使用，就可以进行跟踪测量，即按照信号的流程逐级跟踪测量信号。这种方法对于发现寄生振荡、寄生调制或外界干扰及噪声等引起的故障，具有独到之处。

(4) 信号注入法。信号注入法是将一定频率和幅度的信号逐级输入到被检测电路的输入端，替代整机工作时该级的正常输入信号，以判断各级电路的工作情况是否正常，从而可以迅速确定产生故障的原因和所在单元。检测的次序是：从产品的输出端单元电路开始，

21世纪高职高专电子信息类实用规划教材

逐步移向最前面的单元。这种方法适用于各单元电路是开环连接的情况。缺点是需要各种信号源，还必须考虑各级电路之间的阻抗匹配问题。

(5) 比较法。用正常的同样整机，与待修的产品进行比较，还可以把待修产品中可疑部件插换到正常的产品中进行比较。这种方法缺点是需要同样的整机。

(6) 分割测试法。这种方法是将电路中被怀疑的元器件和部件开路处理，让其与整机电路脱离，然后观察故障是否还存在，一般需要逐级断开各级电路的隔离元件或逐块拔掉各模块，使整机分割成多个相对独立的单元电路，测试其对故障现象的影响，从而确定故障部位所在的检查方法。

(7) 替代法。利用性能良好的元器件或部件来替代整机可能产生故障的部分，如果替代后整机工作正常了，说明故障就出在被替代的那个部分里。这种方法检查简便，不需要特殊的测试仪器，但用来替代的部件应该尽量是不需要焊接的可插接件。

5.4.2　整机检验

1. 检验的概念

检验是对产品本身的特性进行测量、检查、试验或计量，并将所得的值与规定的标准进行比较，以确定其符合性的活动。也就是说，用规定的测量方法测量产品，并将结果与规定的标准比较，做出产品质量是否合格的判据。而整机检验就是按照整机技术条件规定的标准或与买方所订的技术协议，采用规定的检验方法对整机进行检验和验收。

检验是确保产品质量符合规定要求的不可缺少的重要环节，是提高产品质量的重要保证。检验的主要依据是产品的标准，包括国际标准、国家标准、地方标准、行业标准、企业标准及产品合同买卖双方认可的技术协议等。

检验的基本目的就是通过检验判断产品性能是否达到规定的标准要求、是否合格、是否可接受，通过检验确定产品质量等级或产品缺陷的严重程度，为产品质量提高提供相应的技术依据，通过检验收集质量数据，为质量改进提供依据。

这里所讲的检验工作，是由工厂专职人员对产品所需的一切原材料、元器件、零部件、分机、整机等，按照相应的技术条件进行的测量、比较和判断工作。检验工作贯穿于生产过程的始终，是保证产品工作稳定、可靠的重要措施之一，也是鉴定产品制造质量，及时发现产品结构上最薄弱的环节并在下一步工作中将其排除，把隐藏的故障消灭于萌芽状态的有效方法。

2. 检验的分类

按照产品的生产时间阶段，检验可分为元器件入厂检验、生产过程检验和整机检验，而整机检验还可分为定型检验、交收检验等。按检验过程分类，检验可分为全检和抽检。按检验的特点分类，检验可分为外观检验、性能检验、例行试验等。

确定一批产品是全验还是抽验，抽验数量为多少，怎么抽取样件，用什么抽样方法才能恰如其分地反映该批产品的质量，一般应该由经济和保证产品质量等因素来决定。若产品技术文件已经有规定，那么应该根据产品技术文件中所包括的试验大纲或检验操作卡进行。

1) 全数检验

对产品进行百分之百的检验简称全验。进行全验后的产品可靠性很高，但要消耗大量的人力和物力，造成产品成本增加。因此，全验只在以下情况之一发生时进行：

(1) 可靠性要求特别高的产品，如军品。

(2) 掌握新产品与建立新工艺规程。

(3) 产品的可靠性还不能保证时。

(4) 生产条件和生产工艺改变后加工的头几件产品。

(5) 原材料更改后的头几件产品。

2) 抽样检验

在电子产品的生产过程中，不可能或没有必要对生产出的零部件、半成品、成品全部进行检验，一般是从中抽取若干件进行检验，这是目前工厂生产民用电子产品时采用的方法，也是生产中应用很广的一种检验方法。抽验是在保证产品质量足够可靠的前提下进行的。对产品进行抽验后能够提供有关产品质量水平的统计数据时，就不需要将产品全部进行检验，抽样检验主要适合于已知尺寸的成批生产产品。抽验可以通过大量的试验数据来确定产品的平均合格质量水平(抽样检验的方法请参看 7.3.3 节)。

3) 生产过程中的检验

各生产车间从材料库或元件库领出已入库检验合格的原材料或元器件，按照产品图纸的要求进行机械加工或电气加工时，每个车间班组的专职检验人员应根据设计图、工艺卡及按下道工序要求拟定出来的检验卡和产品技术条件进行各项参数的检验测量，剔除不合格的原材料或元器件，确保产品质量。这种在生产过程中的连续检验工作，是在产品设计和工艺合理的情况下保证产品质量的关键。因此，在生产过程中，每道工序都应该有检验标准，不便用语言和图纸表示出来的缺陷，也要建立标准样品作为该工序检验的依据，并作为检验卡的附件保存；否则检验人员有权拒绝检验工件，甚至可以勒令停止加工，以免产生废次品，直到有了检验标准为止。生产过程中各阶段的检验工作，应该由操作工人的自检、生产小组的互检(即由班组长或班组长指定的人对组内加工的零件进行检验)、专职人员的检验相结合，这是工厂进行全面质量管理的主要措施。产品的质量管理工作不是单纯的管、卡，而是要为降低产品生产成本提供有效的帮助。当加工过程中出现废次品时，要协助操作者找出产生废次品的原因，或由专职检验人员主持召开有产品设计、工艺和生产管理干部及操作工人参加的质量分析会议，找出造成废次品的生产薄弱环节。杜绝废次品，尽早地把不合格产品剔除，以免流入后续工序造成人力和物力的浪费。对于产品质量问题，任何人不得手软，特别是在月底和年终的时候，为了完成生产任务。专职检验人员在熟人和领导乃至全厂上下的重重压力下，最容易忽视质量问题。应该看到，产品一旦出厂，不仅会损害用户的利益，而且也毁坏了工厂的信誉。从长远观点看，这种只贪图眼前的一点点利益的做法是不可取的。

4) 定型检验

定型检验分为设计定型检验和生产定型检验。定型检验指对未定型的产品所进行的定型检验，检验项目为相关产品检验规范所规定的形式检验项目。定型检验是在产品试制阶段中，检验试制样品是否已达到产品标准或技术条件，其检验内容包括产品的各项技术性能，还包括环境试验、可靠性试验及安全性试验。检验样品可在试制样品中抽样检验或对试制样品全部进行检验。

设计定型检验是判断新设计的产品是否符合有关标准的要求，提供设计定型的依据。

生产定型检验是判断生产力是否具备生产一定数量且符合有关标准要求的产品，为生产定型提供依据。

5) 交收检验

交收检验是产品通过生产定型且稳定生产后，由生产企业的质量检验部门对生产单位检验合格的连续批量产品进行的质量检验。交收检验的项目内容按照产品企业标准或相应的行业标准进行，交收检验可采用对全部交收的产品进行检验，也可采用国家标准《计数抽样检验程序》(GB/T 2828—2008)规定的抽样方案进行抽检，产品合格与否按产品标准规定的质量限值(AQL)进行判定。在做交收检验时，允许对产品的不合格项进行调试、维修后，再对本批次产品进行交收检验。

6) 例行试验

例行试验是指对定型的产品或连续批量生产的产品进行周期性的检验和试验，以确定生产企业是否能持续、稳定地生产出符合标准要求的产品。在电子产品连续批量生产时，每年应对该产品进行一次例行试验。当产品的设计、工艺、结构、材料等发生变化时，也应当对该产品进行试验。例行试验的样品应是在检验合格的整机中随机抽取。例行试验的内容按照产品标准规定执行，主要包括外观、结构、功能、主要技术参数、电磁兼容、环境试验及寿命试验等(详见 7.3.3 节)。

5.5　电子整机产品的防护

5.5.1　整机产品的防护

电子整机的使用范围很广泛，它的工作环境和条件也非常复杂。电子整机产品在运输、储存及使用中必然受到各种环境和气候条件的影响，造成电子整机产品可靠性和使用寿命下降。在考虑气候环境对电子整机产品的影响时，主要受潮湿、盐雾和霉菌的影响。因此电子整机产品对气候因素的防护主要是防潮湿、防盐雾和防霉菌这 3 个方面，通常也将它们称为电子整机产品的三防。

1. 环境素数对电子整机产品的影响

1) 温度的影响

电子整机产品所用的电子元器件、电子材料等，当工作或储存的环境温度发生变化时，其性能参数也会发生变化，最终会导致整机的性能参数变差，严重时影响电子整机的正常工作。温度升高会使整机中塑料件加速老化，元器件性能变差，整机出现故障。而在低温时，整机中的导线、电缆的绝缘和护套会发生开裂，降低整机的绝缘性能，使整机不能正常工作，降低了整机的安全性能。

2) 湿度的影响

湿度是指环境空气潮湿的程度，它表示空气中水蒸气的含量，可用相对湿度来表示。而相对湿度是指空气实际所含的水蒸气密度和同温度下饱和水蒸气密度的百分比值。湿度高的环境称为潮湿，湿度低的环境称为干燥。当空气的相对湿度大于 80%时，电子整机产品中的有机和无机材料构件，由于受潮将增加重量、膨胀、变形，而其金属结构构件的腐蚀速度也会加快。这样会造成整机的绝缘电阻迅速下降、耐压性能变差、整机的机械强度降低，影响整机产品的正常使用。

而在较干燥的空气中容易产生静电，当静电放电时，会形成瞬间高压和大电流，也会使整机中的电子元器件的性能变差，影响电子整机产品的正常工作。

3) 霉菌的影响

霉菌是一种细菌，它主要生长在土壤中，也能在许多非金属材料表面产生。霉菌在一定的温度、湿度(一般温度为 15～35℃，相对湿度为 70%时)的环境条件下，繁殖生长迅速，在生长繁殖的新陈代谢过程中会分泌出大量的有机酸，对电子材料进行分解或老化，影响电子整机产品力学性能和外观，破坏电子材料的绝缘性，使产品的绝缘电阻、耐压强度降低，影响电子整机产品的正常使用。

4) 盐雾的影响

盐雾是海浪、潮汐及大气环流气压的作用，使海水与潮湿的大气结合形成带盐分的雾滴。盐雾会随风飘落到内陆，其浓度随离海岸距离的延长而减小。盐雾会使金属和金属镀层腐蚀，使其表面产生锈蚀现象，造成电子整机产品内部的零部件、元器件表面形成固体结晶盐粒，导致整机绝缘性下降、耐压强度降低，造成工作故障，影响电子整机的正常使用。加速电化学腐蚀速度，导致金属导线断裂、元器件失效，减小整机的使用寿命。

2. 整机防护的技术要求

(1) 采用整体防护结构。在整机的结构设计时，尽量采用整体防护结构。例如，采用密封式机壳，并在其内加入干燥剂、防腐剂等。当采用非密封式机壳时，应再采用通风散热、排潮等手段，可以防止霉菌的侵入，减小温度、湿度的变化对整机性能的影响。

(2) 金属件应进行表面处理。对于整机中的金属件应进行表面镀涂处理，选择适当的镀层种类，也可以采用喷漆等防护措施，来降低潮湿、盐雾和霉菌对整机的侵害。

(3) 非金属材料应尽量采用热固性和低吸湿性的塑料。

(4) 接地和电磁屏蔽。在电子整机的设计中，要按照电磁屏蔽设计的方法和原理做好电磁屏蔽设计，整机中要有良好的接地，防止静电的积累。

(5) 按工艺要求进行生产。在整机的生产过程中要严格按照生产工艺的要求进行生产，防止对产品中的零部件造成污染。在对零部件进行清洗时，应选用无腐蚀性的清洗剂。

3. 整机防护的方法

1) 温度的防护

温度的防护主要考虑高温状态和低温状态的防护。

(1) 高温状态的防护。电子整机产品工作时的温度主要与环境温度、其自身的功率大小和散热情况等密切相关。如果整机本身的功率大、散热效果差，而环境温度又高，这时整机的工作温度会很高，有可能使整机的元器件工作在较高的温度下，其性能变差。影响整机的正常使用。

防护高温的方法一般是散热，可以对发热量大的元器件加装散热器，在整机的机壳上开散热孔，采用自然对流散热和家装风扇进行强制散热。

(2) 低温状态的防护。如果整机本身在正常工作时功率低，则发热量小。在低温状态时主要是对整机的保温处理，防止低温时整机的导线、电缆、塑封元器件及塑料机壳等发生裂变。最主要的方法是采用整体防护结构和密封式结构，保持整机内部的温度。也可以通过外部加保温层的方法。

当然，对于高温和低温的情况，也可以通过改变整机工作的周围环境的温度来实现温度防护，如在整机工作的房间安装空调等设备。

2) 潮湿的防护

潮湿的防护方法主要有憎水处理、浸渍、灌封和密封等方法。

(1) 憎水处理。通过憎水处理改变物质的亲水性，使它们的吸湿性和透水性减弱，提高元器件的防潮性能。例如，把硅有机化合物加热到 50~70℃，让其挥发，被处理的元器件、零件在蒸汽中吸收有机硅分子，使元器件、零件的表面形成憎水性的聚硅烷膜，从而改变其亲水性。

(2) 浸渍。将元器件或材料浸入不吸潮的绝缘液体中，经过一段时间的浸泡，绝缘液进入到材料的小孔、毛细管、缝隙和结构间的空隙中，从而提高元器件和材料的防潮性能。

(3) 灌封。在元器件本身内部或元器件与外壳的空间或引线空中，注入加热后的有机绝缘材料，在冷却后自行固化密封，使元器件具有防潮性能。

(4) 密封。将元器件、零件、部件、整件或整机安装在密闭的不透气的密封体中，使元器件、零部件与潮湿隔绝。密封不仅可以防潮湿，而且还可以防水、防霉菌、防盐雾、防灰尘等。

3) 霉菌的防护

霉菌是在温暖潮湿的条件下通过霉的作用进行繁殖的。霉菌的防护方法有密封防霉、控制环境条件防止霉菌滋生、使用防霉剂和采用防霉材料等方法进行霉菌的防护。

(1) 控制环境条件防止霉菌滋生。霉菌滋生的适宜环境气候条件是温度为 20~30℃，相对湿度高于 65%。如果采用措施使环境温度降低到 10℃以下，绝大部分霉菌就无法生长。还可以采用紫外线辐射、日光照射等方法阻止霉菌的生长与繁殖。

(2) 使用防霉剂。采用防霉剂处理零部件和整机，使其具有防霉菌的作用。但是防霉剂具有一定的毒性、且易于挥发，不能经常使用。

(3) 使用防霉材料。为了解决湿热地区电子整机产品长期防霉菌的问题，应当选用具有防霉性能的材料，或适当改变材料的成分，使其增强抗霉菌的性能。

4) 盐雾的防护

盐雾的防护方法主要对零部件的表面进行镀涂处理和使用抗盐雾能力强的材料。

(1) 零部件表面的镀涂处理。对金属零部件表面进行镀层处理，选用适当的镀层种类进行盐雾防护处理，比如在钢铁的表面镀锌、镀镉等，在一些具有特殊要求的元器件与零部件上镀铂、镀钯、镀铑等措施。还可以在金属或零部件的表面喷漆的方法进行盐雾防护。

(2) 选用抗盐雾能力强的材料。对于紧固件及其配件，可采用不锈钢材质。关键的金属结构件，全部采用热镀锌板或不锈钢板，可增强防盐雾能力。

5.5.2　整机产品的包装工艺

电子整机产品经过装配、调试、检验等过程后，合格的整机产品进入最后的一道工序，就是包装。经过包装后的整机产品就可以出厂或入库，进入市场销售。那么什么是包装呢，包装是科学和艺术的结合，是数学、物理学、材料力学、环境科学、机械工程、化学工程、生物工程和经济管理学等多学科相互渗透的新兴应用科学。电子整机产品的包装是为在流通过程中保护产品，方便储运，促进销售，按一定技术方法而采用的容器、材料及辅助物等的总体名称。也指为达到上述目的而采用容器、材料和辅助物的过程施加一定方法等的操作活动。包装涉及处理、储存、流通、广告、销售、展示、预加工及工业体系中的其他领域，并将保护、宣传、化工、机械、制造、材料和输送等内容联系在一起。

1．包装的功能

(1) 保护功能。包装主要是对内装的电子整机产品起到保护作用。在流通过程中，保护产品避免受到外来的各种损坏和影响(如机械损伤、潮湿、氧化、污染等)。

(2) 便利功能。包装应为装卸、储存、运输、销售和为消费者提供方便。应合理地设计包装的容积结构及包装尺寸和重量等，同时还要考虑包装物的回收和利用。

(3) 广告宣传和销售功能。包装能起到美化商品、宣传商品，从而达到销售的目的。不同企业的产品应具有企业自身的特色，可以利用产品的外包装介绍和美化产品，宣传企业形象，吸引顾客，促进销售，增加企业的知名度。

2．包装的要求

电子整机产品的包装要求主要是对电子整机产品自身的要求、电子整机产品的防护要求、电子整机产品的装箱要求和电子整机产品的外包装箱要求等4个方面。

1) 对电子整机产品自身的要求

进行包装的电子整机产品应是满足相关技术条件的合格产品。在进行包装前，应对产品进行清洁处理，如清除污垢、油脂、指纹、汗渍等。

2) 电子整机产品的防护要求

经过包装后的电子整机产品应能承受合理的堆压和撞击。包装箱的容积应合理选择，在能起到保护电子整机产品的同时，尽量缩小包装箱的容积。包装箱内应有缓冲材料来减小电子整机产品在装卸、运输过程中受到冲击或振动，保护产品避免损坏。包装应具备防尘功能，避免灰尘进入电子整机产品，最简单的办法是对整机的内包装袋进行密封。电子整机产品的包装还必须具有防潮的功能，在雨天或潮湿季节，为避免潮湿对电子整机产品的影响，包装件应使用防水材料。

3) 电子整机产品的装箱要求

装箱时，应清除内包装袋和外包装箱内的异物、尘土等杂物。装入包装箱内的电子整机产品、附件、合格证、使用说明书、产品保修单、装箱清单、工具及备附件清单等资料或物品必须齐全。装入包装箱内的电子整机产品上下方向应正确，不能倒置，并在外包装箱上有明显的标志。装入包装箱内的电子整机产品和其他物件应具备防振措施，并固定良好，不能在包装箱内任意移动。

4) 电子整机产品的外包装

电子整机产品的外包装箱上的标志要与包装箱的尺寸大小协调一致。包装箱上要有产品名称、型号、数量、颜色等信息，还要有注册商标、防伪标志、生产许可证等，包装件的尺寸和重量，产品的出厂日期、生产厂家名称、地址和联系电话及储运标志(如堆放的方向、防潮、小心轻放等)。

3. 包装材料

在对电子整机产品进行包装时，应根据包装要求和产品的特点，选择合适的包装材料。包装过程中用到的材料主要有木箱、纸箱、缓冲材料及防尘、防湿材料等。

1) 木箱

包装木箱一般用于对体积较大、重量较重的机械产品、机电产品及电气产品进行外包装。木箱主要用木材、胶合板、纤维板、刨花板等材料按适当的标准尺寸加工生产。由于包装木箱体积大，消耗木材较多，且受绿色生态环境保护限制，木材已成为国家紧缺的物资，因此，采用木箱包装的方式已日趋减少。

2) 纸箱

包装纸箱一般用于对体积较小、重量较轻的家用电器等产品进行外包装。纸箱有单瓦楞纸板、双瓦楞纸板、三瓦楞纸板和硬纸板。使用瓦楞纸箱包装轻便牢固、弹性好，与木箱包装相比，其运输、包装费用低，材料利用率高，便于实现现代化包装。

3) 缓冲材料

根据电子整机产品在装卸、运输及储存等环境中可能会受到冲击、振动、静电力等因素，宜选择密度为 $20\sim30kg/m^3$、压缩强度(压缩 50%时)不小于 2.0×10^5Pa 的聚苯乙烯泡沫塑料做缓冲衬垫。衬垫的作用是对电子整机产品进行局部受力缓冲，衬垫的结构形式应有助于增强包装箱的抗压性能，有利于保护电子整机产品的凸出部分和脆弱部分。

4) 防尘与防潮材料

可以选用物理和化学性能较稳定、机械强度较大、透湿率比较小的材料作为防尘、防湿材料，如可用有机塑料薄膜、有机塑料袋等对电子整机产品进行密封式包装。为了使包装内空气干燥，可以使用硅胶等吸湿干燥剂。

4. 包装工艺过程

电子整机产品生产的最后一道工序就是包装。包装工艺过程就是用工艺文件的形式来说明将各种包装材料、包装容器和被包装产品进行加工和处理，最终按相关的技术条件要求将产品包装起来，使之成为可销售商品的过程。下面以 29 英寸彩色电视机流水包装作业为例说明电子整机产品包装工艺过程。

根据 29 英寸彩色电视机的生产工艺流程，将其包装分解为 8 个包装工位，来完成一台电视机的包装工艺过程，如图 5.23 所示。

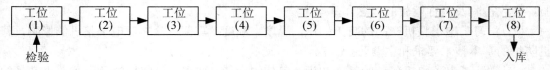

图 5.23　29 英寸彩色电视机包装工艺过程

包装工艺过程中，各工位的操作内容如下。

(1) 将电视机说明书、三联保修卡、产品合格证、产品维修点地址簿、用户意见书装入胶袋中，用胶纸封口。

(2) 分别将串号条形码标签贴在随机卡、后盖和保修卡(两张)上。把贴好串号条形码标签的保修卡，用透明胶纸贴在电视机的后上方。将电源线折弯理好装入胶袋，用透明胶纸封口，摆放在工装板上。

(3) 将包装纸箱(下)成形，用胶纸封贴4个接口边，然后放置在送箱的拉体上。

(4) 取包装箱(上)，在纸箱指定的位置上贴上串号条形码标签，用印台打印机打印生产日期，在整机蓝色栏用印章打印上。

(5) 将包装纸箱(上)成形，在上部两边用打钉机各打一颗封箱钉，然后放在送箱的拉体上。

(6) 取缓冲垫(下)放入纸箱内，将胶袋放入纸箱上。自动吊机，将胶袋打开用手扶电视机入胶袋后，封好胶袋。

(7) 将缓冲垫(上)按左右方向放在电视机上。将配套遥控器放入缓冲垫上指定的位置，并用胶纸贴牢。将附件袋放入电视机下面，并盖好纸板。

(8) 将上纸箱套入包装机的下纸箱位置上，将4个提手分别装入纸箱两边指定的位置上，将箱体送入自动封胶机上封胶带。

最后将包装好了的电视机搬运到物料区存放，等待入库。

本 章 小 结

(1) 电子整机产品组装过程中，要用到各种图纸，图纸的阅读是非常重要的一个环节。本章介绍了识图的基本知识，整机组装中常见的图纸和阅读方法，主要学习了零件图、总布置图、概略图、电路图、接线图和线缆连接图的内容、作用和阅读方法。

(2) 电子整机产品组装前的准备工艺，讲解了绝缘导线加工、屏蔽导线加工、元器件引线成形的基本要求和基本方法。

(3) 学习了整机组装的顺序、基本原则、工艺要求及整机组装工艺过程。整机组装工艺过程中主要包括装配准备、部件及整件装配、线缆加工、机加装配及插箱装配、总装、整机调试、老化试验、检验、包装、入库或出厂等工艺过程。

(4) 学习了电子产品生产流水线的基本知识。

(5) 学习了电子整机产品的调试工艺，电子整机产品调试的目的及基本要求，部件调试，整机调试，整机调试的工艺过程。

(6) 学习了电子整机检验的基本知识，电子产品检验的基本概念、检验的分类，定型检验、交收检验及例行检验的概念和基本方法。

(7) 学习了电子整机产品的防护知识，温度、湿度、霉菌、盐雾对电子整机的影响，整机防护的基本技术要求和主要防护方法。

(8) 学习了电子整机包装的基本知识，包装的功能、要求、包装材料及电子整机产品的包装工艺过程。

习　题　5

1. 电子整机产品组装过程中有哪些常见的图纸?
2. 什么是概略图?
3. 什么是接线图?
4. 简述绝缘导线的加工步骤。
5. 简述屏蔽导线的加工方法。
6. 简述元器件引线成形的主要技术要求。
7. 整机装联的方式有哪些?
8. 整机组装是如何分级的?
9. 什么是流水节拍?
10. 简述整机组装的基本原则。
11. 简述整机组装的基本工艺过程。
12. 简述电子整机产品调试的目的。
13. 在电子产品的生产过程中，检验是如何分类的?
14. 设计定型检验、生产定型检验的目的是什么?
15. 简述例行试验的主要内容。
16. 什么是电子产品的"三防"?
17. 简述霉菌、盐雾对电子整机产品的影响。
18. 简述电子整机产品包装的功能。
19. 简述电子整机产品装箱的基本要求。
20. 简述电子整机产品常用的包装材料。

第 6 章

技术文件与标准化管理

教学目标

通过本章的学习，理解技术文件在电子产品生产中的作用，熟悉电子产品技术文件的种类，正确掌握编写常用工艺文件的方法。理解标准、标准化和标准化管理的基本概念，了解标准的分级原则。

本章着重介绍电子产品生产过程中的技术文件与标准化管理，主要介绍设计文件的种类、工艺文件的种类、常见工艺文件的编写方法、工艺文件编写实例、标准与标准化的基本概念。

6.1 概　　述

6.1.1　技术文件概述

电子产品的设计、生产、调试、安装及维护都需要相应的文件作为依据，在电子产品的研发、设计、生产和制造过程中形成的反映产品的功能、性能、结构特点及试验方法和维护等具体要求的图纸和说明性文件，都统称为电子产品技术文件。电子技术文件是电子产品设计、试制、生产、使用和维修的基本理论依据。电子产品技术文件主要用图和表格的形式进行表示，因此也称为电子工程图。在电子产品生产企业中，电子技术文件具有生产法规的效力，在从事产品的生产、制造、检验及维护过程中必须严格执行，电子技术文件实行统一的标准化管理，不允许随意改动。保证技术文件的完备性、权威性和一致性。

在电子产品生产企业中，技术文件按照其功能和作用可分为设计文件和工艺文件。设计文件是产品在研制、设计和试制生产过程中形成的文字、图样及技术资料，它规定了产品的组成形式、名称型号、结构尺寸、工作原理以及在生产、验收、使用、维修、储存和运输过程中所需要的技术数据、图纸和说明文件。设计文件是产品生产和使用的基本依据。

工艺文件是根据设计文件、图纸及生产定型样机，结合工厂实际，如工艺流程、工艺装备、工人技艺水平和产品的复杂程度而制定出来的文件。它以工艺规程(即通用工艺文件)和整机工艺文件的形式，规定了实现设计图纸要求的具体加工方法。工艺文件是产品生产企业组织产品生产、工艺管理和指导员工操作的各种技术文件的总称。它是产品加工、装配、检验等生产环节的技术依据和准则，也是生产企业组织生产、成本核算、质量控制和原材料采购等领域的主要依据。

工艺文件和设计文件都能指导企业组织生产，两者从不同的技术角度提出要求。设计文件是原始文件，是生产的依据，而工艺文件是工艺人员根据原始的设计文件提出的对产品的加工方法和步骤的技术资料，它指导生产员工实现设计文件规定的产品的技术要求。工艺文件主要以工艺规程和整机工艺文件图纸指导生产，以保证生产任务的完成，是生产管理的主要依据。

6.1.2　技术文件基本要求

技术文件要求文字、符号、图表及格式等要符合相应的标准规范，在编写技术文件时也必须按照国家标准、部颁标准及行业标准实施。对于电子产品技术文件，国家标准已经对相关的图形、符号、记号、连接方式、签署栏等图纸上所有的内容都做出了详细的规定。

相应的国家标准有 GB/T 4728.1～GB/T 4728.13《电气简图用图形符号》、GB 7159《电气技术中的文字符号制定通则》、GB 1865 《工业系统、装置与设备以及工业产品系统内端子的标识》及 GB/T 18135《电气工程 CAD 制图》。

在编写电子产品技术文件时的主要要求有以下几个。

(1) 文字简明，条理性强，字体清晰，幅面大小符合规范。

(2) 文件必须有统一规范的编号，文件中涉及的设备及产品部件也要有文件编号或文件索引号，以便相互参照。文件中的图、表和文字说明所用到的项目代号、文字代号、图形符号及技术参数等均应相互一致。

(3) 包括图、表及文字说明的全部技术文件均应严格按照技术文件的标准化管理执行编制、校对、审核、批准及签署等手续。

6.1.3　技术文件的标准化

标准化是企业制造产品的法规，是确保产品质量的前提，是标准化管理、科学管理和提高生产企业经济效益的基础，是产品生产过程中传递信息和交流的桥梁和纽带，也是产品进入国际市场的重要前提。技术文件中所涉及的各种问题，比如，产品的名称、型号和测试方法，文件书写的格式、文件幅面的大小等都必须有统一的标准来约束。只有政府或政府指定的部门才有权利制定、发布、修改或废止相应的国家标准或行业标准。

电子行业的技术文件主要依照行业标准 SJ/T 207.1～SJ/T 207.8《设计文件管理制度》、SJ/T 10320《工艺文件格式》及 SJ/T 10324《工艺文件的成套性》 进行编写。

6.2　设计文件简介

6.2.1　设计文件的分类

1. 电子产品的分级

按照 SJ/T 207.1《设计文件管理制度》，在电子产品的生产和制造过程中，为了方便对设计文件进行分类编号，根据所生产产品的结构特征、组成及用途，可以将其分为 8 个等级，它们是零件、部件、整件和成套设备。各级的名称与设计文件分类号的对应关系是：

零件——7、8 级；

部件——5、6 级；

整件——2、3、4 级；

成套设备——1 级。

对于软件产品只有部件(5 级)、整件(2 级)和成套软件(1 级)。

(1) 零件。零件是组成电子产品的基本单元，是指不采用装配工序而直接制成的产品，如用塑料压制的把手、无骨架的线圈及腐蚀后的印制板等。

(2) 部件。部件是由材料、零件等可以拆卸或不可拆卸连接所组成的产品。它是电子产品生产过程中的中间产品。部件也可包括其他的部件，如产品的机壳、装有表头和开关的面板及装有变压器的底板等。

(3) 整件。整件是由材料、零件、部件等经装配连接组成的具有独立结构或一定功能的产品。整件也可包括其他的整件，如半导体集成电路、电子管、放大器、电压表等。

(4) 成套设备。成套设备是由若干整件相互连接而共同构成的能完成某项完整功能的整套产品。成套设备一般不需要在制造厂通过装配工序进行连接，而是在使用地点进行安装与连接。成套设备也可包括其他较简单的成套设备，如计算机、雷达、多媒体音响等。

2. 设计文件的分类

电子产品的设计文件一般有电路图、接线图、线缆连接图、概略图、外形图、零件图、装配图、安装图等各类图纸，明细表、整件汇总表、设备附件及工具汇总表、成套运用文件清单等各种表格，以及技术说明书、技术条件、使用说明书、产品标准等多种文字资料说明性文件。

(1) 按其表达形式，设计文件可分为图样、简图、文字内容和表格形式 4 种。图样是以投影关系为主绘制的图，主要用于说明产品加工和装配要求的设计文件。简图是以图形符号为主绘制的图，主要用于说明产品电气装配连接、各种原理和其他示意性内容的设计文件。文字内容设计文件是以文字为主，用以说明产品技术要求、检验方法、使用方法等的设计文件。表格形式设计文件是以表格的形式说明产品的组成情况、相互关系等的设计文件。

(2) 根据生成的过程和使用特征，设计文件可分为手工编制和计算机编制两类。其中手工编制的设计文件又有草图、原图、底图和复制图 4 种。而计算机编制的设计文件也有初始设计文件、基准设计文件和工作设计文件 3 种。草图是设计产品时所绘制的原始图，它是设计部门、生产部门使用的一种临时性设计文件。原图是供描绘底图用的设计文件。底图是经过有关人员签署并作为唯一凭证的设计文件。而复制图是以底图为依据所复制或显现的设计文件，在电子产品的生产过程中都是使用复制图。未经审查的用计算机编制的设计文件统称为初始设计文件，经过签署作为唯一凭证的用计算机编制的设计文件称为基准文件，而用基准设计文件直接生成供生产、管理等部门使用的设计文件就是工作设计文件。

(3) 依据产品的研制、设计和生产阶段的不同，设计文件可分为试制设计文件、设计定型设计文件和生产定型设计文件 3 种。

(4) 根据记录信息的媒体不同，设计文件可分为纸质文件和非纸质文件。其中，纸质文件有硫酸底图纸、晒图纸、印刷纸、打印纸、照相纸和复印纸等，非纸质文件包括硬盘、软盘、光盘及磁带等。

3. 设计文件的编号

根据 SJ/T 207.4《设计文件管理制度》的规定与要求，电子产品的设计文件，按其产品的种类、功能、用途、结构、材料等技术特征，将设计文件分为 10 级(0～9 级)，每级又分为 10 类(0～9 类)，每类又分为 10 型(0～10 型)，每型又分为 10 种(0～9 种)。

　　电子产品设计文件的编号，由企业区分代号、分类特征标记、登记顺序号和文件简号 4 部分组成。

　　企业区分代号由企业上级主管部门或标准化行政主管部门协商给定。一般由汉语拼音字母组成。

　　分类特征标记由 4 位阿拉伯数字组成，按从左到右的顺序依次表示级、类、型、种。

　　登记顺序号用以区分分类特征标记相同的若干个不同产品的设计文件，一般由 3 位阿拉伯数字组成。

　　文件简号是表示同一产品的不同种类的设计文件。例如，MX 表示明细表，SS 表示使用说明书，DL 表示电原理图等。图 6.1 所示是某企业生产的电视发射机的设计文件明细表编号。

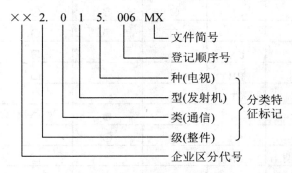

图 6.1　电视发射机设计文件编号

6.2.2　设计文件的组成

1. 设计文件的组成

　　设计文件是企业组织生产的必要条件之一，电子设备产品设计完成后，其主要设计文件的文件名称、文件简号及其编制要求如表 6.1 所列。

表 6.1　电子设备产品设计文件的组成

序号	文件名称	文件简号	产 品		产品的组成部分		
			成套设备	整 机	整 件	部 件	零 件
			1 级	2、3、4 级	2、3、4 级	5、6 级	7、8 级
1	产品标准	—	●	●	—	—	—
2	零件图	—	—	—	—	—	●
3	装配图	—	—	●	●	●	—
4	媒体程序图	—	—	—	■	■	—
5	外形图	WX	—	○	○	○	○
6	安装图	AZ	○	○	—	—	—
7	总布置图	BL	○	—	—	—	—

序号	文件名称	文件简号	产品		产品的组成部分		
			成套设备	整 机	整 件	部 件	零 件
			1 级	2、3、4 级	2、3、4 级	5、6 级	7、8 级
8	概略图(框图)	FL	○	○	○	—	—
9	信息处理流程图	XL	—	—	□	—	—
10	电路图	DL	○	○	○	—	—
11	接线图	JL	—	○	○	○	—
12	线缆连接图	LL	○	○	○	○	—
13	机械传动图	CL	○	○	○	○	—
14	其他图	T	○	○	○	○	—
15	程序	CX	—	—	■	—	—
16	软件范本	RB	—	—	□	—	—
17	技术条件	JT	—	—	○	○	○
18	技术说明书	JS	●	●	—	—	—
19	使用说明书	SS	○	○	—	—	—
20	软件生产操作说明	CS	—	—	□	□	—
21	说明	S	○	○	○	○	—
22	表格	B	○	○	○	○	—
23	明细表	MX	●	●	●■		
24	整件汇总表	ZH	○	○	—	—	—
25	备附件及工具汇总表	BH	○	○	—	—	—
26	成套运用文件清单	YQ	○	○	—	—	—
27	其他文件	W	○	○	○	○	—

注：表中"●"、"■"分别表示硬件、软件必须编制的文件。"○"、"□"分别表示硬件、软件应根据产品的生产和使用的需要而编制的文件。"—"表示不需要编制的文件。

2. 设计文件的格式

为了实现标准化管理，电子设备产品的设计文件的格式必须统一标准，在电子行业中主要按照 SJ/T 207.2《设计文件管理制度》来执行，其标准规定了 20 种文件格式，并对各种格式所适应的设计文件做出了具体的规定，并且也规定了各种设计文件中的标题栏、明细栏、镀涂栏、登记栏、倒号栏等格式和尺寸及填写方法。这 20 种设计文件格式的代号由数字和字母组成，其中首页按数字顺序排列，续页由首页数字加小写字母组成。格式代号标写在设计文件左下角登记栏的下方。这 20 种文件格式的代号是格式(1)至格式(11)、格式(2a)至格式(8a)、格式(10a)和格式(5b)。不同类型的设计文件采用不同的格式，其具体规定按表 6.2 所列的各种设计文件的格式代号执行。

表 6.2　各种设计文件的格式代号

序　号	文件名称	文件简号	格　式	
			首　页	续　页
1	产品标准	—	按 GB/T 1.1 的规定	
2	零件图	—	格式(1)	与首页相同
3	装配图	—	格式(2)	与首页相同
4	外形图	WX	格式(1)	与首页相同
5	安装图	AZ	格式(2)	与首页相同
6	总布置图	BL	格式(3)	格式(3a)
7	概略图(框图)	FL	格式(3)	格式(3a)
8	信息处理流程图	XL	格式(3)	格式(3a)
9	电路图	DL	格式(3)	格式(3a)
10	接线图	JL	格式(3)	格式(3a)
11	线缆连接图	LL	格式(3)	格式(3a)
12	机械传动图	CL	格式(3)	格式(3a)
13	程序	CX	格式(10)	格式(10a)
14	软件规范文本	RB	格式(10)	格式(10a)
15	技术条件	JT	格式(4)	格式(4a)
16	软件设计说明	RM	格式(10)	格式(10a)
17	软件开发卷宗	MZ	格式(10)	格式(10a)
18	测试计划	CH	格式(10)	格式(10a)
19	测试分析报告	CG	格式(10)	格式(10a)
20	维护手册	WC	格式(10)	格式(10a)
21	使用手册	SC	格式(10)	格式(10a)
22	项目开发报告总结	ZG	格式(10)	格式(10a)
23	软件生产操作说明	CS	格式(10)	格式(10a)
24	技术说明书	JS	格式(4)	格式(4a)
25	使用说明	SS	格式(4)	格式(4a)
26	整件明细表	MX	格式(5)	格式(5a)
27	成套设备明细表	MX	格式(6)	格式(6a)
28	成套软件明细表	MX	格式(6)	格式(6a)
29	整件汇总表	ZH	格式(5)	格式(5a)
30	备附件及工具汇总表	BH	格式(7)	格式(7a)
31	成套运用文件清单	YQ	格式(8)	格式(8a)
32	副封面	—	格式(9)	—
33	A4 明细栏	—	—	格式(2a)
34	A3 明细栏	—	—	格式(5b)
35	签署页	—	格式(11)	—

注：1. 技术条件的格式也可以选用 GB/T 1.2 规定的格式。

　　　2. 当采用格式(10)时，其前必须采用格式(11)的签署页。

　　　3. 副封面供多页设计文件使用。

3. 设计文件的填写方法

设计文件共有 20 种格式，除产品标准格式外，每张设计文件都应有标题栏和登记栏，装配图、安装图和接线图等应有明细栏，零件图还应有镀涂栏，而图样和简图设计文件应有倒号栏。

(1) 标题栏。标题栏应放在设计文件幅面的右下角处，用来记载产品的设计名称、设计文件的编号、使用的材料、产品的计算质量、图纸的基本视图比例、图纸的张数、文件的设计者和相关职能人员签署的姓名和签署日期。标题栏有 3 种格式，分别是图样形式标题栏格式，简图、文字内容和表格形式标题栏首页格式，以及简图、文字内容和表格形式标题栏续页格式，如图 6.2 至图 6.4 所示。

标记	数量	更改单号	签名	日期	①	②			
设计						阶段	标记	质量	比例
审核									
工艺						第　张		共　张	
标准化					③	④			
批准									

图 6.2　图样形式标题栏格式

						标记	数量	更改单号	签名	日期
拟制					①	②				
审核										
标准化						阶段标记	第　张	共　张		
批准						④				

图 6.3　简图、文字内容和表格形式标题栏首页格式

				拟制		②
				审核		
标记	数量	更改单号	签名	日期		第　张

图 6.4　简图、文字内容和表格形式标题栏续页格式

标题栏的填写要求：

在①栏内，对于零件图和装配图应填写产品或其组成部分的名称。其余的设计文件，此栏除填写产品的名称外，还应当填写相应的设计文件名称，如电路图、明细表、接线图、总布置图等。

在②栏内填写设计文件的编号。

在③栏内，对于零件图应填写规定使用的材料。材料的标注应按相应标准所规定的要求填写。此栏规定的材料只能是一种。当用毛坯制造零件时，如毛坯有单独的图样，在此处应当填写毛坯图的图号。如果是装配图，则此处不予填写。

④栏为备用栏。

(2) 明细栏。明细栏位于标题栏的右上方，其行数可根据需要设定，当自下而上延伸不足使用时，可再在标题栏的左边自上而向下延续。明细栏格式如图 6.5 所示。

序号	编　　号	名　　称	数量	备注

图 6.5　明细栏格式

明细栏主要用于填写直接组成该产品的整件、部件、零件、标准件、外购件和材料。按自下而上分类填写，为了清晰和便于更改，各行之间可留空格数行。当装配图绘于两张或两张以上的图纸时，明细栏应放在第一张图纸上。对于较复杂的装配图，可以用 A4 幅面图纸单独编制明细栏，作为装配图的续页。

在"序号"栏中填写所列产品或材料在图中的旁注序号。标注项目代号的产品，其项目代号可填写在"序号"栏中，也可填写在"备注"栏中。

在"编号"栏中，整件、部件和零件填写其相应的设计文件的编号。标准件填写图样的编号或相应的标准编号。外购件填写相应的编号或标准编号。材料填写相应的标准编号。

在"名称"栏中，填写所列产品或材料的名称、规格及型号。

在"数量"栏中，填写所列产品和材料的数量，对于材料还需要标注计量单位。

在"备注"栏中，填写补充说明。比如指定所列产品是××工厂生产。对用毛坯制造的零件。可在此栏填写"毛坯"字样及其设计文件的编号。

(3) 登记栏。登记栏位于各种设计文件的左下角，在其图框线以外，装订线下面。登记栏的格式如图 6.6 所示。

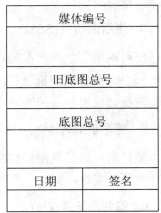

图 6.6　登记栏格式

在"媒体编号"栏中，填写媒体编号。媒体编号由媒体代号、产品分类号和分隔号"-"及顺序号组成。媒体代号的规定是 M 表示磁带、F 代表软盘、H 表示硬盘、O 表示光盘。产品分类号由企业自行根据企业标准规定。

在"旧底图总号"栏中，由企业技术档案部门填写被本底图所代替的底图总号。

在"底图总号"栏中，由企业技术档案部门在接收底图产品设计文件时，填写设计文件的底图总号。

"日期"和"签名"栏由企业技术档案部门接收底图的人员填写接收日期并签名。

6.2.3　常用设计文件

1. 产品标准(Q/)

出厂产品应有产品标准，标准规定了产品的结构、性能、包装、工作环境、使用方法、测试方法等与产品有关的事项。产品标准的编写按《标准编写指南》(GB/T 1.1—2000)的规定进行编制。

2. 技术条件(JT)

技术条件是对产品组成部分的性能、参数指标、规格、检验要求和试验方法所做的技术规定。技术条件的内容一般有产品概述、外形尺寸及主要参数、试验方法、检验规则、标志、保管等。可根据具体的产品(部件、整件或整机)进行增减或合并。

3. 技术说明书(JS)

产品技术说明书是对产品用途、性能、组成、工作原理、调试、使用和维修方法等的技术说明。供使用、维修时参考。技术说明书一般只针对整机编写。技术说明书的主要内容是产品概述、技术特性、工作原理、结构特征、安装或调整、使用和操作、故障分析与排除、维修和保养等。

4. 使用说明书(SS)

使用说明书是对产品的用途、性能、结构特征、工作原理和使用方法等的说明。使用说明书也主要针对整机进行编写。使用说明书主要有产品概述、技术参数、工作原理、结构和特征、使用和维护等内容。

5. 整件明细表(MX)

整件明细表是确定整件组成部分的内容和数量的基本文件。整件明细表主要填写的内容有文件、整件、部件、零件、标准件、外购件及材料等。

6. 整件汇总表(ZH)

整件汇总表是对某一整机产品整件明细表的种类和数量进行汇总的文件，主要供组织和管理生产使用。

7. 备附件及工具汇总表(BH)

备附件及工具汇总表是用于确定使用产品时所需要的备件、附件、材料及工具的种类和数量的文件。

8. 成套运用文件清单(YQ)

成套运用文件清单是确定随产品所需用的设计文件种类和数量的文件。可根据产品的类别及用户的不同情况允许成套运用文件与产品生产用设计文件有些差别。

6.3　工艺文件编制

6.3.1　工艺文件概述

1. 工艺文件的定义

工艺是劳动者利用生产工具对各种原材料、半成品进行加工或处理，改变它的几何形状、外形尺寸、表面状态、内部组织、物理化学性能及它们之间的相互关系，最后成为产品的方法。工艺通常以文件的形式反映出来。工艺工作是一项系统工作，它贯穿于生产的全过程。工艺管理是工艺工作的主要内容之一，工艺管理是企业重要的基础管理，是提高产品质量、降低生产成本、提高生产效率、保证安全生产、降低材料及能源消耗、增加经济效益的重要手段和保证。

生产企业按照一定的条件选择产品最合理的制造手段和生产过程，将实现这个工艺过程的程序、内容、方法、工具、设备、材料及每一个环节应遵守的技术规程，用文字和图表的形式表示出来，称为工艺文件。工艺文件能够指导操作者按预定步骤的要求完成产品的生产和加工。工艺文件一般包括生产线布局图、产品工艺流程图、实物装配图和印制板装配图等。

极端的说法是，只要企业掌握了工艺文件，即使是更换了所有操作者，也能按照文件制造出同样的产品。这既说明了工艺文件应起的作用，也是对工艺文件内容的具体要求。

2. 工艺文件的分类

根据电子设备产品设计、生产的特点，工艺文件主要分为工艺管理文件和工艺规程文件两大类。

1) 工艺管理文件

工艺管理文件是企业科学地组织生产和控制工艺工作的技术条件，它规定了产品的生产条件、工艺线路、工艺流程、工艺装置、工具设备、检测仪器、材料消耗定额和工时消耗定额等。不同企业的工艺管理文件的种类不完全一样，但基本文件都应当具备，主要有工艺文件目录、工艺路线表、材料消耗定额明细表、配套明细表、专用及标准工艺装配表等。

2) 工艺规程文件

工艺规程文件是规定产品或零件、部件、整件的制造工艺过程及操作方法等的工艺文件。是组织生产、指导操作的基本文件，也是企业安排计划、进行生产调度、确定劳动组织、配备设备和工具、进行技术检查和材料供应的重要依据，不同行业的工艺规程有不同的内容。按照使用性质可分为专用工艺规程、专业工艺规程、典型工艺规程、成组工艺规程和标准工艺规程等。按照加工专业进行分类，工艺文件可分为机械加工工艺卡、电气装配工艺卡、扎线工艺卡和油漆涂敷工艺卡等。

3. 工艺文件的作用

工艺文件是企业组织生产的重要依据，也是工艺管理中必备的文件，是企业标准化管理的重要基础。可以这样说，没有工艺过程就没有产品。

(1) 为组织生产，建立生产秩序提供必要的资料。如原材料、外购件、外协件的采购计划。为生产提供工艺装备需求计划、能源消耗计划等。

(2) 为生产部门提供生产工艺流程、生产方法和技术指导，确保经济、高效地生产出合格的产品。

(3) 为生产部门编制生产计划、工时定额提供依据。

(4) 为财务部门进行成本核算提供原始数据。

(5) 为质量部门提供产品质量检测的基本方法。

(6) 为企业生产操作人员的培训提供技术支持。

(7) 是生产企业保证安全生产的重要指导性文件。

(8) 是企业执行工艺纪律、工艺管理的法律文件。

4. 工艺文件的成套性

工艺文件是组织生产、指导生产、进行工艺管理、质量管理和经济核算等的主要技术依据。工艺文件应满足完整、齐套的基本要求，这就是工艺文件的成套性。成套的工艺文件是产品设计定型、生产定型的主要依据，也是检查、考核工艺工作的重要依据。工艺文件完备齐套后，为企业的生产工艺管理、生产活动计划奠定了基础。根据电子设备产品生产的特点，成套设备、整机、器件、元件、零件和材料等产品的工艺文件都应具备成套性。表 6.3 列出了电子产品常见的工艺文件。

1) 产品设计定型应具备的工艺文件

它包括关键的零件、部件工艺过程卡片，关键工艺说明文件，专用工艺装置方面的工艺文件，关键的零件和部件的工序卡片。

2) 产品生产定型应具备的工艺文件

设计文件中的所有零件都应编制一份零件工艺过程卡片，整件、部件都应编制一份装配工艺过程卡片，工艺过程卡中的重要工序应有相应的工艺说明文件，外协件、部件、专用工装、工具及仪器仪表等明细表，材料消耗工艺定额明细表，材料消耗工艺定额汇总表，工艺文件封面、工艺文件明细表等管理工艺文件。

表 6.3　成套设备、整机等产品常见工艺文件

序　号	工艺文件名称	产　品		产品的组成部分		
		成套设备	整　机	整　件	部　件	零　件
1	工艺文件封面	○	●	○	○	—
2	工艺文件明细表	○	●	○	—	—
3	工艺流程图(Ⅰ)	○	○	○	○	—
4	加工工艺过程卡	—	—	—	○	●
5	塑料工艺过程卡	—	—	—	○	●
6	热处理工艺卡	—	—	—	○	○
7	电镀及化学涂覆工艺卡	—	—	—	○	○
8	涂料涂覆工艺卡	—	—	○	○	○
9	元器件引出端成形工艺表	—	—	○	○	○
10	绕线工艺卡	—	—	○	○	○
11	导线及线扎加工工艺表	—	—	○	○	—
12	贴插编带程序表	—	—	○	○	—
13	装配工艺过程卡	—	●	●	●	—
14	工艺说明	○	○	○	○	○
15	检验卡	○	○	○	○	○
16	外协件明细表	○	○	○	○	—
17	配套明细表	○	○	○	○	—
18	自制工艺装备明细表	○	●	●	—	—
19	外购工艺装备汇总表	○	○	○	○	—
20	材料消耗工艺定额明细表	—	●	●	—	—
21	材料消耗工艺定额汇总表	○	●	●	—	—
22	能源消耗工艺定额明细表	○	○	○	—	—
23	工时设备台时工艺定额明细表	—	○	○	—	—
24	工时设备台时工艺定额汇总表	○	○	○	—	—
25	工序控制点明细表	—	○	○	—	—
26	工序质量分析表	—	○	○	○	○
27	工序控制点操作指导卡	—	○	○	○	○
28	工序控制点检验指导卡	—	○	○	○	○

注："●"表示必须编制的工艺文件，"○"表示根据需要而编制的工艺文件，"—"表示不应编制工艺文件。

3) 工艺文件成套的一般原则

电子产品的工艺文件的成套一般按"一卡、一图、一物"的原则进行完备齐套。"一卡、一图、一物"是指根据产品设计文件图纸中的明细表，所有零件都应有一份零件工艺过程卡，所有部件、整件产品都应用一份装配工艺过程卡。

"一图"就是指设计文件，即指一个十进制分类编号的图样。

"一卡"是指按设计文件(指"一图")而编制的一份工艺文件的简称，它可以是一张或一种格式，也可以是若干张或若干种工艺文件格式，是完成这一张设计图样所需要的所有工艺文件的总和。

"一物"是指按"一图"加工出的实际产品，也包括半成品。

"一卡、一图、一物"还应包括过程卡中所引证的各类工艺文件，如工艺说明、专业工艺规程等。

5. 工艺文件的编号

工艺文件的编号是指工艺文件的代号，简称文件代号。不同的生产组织和行业有不同的编号方式，下面介绍电子行业常用的一种编号方式。这种编号方式与设计文件的编号方式类似，它由 4 部分组成，分别是企业区分代号、设计文件十进分类特征标记、登记顺序号和工艺文件简号组成。图 6.7 所示是某企业生产的电视发射机的工艺文件明细表编号。

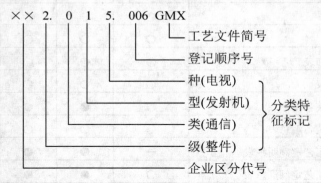

图 6.7　电视发射机工艺文件编号

工艺文件简号由 3 个大写的汉语拼音字母组成，第一个字母"G"表示工艺文件，第二个和第三个字母一般取工艺文件名称中两个关键字的汉语拼音的第一个字母组成，用以区分编制同一产品的不同种类的工艺文件。常用工艺文件的简号规定如表 6.4 所示。

表 6.4　常用工艺文件的简号

序　号	工艺文件名称	工艺文件简号	字母含义
1	工艺文件明细表	GMX	工明表
2	工艺流程图	GLT	工流图
3	加工工艺过程卡片	GJG	工加卡
4	塑料工艺过程卡片	GSL	工塑卡
5	热处理工艺卡片	GRC	工热卡
6	电镀、化学涂覆工艺卡片	GDF	工镀卡
7	涂料涂覆工艺卡片	GTF	工涂卡
8	工艺卡片	GKP	工艺卡
9	元器件引出端成形工艺表	GYC	工引表
10	绕线工艺卡片	GRX	工绕卡
11	导线及线扎加工工艺卡片	GDX	工导卡
12	贴插编带程序表	GBD	工编表
13	装配工艺过程卡片	GZP	工装卡
14	工艺说明	GGS	工说明
15	检验卡片	GJY	工检卡
16	外协件明细表	GWM	工外表
17	配套明细表	GPM	工配表
18	自制工艺装配明细表	GZM	工制表
19	材料消耗工艺定额明细表	GCM	工材表
20	工时工艺定额明细表	GGM	工工表
21	工序控制点明细表	GKM	工控表
22	工序质量分析表	GZF	工质表
23	工序控制点操作指导卡	GKC	工控卡
24	工序控制点检验指导卡	GKJ	工检卡

6.3.2　工艺文件的编制方法

工艺文件是生产组织指导工人操作和用于生产、工艺管理等的各种技术文件的总称，它是组织生产、指导生产、进行工艺管理、经济核算和保证产品质量的重要条件，工艺文件的编制应当做到正确、齐备、清晰、统一、完整和分工合作。

1. 工艺文件的编制原则

工艺文件的编制基本原则应是根据企业的组织管理形式、产品的特点、生产类型、生产规模、产品的复杂程度等综合因素，采用经济、合理的工艺手段对产品进行加工。在编

写过程中不仅要充分考虑生产周期、生产成本、环境保护和安全等问题，还要根据企业的经济承受能力，尽量采用国内外的先进工艺技术和工艺装备，来提高企业的工艺管理和工艺技术水平。

(1) 根据产品的批量大小、复杂程度编制相应的工艺文件。

(2) 根据企业的生产组织形式、工艺设备条件、工人的技术水平等情况编制最适合企业生产的工艺文件。

(3) 工艺文件应以图、表为主，做到通俗易懂、一目了然，便于实际操作。必要时可以加注简要的文字说明。

(4) 凡属于工人应知应会的工艺规程内容，可以不必编写到工艺文件中去。

2. 工艺文件编制的依据

工艺文件的编制应根据企业的生产工艺水平、组织形式、生产的产品特性等多方面为依据，不同的产品、不同的企业有不同的工艺文件。

(1) 根据产品图样及有关技术条件。

(2) 根据产品生产大纲、投产日期、寿命周期。

(3) 根据产品的生产类型和生产性质。

(4) 根据企业现有的生产能力。

(5) 根据国内外同类产品的工艺技术水平。

(6) 根据有关技术政策和法规。

(7) 根据产品负责人对产品工艺要求和企业相关部门的意见。

3. 工艺文件编制的方法

(1) 认真阅读产品设计文件所提供的技术条件、技术说明、电路图、装配图、接线图、导线加工图、线扎图、零件图及部件图等技术图纸。

(2) 根据企业生产组织情况，确定生产方案，制定工艺方案和工艺路线。

(3) 编制工序文件。

(4) 编制工艺过程文件。

4. 工艺文件编制的要求

根据电子设备产品的特点，工艺文件编制完成后，应保证工艺文件的完整性，对某项产品的工艺文件应装订成册、归档。

(1) 工艺文件要有统一的格式、统一的幅面，应符合相应的标准要求。同一企业只能选用同一种格式的工艺文件。

(2) 工艺文件中使用的名词、术语、代号、计量单位等要符合相应标准规定。

(3) 工艺文件的字体要正规，书写要清楚，图形要正确。工艺文件要尽量少用文字说明，多用图、表表示。

(4) 工艺文件中所用的产品名称、编号、图号、符号、材料和元器件代号等与产品相关的信息应与设计文件保持完全一致。

(5) 工序安装图不必完全按实样绘制，对于遮盖部分可以用虚线绘出，但基本轮廓应相似，层次应表示清楚。

(6) 编制工艺文件应尽量采用通用技术条件、工艺方案和企业标准工艺规程等，并最大限度地采用工装或专用工具、测试仪器和仪表。

(7) 在工艺卡片上最好有 1∶1 的产品实物，以便工人视读方便、操作灵活。

(8) 编制关键件、关键工序及重要零件、部件的工艺规程时，要说明准备内容、装联方法及装联过程中的注意事项。

(9) 线扎图应尽量采用 1∶1 的图样，并准确地绘制，以便于直接按图纸制作排线板。

(10) 装配接线图中的接线部位要清楚，连接线的接点要明确。内部接线可假想移出展开。必要时可作一幅简表说明连线"从哪里来"和"到哪里去"。

(11) 编制的工艺文件应执行审核、会签和批准等手续。

6.3.3　常用工艺文件

电子设备产品常用工艺文件主要依据工艺规程和工艺管理要求规定的工艺栏目的形式编排。工艺文件一般有 34 种。其中有近 20 种工艺规程，其余的是为其他部门提供统计汇编资料、工艺管理等。

1. 工艺文件封面

工艺文件封面是指为产品的成套工艺文件或部分工艺文件装订成册的封面，其格式如图 6.8 所示。

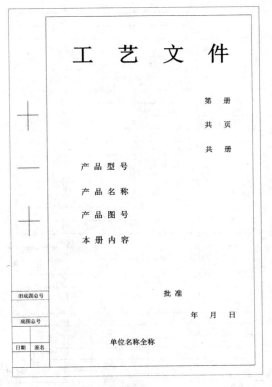

图 6.8　工艺文件封面

在工艺文件封面的"共××册"中填写产品工艺文件的总册数；"第××册"中填写本册工艺文件在总工艺文件中的序数；"共××页"填写本册工艺文件的页数。产品型号、产品名称、产品图号均按技术文件所规定的产品型号、产品名称和产品图号填写；在"本册内容"中填写本册工艺文件的主要内容；批准栏由企业技术负责人签名，并填写签名时间。

2. 工艺文件明细表

工艺文件明细表用于编制产品工艺文件的明细表，供装订成册的工艺文件册使用，它反映了产品工艺文件的成套性。在工艺文件明细表中，可以查阅产品的零件、部件等各种工艺文件名称、文件代号、页数等信息，也是技术档案部门检查工艺文件归档是否成套的依据。工艺文件明细表如表 6.5 所示。"产品名称"、"产品图号"、"零部整件图号"和"零部整件名称"栏，按照设计文件的规定进行填写。"文件代号"、"文件名称"栏，依据相应工艺文件的文件编号和文件名称进行填写。

表 6.5　工艺文件明细表

工艺文件明细表		产品名称	
		产品图号	

序号	零部整件图号	零部整件名称	文件代号	文件名称	页数	备注

旧底图总号				
底图总号			拟制	
			审核	
日期	签名			
更改标记	数量	更改单号	标准化	
			批准	第　页　共　页
描图：		描校：		

3. 工艺流程图

工艺流程图用于编制产品及其零件、部件、整件工艺过程中各工序间相互关系的系统框图的工艺文件，是编制工艺规程的依据。主要表明产品在加工过程中的生产流程和每道工序的具体规范及工艺要求，是组织生产的依据。工艺流程图如表 6.6 所示。"产品名称"、"产品图号"栏，按照设计文件的规定进行填写。"名称"、"图号"栏填写设计文件规定的零件、部件或整件的名称和图号。在工艺流程图的空白处绘制产品及零件、部件、整件的工艺流程图。

表 6.6　工艺流程图(Ⅰ)

| 工艺流程图（Ⅰ） | | 产品名称 | | 名称 | |
| | | 产品图号 | | 图号 | |

（工艺流程图空白处）

旧底图总号							
底图总号				设计			
				审核			
日期	签名						
				标准化		第　页共　页	
		更改标记	数量	更改单号	签名	日期	批准
描图:				描校:			

4. 元器件引出端成形工艺表

元器件引出端成形工艺表的格式如表 6.7 所示，该表主要用于以部件、整件和整机为单位，编制内部电气连接所用的元器件引出端成形加工的工艺文件。"产品名称"、"产品图号"栏，按照设计文件的规定进行填写。"名称"、"图号"栏按设计文件规定的部件、整件的名称和图号进行填写。"序号"栏按 1、2、3、⋯的顺序号编写，"项目代号"栏按设计文件电路图中规定的元器件项目代号填写，"名称型号及规格"栏按元器件的标称命名方式填写，"成形标记栏"填写该元器件的引出端成形代号，一般用①、②、③等顺序号表示。"长度栏"填写引出端需要加工的长度，并用大写字母 A、B 等表示不同的长度，"设备及工装"栏填写加工过程中使用的设备及工装的名称、型号或编号，在表的空白处绘制元器件成形工艺简图和成形标记代号。

表 6.7　元器件引出端成形工艺表

序号	项目代号	名称型号及规格	成形标记代号	长度mm		数量	设备及工装	工时定额	备注

产品名称　　　名称
产品图号　　　图号

旧底图总号

底图总号　　　设计　审核

日期　签名　　　标准化

更改标记　数量　更改单号　签名　日期　批准　　　第　页共　页

描图：　　　描校：

5. 装配工艺过程卡

装配工艺过程卡主要用于编制部件、整件及产品的装联工艺过程的工艺文件，其格式如表 6.8 所示。"产品名称"、"产品图号"栏，按照设计文件的规定进行填写。"名称"、"图号"栏，按设计文件规定的部件、整件的名称和图号进行填写。"序号"栏按 1、2、3 … 顺序号编写，"装入件及辅助材料"栏分别填写装入件及辅助材料的代号、名称规格和数量，"工作地"、"工序号"、"工种"栏分别填写该工序所属车间或代号、该工序的工序号和工种名称的简称，"工序(步)内容及要求"栏填写该工序的主要内容及要求，也可以填上该工序的工艺文件编号。"设备及工装"栏填写该工序所需设备及工装的名称、型号或编号，在装配工艺卡下面的空白栏中绘制工艺简图。在"工时定额"栏中填写该工序的总工时定额。

表 6.8　装配工艺过程卡

装配工艺过程卡片			产品名称				名称		
			产品图号				图号		
装入件及辅助材料			工作地	工序号	工种	工序（步）内容及要求	设备及工装	工时定额	
序号	代号、名称、规格	数量							

旧底图总号									
底图总号					设计				
					审核				
日期	签名								
					标准化			第　页 共　页	
	更改标记	数量	更改单号	签名	日期	批准			
描图：			描校：						

6. 导线及线扎加工卡片

导线及线扎加工卡片主要用于编制部件、整件、产品的内部连接所需的导线及线扎加工的工艺文件，如表 6.9 所示。"产品名称"、"产品图号"栏，按照设计文件的规定进行填写。"名称"、"图号"栏按设计文件规定的部件、整件的名称和图号进行填写。在"名称牌号规格"栏内填写导线的名称型号及规格，在"数量"栏填写所用该型号的导线数量（根），在"L 全长"栏内填写包括剥头长度的导线总长度，"A 剥头"、"B 剥头"表示导线两端绝缘的剥出长度，"接点Ⅰ"、"接点Ⅱ"表示导线的连接去向，"设备及工装"栏填写导线加工所需设备及工装的名称型号和编号，"工时定额"栏内填写该导线加工所用的总工时，在导线及线扎加工卡片的下面空白处绘制导线及线扎的工艺简图。

表 6.9　导线及线扎加工卡片

导线及线扎加工卡片					产品名称					名称		
					产品图号					图号		
序号	线号	名称牌号规格	颜色	数量	导线长度(mm)			接点Ⅰ	接点Ⅱ	设备及工装	工时定额	备注
					L 全长	A 剥头	B 剥头					

旧底图总号								
底图总号					设计			
					审核			
日期	签名					标准化		第 页共 页
		更改标记	数量	更改单号	签名	日期	批准	
			描图：		描校：			

21世纪高职高专电子信息类实用规划教材

7. 工艺说明

工艺说明主要用于编制对某一零件、部件、整件提出具体工艺技术要求或各种工艺规格的工艺文件。其格式如表 6.10 所示。"工艺说明"可用来绘制工艺简图、编制文字说明及其他表格文件的补充文件，也可用来编制规定格式以外的其他工艺文件，如装配工艺文件、调试工艺文件等。"名称"、"图号"栏按设计文件规定的部件、整件的名称和图号进行填写，在"编号"栏内填写专业工艺文件编号。根据需要编制的工艺文件的具体内容，在格式文件的空白处，可以用文字叙述技术内容，也可以自制表格进行填写，还可以用绘图表达等多种方式书写。一般来说，可填写目的和用途、使用材料及配方、设备仪器和工具、工艺过程内容和要求、检验方法等。如是什么工艺文件就在工艺说明前加上定语，如调试工艺说明、插装工艺说明等。

表 6.10　工艺说明

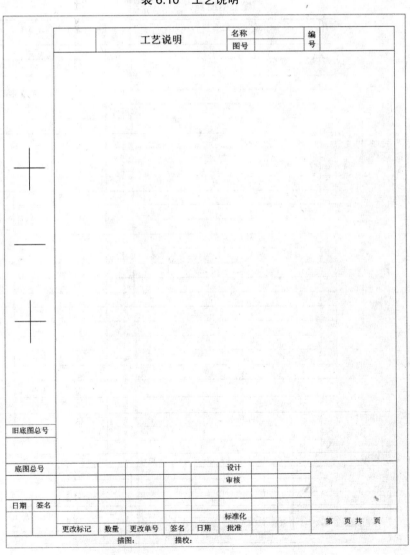

8. 配套明细表

配套明细表主要用于编制以产品或整件为单位对装联时需要用的零件、部件、整件、外购件及材料进行汇总的工艺文件。其格式如表 6.11 所示。它是生产计划部门、物资采购部门、生产部门等单位组织生产的依据。"产品名称"、"产品图号"栏，按照设计文件的规定进行填写。"序号"按 1、2、4、…的顺序填写，"代号"、"名称"、"数量"栏按设计文件填写装联时需用的零件、部件、整件、外购件及材料的代号、名称及数量，"来自何处"栏填写提供零件、部件、整件、外购件及材料的部门名称或代号，"交往何处"栏填写接收零件、部件、整件、外购件及材料的部门名称或代号。

表 6.11　配套明细表

9. 检验卡

检验卡片主要用于编制零件、部件、整件、产品制造的最终检验及工艺过程中需要单独编制的工序间检验的工艺文件，如重点工艺控制点工艺文件。其格式如表 6.12 所示。"产品名称"、"产品图号"栏，按照设计文件的规定进行填写。"名称"、"图号"栏按设计文件规定的部件、整件的名称和图号进行填写。在"工作地"栏填写执行检验工序部门名称或代号，在"工序号"栏填写零件加工过程或部件、整件、产品装联过程中的被检工序号，"来自何处"和"交往何处"栏分别填写该工序委检部门和送交部门的名称或代号，如采用全检，则在"全检"栏内填写"√"，如是抽检则在"抽验"栏下的两栏中填上 IL、AQL，并分别填上可接收质量限 AQL 和检查水平 IL 的值。"检验内容及技术要求"、"检验器具"栏，按相应的要求填写，在表格下方的空白处绘制工艺简图。

表 6.12 检验卡片

10. 外协件明细表

外协件明细表主要用于编制以产品或整件为单位对需要外协加工的零件、部件、整件进行统计汇总的工艺文件。其格式如表 6.13 所示。"产品名称"、"产品图号"栏，按照设计文件的规定进行填写。"图号"、"名称"、"数量"栏按设计文件填写需要外协加工的零件、部件、整件的图号、名称和数量，"协作内容"栏填写对外协作的主要内容、技术要求及相应的检验标准等，在"协作单位"栏内填写双方签有协议的定点加工单位名称，"协议书编号"栏内填写同协作单位签订的加工协议的编号。

表 6.13　外协件明细表

外协件明细表					产品名称		
					产品图号		
序号	图　号	名　称	数量	协作内容	协作单位	协议书编号	备注

旧底图总号

底图总号					拟制		
					审核		
日期	签名						
更改标记	数量	更改单号	签名	日期	标准化	第　页　共　页	
					批准		
描图：			描校：				

11. 工艺文件更改通知单

工艺文件更改通知单主要用于编制工艺文件的更改通知，该通知单对工艺文件内容做永久性修改时用，其格式如表 6.14 所示。"文件代号"栏填写被更改的工艺文件的编号，当更改几份不同编号的工艺文件而合拟一份更改通知单时，填写"见下"字样，而将工艺文件的编号分别填写在空白栏的居中位置。"更改期限"栏填写工艺文件更改完毕的时间，"更改原因"栏填写具体的更改原因，如工艺改进、设计更改、外购器材的改变、消除错误、采用新技术标准、生产组织的调整、加工方法的更改等。"名称"、"图号"栏填写被更改工艺文件所属的零件、部件、整件的名称和图号。"更改单号"栏填写更改通知单归档顺序编号，"更改标记"栏填写小写字母 a、b、c、…，在"更改内容"栏下面的空白处按要求填写工艺文件需要更改的内容，在"使用性"栏内填写同时需要更改的工艺文件名称和编号，"送至单位"栏填写工艺文件更改单涉及的部门名称，在"处理意见"栏内填写由于更改文件后，引起的半成品、在制品、成品等的处理意见，如无处理意见，则在该栏内画短横线表示。在"附录"栏内填写工艺文件更改通知单附件的代号、名称和数量，如无附件，这在该栏内画一短横线来表示。最后要执行更改会签审核和批准手续。

表 6.14　工艺文件更改通知单

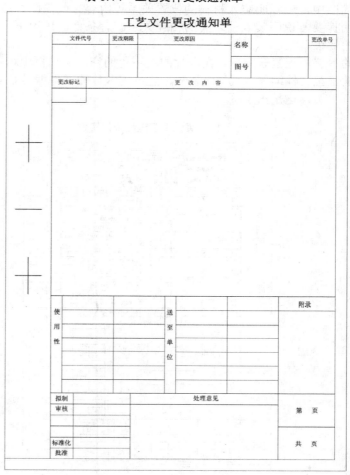

6.3.4　工艺文件编写示例

1.　装配工艺过程卡片的编写

从前面的学习已知装配工艺过程卡片工艺文件，是用来编制部件、整件及产品的装联工艺过程的。首先，必须明确一点，装配工艺过程卡片工艺文件的编写是以相应的设计文件为基础的。现在以 TD-9 型函数信号发生器中用到的连接电缆为例，说明如何编制装配工艺过程卡片，如表 6.15 所示。

在"产品名称"、"产品图号"、"名称"、"图号"栏中，按设计文件规定，分别填入 TD-9 型函数信号发生器、CEC2.824.010、连接电缆、CEC4.851.099，这些内容必须和设计文件一致。

"序号"栏按 1、2、3、…顺序填写。在"装入件及辅助材料"栏中，依次填入连接电缆用到的材料和数量，即 AVVR-0.2-10 排线 150mm、TJC3(针)20 个、TJC3-10Y(孔)2 个，这是加工电缆所用到的材料。在"工序号"栏中，填写加工电缆的工艺顺序，一般按 1、2、3、…的顺序号填写。在"工序(步)内容及要求"栏中，填写工序的工艺要求及加工方法、检验方法等。在卡片的空白处简要绘出了电缆的示意图，并配简要的表格说明排线两端的连接关系。在简图中，应标明装入材料的位置关系等内容。此简图一般要求按实际的比例进行绘制，简明扼要，说明装入件之间的相互关系。有条件的情况下，可以再配实物照片以期达到最好的效果。

工艺文件的签署栏应签署完备，在卡片的右下角的空白矩形框中填写工艺文件的编号，依据前面介绍的工艺文件编号方式，该装配工艺过程卡片的文件编号是 CEC4.851.099GZP。该工艺文件只有 1 页，这是第 1 页。

表 6.15　装配工艺过程卡片实例

2. 工艺流程图(Ⅰ)的编写

工艺流程图是产品及其零、部、整件在生产加工工艺过程中各工序间相互关系的一种系统框图，它是编制工艺规程的依据。如表 6.16 所示，它是 CD-10 光传输设备中的电源板的工艺流程图。在表中的"产品名称"、"产品图号"、"名称"、"图号"栏中填入设计文件规定内容，即 CD-10 光传输设备、CEC2.134.002、电源板、CEC2.932.077。在表的空白处用方框图的形式表明了电源板的生产加工流程。在对电源板进行加工前，需用按要求对元器件引脚进行预成形，加工生产电源板装配过程中用到的电缆。电源板的生产采用人工插件的方式，设置了 18 个插装工序，采用流水线的方式插装，插装完成后采用波峰焊接，经过自动切脚、自动清洗后，电源板再经过人工检测和补焊后，再安装面板、屏蔽板、线缆等零件。当电源板装配完成后依据电源板的技术条件进行检测，合格的产品标示合格印章后送半成品部管理，不合格的电源板进行维修后再对其进行检测。

同样，工艺流程图的签署栏也应签署完备，在表的右下方的矩形框中填上工艺流程图的文件编号 CEC2.932.077GLT。该工艺文件只有 1 页，这是第 1 页。

表 6.16　工艺流程图实例

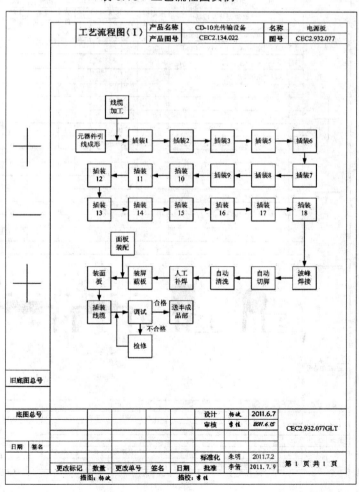

3. 元器件引出端成形工艺表的编写

表 6.17 所示是元器件引出端成形工艺表实例,它表明了相关元器件引出端的加工工艺。在表中的"产品名称"、"产品图号"、"名称"、"图号"栏中,填入设计文件定义的内容,即 ZX-6 程控交换机、CEC2.101.176、电源板、CEC2.932.283。"序号"栏依次以 1、2、3、…顺序填写,"项目代号"填写设计文件电气图给定的元器件代号,即 C2、C15、R8、R25。在"名称型号及规格"栏中,填写需要成形的元器件的名称和型号。"成形标记代号"栏的代号与表中的元器件成形图要一一对应。引线成形的几何尺寸如表中所示,在"数量"栏中填写同型号、同规格、需同种成形方式的元器件的总数量。在表的空白处绘出成形加工示意图,要表明成形代号和成形的几何尺寸代号。

最后需要签署完备,在表的右下方的矩形框中填上元器件引出端成形工艺表的文件编号,即 CEC2.932.283GYC。

表 6.17 元器件引出端成形工艺表实例

4. 配套明细表的编写

表 6.17 所示是 TDK-714 晶体管收音机的配套明细表中的一张表。在表中的"产品名称"、"产品图号"栏中填写设计文件规定的名称和图号，即 TDK-714 晶体管收音机、CEC2.022.110。其他栏目的编写方式如表 6.18 所示。

表 6.18　编写配套明细表

	配套明细表		产品名称	TDK-714晶体管收音机		
			产品图号	CEC2.022.110		
序号	代　号	名　称	数量	来自何处	交往何处	备注
1	R8	电阻器RT14－0.25W－51Ω	1	外购		
2	R13、R15	电阻器RT14－0.25W－100Ω	2	外购		
3	R12、R14	电阻器RT14－0.25W－120Ω	2	外购		
4	R3	电阻器RT14－0.25W－150Ω	1	外购		
5	R11	电阻器RT14－0.25W－220Ω	1	外购		
6	R16	电阻器RT14－0.25W－510Ω	1	外购		
7	R9	电阻器RT14－0.25W－680Ω	1	外购		
8	R6	电阻器RT14－0.25W－1kΩ	1	外购		
9	R2	电阻器RT14－0.25W－2kΩ	1	外购		
10	R4	电阻器RT14－0.25W－30kΩ	1	外购		
11	R5	电阻器RT14－0.25W－56kΩ	1	外购		
12	R7、R10	电阻器RT14－0.25W－100kΩ	2	外购		
13	R1	电阻器RT14－0.25W－120kΩ	1	外购		
14	RP	WH15-K4Φ16-5k	1	外购		
15	C2	陶瓷电容器CC1－63V－0.01μF	7	外购		
16	C1、C4、C5、C6 C7、C10、C11	陶瓷电容器CC1－63V－0.22μF		外购		
17	C9、C12、C13	电解电容器CD11－16V－100μF	3	外购		
18	CA	双联电容器CBM－223PF	1	外购		
19	V6、V7	晶体三极管9013	2	外购		
20	V5	晶体三极管9014	1	外购		
21	V1、V2、V3、V4	晶体三极管9018	4	外购		
22	T2	振荡线圈TF10-920（红色）	1	外购		
23	T3	中频变压器TF10-921（黄色）	1	外购		
24	T4	中频变压器TF10-922（白色）	1	外购		

旧底图总号						
底图总号			拟制	王波	2011.4.2	CEC2.022.110GPM
			审核	李梓	2011.4.8	
日期	签名		标准化	聂瑞	2011.5.7	第 1 页　共 2 页
			批准	杨鹏	2011.5.10	
更改标记	数量	更改单号	签名	日期		
	描图：王波		描校：李梓			

6.4 文件标准化管理

6.4.1 标准与标准化

1. 标准

标准的含义是对重复性事物和概念所作的统一规定。它以科学、技术和实践经验的综合情况为基础，经过有关方面协商一致，由主管机构批准，以特定形式发布，作为共同遵守的准则和依据。标准是科学技术成果同社会实践相结合的产物。标准的对象具有事物和概念重复出现的特征。标准有特定的格式和制定、审批、发布的程序。

2. 标准化

标准化的含义是在经济、技术、科学及管理等社会实践中，对重复性事物和概念通过制定、实施标准，达到统一，以获得最佳秩序和社会效益的过程。

标准化的任务就是制定标准、组织实施贯穿标准及对标准的实施进行监督。标准化强调实践性，标准的制定和修订要不断地适应科研和生产的发展。标准化活动具有明确的目的性和效益性，通过实施标准达到统一，以获得最佳秩序的社会效益。标准的制定、实施及监督都具有法定性，强制性的标准一经批准发布，就是技术法规，任何单位和个人都必须严格执行，任何单位不得擅自更改或降低标准的要求。

6.4.2 标准的分级

标准的分类方式很多，按照标准的使用性质，可分为强制性标准和推荐性标准。保障人体身体健康和人身、财产安全的标准以及法律和行政法规规定强制执行的标准就是强制性标准，而其他标准就是推荐性标准。按照标准的属性可分为技术标准、经济标准和管理标准 3 种。标准还有国际标准和国外先进标准，在《中华人民共和国标准法》中国家鼓励积极采用国际先进标准。按标准的级别或层次，我国的标准分为国家标准、行业标准、地方标准和企业标准 4 级。

21世纪高职高专电子信息类实用规划教材

1. 国家标准

对于需要在全国范畴内统一的技术要求，应当制定国家标准(GB)。国家标准是我国标准体系中的主体，主要包括以下几个方面的标准。

(1) 有关通用的名词术语、互换配合的基础标准。

(2) 有关安全、卫生和环境保护的标准。

(3) 有关人民生活、量大面广、跨部门生产的重要工农业产品标准。

(4) 基本原料、材料标准。

(5) 通用零部件、元器件、构件和工具、量具标准。

(6) 通用的试验方法和检验方法等。

国家标准一经批准和发布，各级生产、建设、科研、设计、管理部门和企业、事业单位都应当严格贯彻执行，不能擅自更改或降低标准的要求。以"GB"表示强制性国家标准，以"GB/T"表示推荐性国家标准。国家标准由国务院标准化行政主管部门编制计划，组织草拟，统一审批、编号和发布。

2. 行业标准

对于没有国家标准，而又需要在全国某个行业范围内统一的技术要求，可以制定行业标准(ZB)。制定行业标准应当遵守有关强制性国家标准的规定，行业标准不得与国家标准相抵触。有关行业标准间要相互协调，保持统一。同一标准化对象同一内容，不得重复制定。行业标准由行业标准归口管理部门统一管理，如机械行业标准"JB"、通信行业标准"YD"、化工行业标准"HG"、船舶行业标准"CB"等。

3. 地方标准

对于没有国家标准和行业标准，而又需要在省、自治区、直辖市范围内统一的工业产品的安全、卫生要求，可制定地方标准(DB)。地方标准不得与国家标准、行业标准相抵触。

4. 企业标准

企业生产的产品没有国家标准、行业标准和地方标准时，应当制定相应的企业标准(QB)，对已有国家标准、行业标准和企业标准的，鼓励企业制定严于国家标准、行业标准或地方标准要求的企业标准。

6.4.3　文件标准化管理

1. 文件标准化管理的定义

文件标准化管理是指运用标准化的手段，对技术文件的种类、格式、内容、填写方法、组织实施、发布和使用程序等实现标准化，保证技术文件的成套、完整和统一的工作。通过标准化的实施使组织在组织生产时，可提高生产效率、降低成本、保证产品质量、降低材料消耗。组织应根据自身的特点、专业化程度、生产产品的特点、设备和技术人员的水平选用和制定适合自身的技术文件标准格式。

2. 文件标准化管理要求

技术文件标准化管理，就是将相关标准的格式、内容及要求具体地应用到技术文件的编制过程中，使之符合标准。将格式各异的技术文件进行统一。

1) 技术图纸的标准化

(1) 图纸的幅面及格式应符合相应的国家标准或行业标准的要求，在绘制技术图样时，应优先选用所规定的基本幅面，必要时允许选用所规定的加长幅面。

(2) 图纸的主题栏、明细栏应按相应的标准规范正确地填写。有些技术文件还需要填写倒号栏。

(3) 技术文件中的字体、字号、图样的比例、线条的粗细等都必须按照统一的标准要求。

(4) 技术文件要有完整的会签。产品设计文件和产品工艺文件要具备成套性要求。

2) 技术文件分类管理

技术文件主要包括设计文件和工艺文件，此外，还有设计任务书、技术合同、开发计划、更改通知单等涉及产品的设计、生产、销售、服务等领域的文字或图样资料。在对这些技术文件管理时，应进行分类管理，便于查阅和修订。

6.5　技术文件计算机处理系统简介

技术文件计算机处理系统主要包括计算机绘图、工程设计、处理与管理系统。

6.5.1　计算机绘图

计算机绘图，也就是电子 CAD，目前有许多 CAD 绘图软件，如 AutoCAD、Protel、CAXA 电子图板等计算机辅助软件。随着计算机处理技术的发展，各种 CAD 软件层出不穷，性能越来越好，功能越来越强。但是，其系统的基本构架是一致的，如图 6.9 所示。

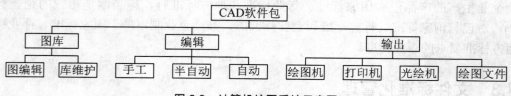

图 6.9　计算机绘图系统示意图

在绘图软件中的核心部分是图形编辑模块，软件功能越强，其自动化、智能化程度就越高，绘图效率也就越高。目前的印制电路板绘图可以由电原理图到印制板图自动布局与布线。现在流行的许多电子线路 CAD 软件，将电绘图、电路仿真和模拟试验完全融合在一起，大大地节省了产品设计和开发的时间。

6.5.2　工程图处理与管理系统

工程图处理与管理系统也称无纸技术档案库。它是将图纸录入、净化、修改、输出、矢量化等图形处理，并将设计与管理融为一体的综合管理系统。其结构如图 6.10 所示。

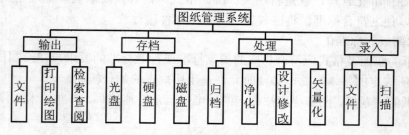

图 6.10　工程图自动综合管理系统示意图

在工程图自动综合管理系统中，任何一种软件所绘出的图纸都可以作为一个文件归入系统，而且手工绘制的图纸和旧的图纸也可通过扫描的方式输入，通过图纸净化、交互分层、矢量化处理、修改，统一为系统档案。利用数据库及网络技术可以实现对各种工程图纸的检索与查阅，图纸的分类、管理、查阅权限的设置等非常灵活，给图纸技术文件的管理带来极大的优越性。

6.5.3　计算机辅助工艺计划

计算机辅助工艺计划(Computer Aided Process Planning，CAPP)，它通过计算机进行工艺路线制定、工序设计、加工方法选择、工时定额计算等，以及工装设计、夹具设计、刀具和切削用量的选择等，并且能自动生成必要的工艺卡和工艺文件。

本 章 小 结

(1) 学习了电子产品技术文件的基本种类，电子产品的技术文件主要有设计文件和工艺文件，技术文件编写的基本要求及电子产品技术文件的标准化要求。

(2) 学习了电子产品的分级，电子产品分为零件、部件、整件和成套设备，设计文件的种类和设计文件的编号方法。

(3) 学习了设计文件的成套性，设计文件的基本格式和设计文件的基本填写方法。

(4) 学习了常用设计文件的编写方法，如产品标准、技术条件、技术说明书、使用说明书、整件明细表、整件汇总表、备附件及工具汇总表、成套运用文件清单等。

(5) 学习了工艺文件的定义、分类及作用，工艺文件的成套性和编号方法。

(6) 学习了工艺文件的编制原则、编制依据、编制方法和技术要求。

(7) 学习了电子产品常见工艺文件的编写方法，如工艺文件封面、工艺文件明细表、工艺流程图、元器件引出端成形工艺表、装配工艺过程卡、导线及线扎加工卡片、工艺说明、配套明细表、检验卡、外协件明细表及工艺文件更改通知单等的编写方法。

(8) 学习了标准及标准化的基本概念，标准的分级及技术文件的标准化管理。

(9) 学习了技术文件的计算机处理的基本知识。

习 题 6

1. 电子产品技术文件是如何分类的?
2. 技术文件的作用是什么?
3. 什么是电子产品设计文件?
4. 什么是工艺文件?
5. 说明编写技术文件的基本要求。
6. 电子产品设计文件有哪些?

7. 说明技术文件的主要内容。

8. 简述技术说明书的主要内容。

9. 简述使用说明书的主要内容。

10. 简述电子产品整件明细表的主要内容。

11. 工艺文件是如何分类的?

12. 简述工艺文件的主要作用。

13. 简述编制工艺文件的原则。

14. 简述编制工艺文件的依据。

15. 简述编制工艺文件的基本要求。

16. 什么是标准?

17. 标准化的含义是什么?

18. 我国标准是如何分级的?

19. 技术文件标准化管理的含义是什么?

20. 计算机辅助工艺计划的含义是什么?

第 7 章

电子产品品质管理

教学目标

通过本章的学习，理解电子产品质量及其管理的重要性，掌握 ISO 9000 系列质量管理标准的基本原则，理解全面质量管理的重大意义，掌握电子产品质量检验的程序、基本方案和质量标准，掌握电子产品"3C"质量认证的基本程序。

电子科学技术的飞跃发展，电子产品的广泛应用，电子产品的质量特别受到消费者和企业的关注。企业如何保证电子产品批量生产的质量水平、内部如何进行质量管理、如何进行产品质量检验，这是本章讨论的问题。

7.1 电子产品的主要特点与要求

7.1.1 电子产品的特点

随着电子科技技术的发展，特别是超大规模集成电路和数字技术的发展应用，和现代社会人们对生活高质量的要求，电子产品种类繁多，不同类型的产品各具特点，除了其各种各样的使用功能外，目前就电子产品的整体而言，比较典型的特点如下：

(1) 随着数字技术和大规模集成电路的发展，现代电子产品功能强大、应用领域极其广泛。

(2) 体积小，重量轻。

(3) 操作简单，人性化，

(4) 性能可靠性高，使用寿命长。

(5) 特定电子产品设备的精度高，控制系统复杂。

(6) 技术综合性强，产品更新换代快。

由于电子产品的这些特点，对电子产品的要求就越来越高。

7.1.2 电子产品的要求

各种电子产品根据其不同的应用领域都有不同的要求，特别是不同种类的应用功能均不相同，根据不同电子产品的标准，可以归类为以下基本要求。

1. 电气性能要求

只要涉及电子类的产品，电气性能要求是首要的，比如通信类产品就有电压适应范围、额定电压、电流、频率范围、接收灵敏度、选择性、失真度、隔离度、输入功率、输出功率等；音/视频类产品就有工作电压、输入功率、输出功率、输入电平、图像重显率、图像几何失真、色度、亮度、对比度、音频输出功率、音频频率范围(频谱曲线)、音频不失真度等。所以把电子产品的所有电类方面的要求统统归为电气性能，就是该产品满足基本功能的电气性能要求，每一种产品电气性能都是不一样的，详见各自的产品技术标准。

2. 安全性要求

由于电子产品的硬件是由各类电子元器件、连接件、金属或塑料外壳等组成的，必须在通电的情况下才能进入正常的工作状态，所以电子产品必须要有防触电、防辐射、防雷击等安全性要求。电子产品的安全性涉及人身、财产安全的重大问题，根据不同应用的电子产品其安全性要求略有不同，所以国家根据不同类产品并参照国际电工委员会标准，编制了各类电子产品的安全标准，如音/视频产品的国家安全标准 GB 8898—2011 《音频、视频及类似电子设备安全要求》，该标准等效于 IEC 60065《音频、视频和类似电子设备安全要求》；如计算机信息设备安全标准 GB 4943.1—2011《信息技术设备安全第 1 部分： 通用要求》等。

这些标准分别对不同电子产品的安全性做出了具体要求，并规定凡是在国家规定的电子产品安全目录中的产品，在进入应用领域、进入市场以前必须通过中国强制性认证——"3C"认证(China Compulsory Certification，CCC)，即产品必须在国家授权的中立实验室进行按照相关安全标准的测试、试验，试验合格的产品由"3C"认证中心颁发认证合格证书和认证标注，才有资格进入市场。

3．环境试验要求

环境试验，是指电子产品在使用过程中在承受各种机械、温度、湿度、气氛等环境影响下，能保证正常工作能力的各种试验。这些试验主要包括以下内容：

(1) 温度试验。

(2) 湿度试验。

(3) 高、低温冲击试验。

(4) 低气压试验。

(5) 盐雾试验。

(6) 振动试验。

(7) 跌落试验。

(8) 机械冲击试验。

4．外观要求

每种电子产品的外观都不一样，特别是进入现代社会，各种产品都进行人性化设计，比如手机，在满足功能性能的条件下，都有各种不一样的款式，但是无论什么款式，在质量方面对其外观的基本要求有表面划伤、表面缺陷、色差、按键灵敏度、装配误差等。

有了这些电子产品的要求，把这些要求都可以认为是电子产品的质量要求，要达到这些要求，就必须有一整套质量管理的措施，因为产品是设计生产和检验出来的，必须要把这些要求进行分解，让它们都分配到不同的工作内容和管理层面上去，确保出品的产品是符合质量要求的。因此，必须对生产企业做出质量管理的要求，即按照国际通行的 ISO 9000 系列质量标准进行管理。

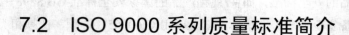

7.2 ISO 9000 系列质量标准简介

7.2.1 ISO 9000 质量标准简介

ISO 9000 是质量管理和质量保证的国际标准，它由 TC176(质量管理与质量保证技术委员会)制定，起源于美军品标准，ISO 9000 质量系统包含 20 项要素，是设计开发、生产安装和服务的质量保证模式。

ISO 9000 系列质量标准是被全球认可的质量管理体系标准之一，它是国际标准化组织(ISO)于 1987 年制定后经不断修改完善而成的系列质量管理和质量保证标准。现已有 90 多个国家和地区将此标准等同转化为国家标准。ISO 9000 系列标准自 1987 年发布以来，经历了几次修改，现今已形成了 ISO 9001：20000 系列标准。我国等同采用 ISO 9000 系列标准的国家标准是 GB/T 19000 族标准《质量管理体系基础和术语》。

1. ISO 9000 系列标准规范质量管理的途径

ISO 9000 系列标准并不是产品的技术标准，而是企业保证产品及服务质量的标准。一般来讲，电子企业活动由 3 个方面组成，即产品开发、经营和管理。在管理上主要表现为行政管理、财务管理、质量管理。ISO 9000 系列标准是主要针对质量的管理标准，同时也涵盖了部分行政管理和财务管理的范畴。它从企业的管理结构、人员和技术能力、各项规章制度和技术文件、内部监督机制等各方面来规范质量管理，简单地讲，就是把企业的管理标准化。具体规范途径如下。

(1) 机构方面。标准明确规定了为保证产品质量而必须建立与之相适应的管理机构及其职责权限。

(2) 企业管理程序方面。企业组织产品生产必须制定规章制度、技术标准、质量手册、质量体系操作检查程序，并使之标准化、文件化、档案化。

(3) 经营过程方面。质量控制是对生产的全部过程加以控制，是面的控制，不是点的控制。从根据市场调研确定产品、设计产品、采购原料，到生产检验、包装、储运，其全过程按程序要求控制质量，并要求过程具有标识性、监督性和可追溯性。

(4) 改进。通过不断地总结、评价质量体系，不断地改进质量管理水平，不断提高产品质量。

2. 现行 ISO 9000 系列标准包括的核心标准

(1) ISO 9000《质量管理体系基础和术语》。

(2) ISO 9001《质量管理体系要求》。

(3) ISO 9004《质量管理体系业绩改进指南》。

(4) ISO 19011《质量和(或)环境管理体系 审核指南》。

质量管理系列标准的总体构成和基本关系如图 7.1 所示。

21世纪高职高专电子信息类实用规划教材

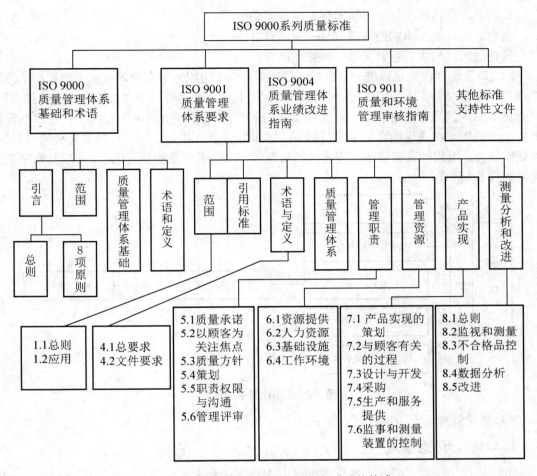

图 7.1　ISO 9000 质量管理系列标准总体构成

7.2.2　ISO 9000 标准质量管理的基本原则——8 项基本原则

产品质量是企业生存的关键。影响产品质量的因素很多，单纯依靠检验只不过是从生产的产品中挑选出合格的产品，不可能以最佳成本持续、稳定地生产合格品。

8 项质量管理原则是 ISO TC176 在总结了质量管理实践经验的基础上用高度概括，同时又易于理解的语言所表述的质量管理最基本、最通用的一般性规律质量管理基础。

原则之一：以顾客为关注焦点——基本原则。

原则之二：领导作用——关键因素。

原则之三：全员参与——群众基础。

原则之四：过程方法——控制方法。

原则之五：管理的系统方法——系统方法。

原则之六：持续改进——基本原则。

原则之七：基于事实的决策方法——信息方法。

原则之八：与供方互利关系——兼顾原则。

8 项质量管理原则可以统一、概括地描述为：一个组织的最高管理者应充分发挥"领导作用"，采用"过程方法"和"管理的系统方法"，建立和运行一个"以顾客为关注焦点"、"全员参与"的质量管理体系，注重以数据分析等"基于事实的决策方法"，使体系得以"持续改进"。在满足顾客要求的前提下，使供方受益，并建立起"与供方互利的关系"，以期在供方、组织和顾客这条供应链上的良性运作，实现多赢的共同愿望。8 项原则的理解关系如图 7.2 所示。

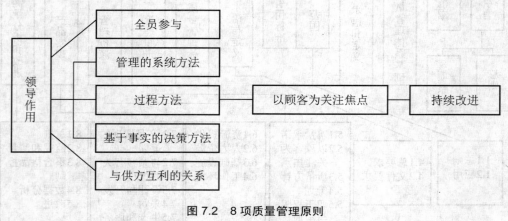

图 7.2　8 项质量管理原则

8 项质量管理原则的理解要点如下。

1. 以顾客为关注焦点

组织依存于顾客。因此，组织应理解顾客当前的和未来的需求，满足顾客要求并争取超越顾客的期望。

理解要点：通过对市场机遇灵活与快速的反应，以获得收益和市场份额的提高；提高组织资源利用的有效性以增强顾客满意度；增进顾客忠诚，招徕再次业务。

2. 领导作用

领导者确立组织的统一宗旨、方向，并创造使员工能够充分参与实现组织目标的内部环境。

理解要点：组织的领导者的作用主要体现在两个方面。

(1) 为组织确立统一的宗旨和方向，即为组织的未来建立清晰、宏伟的前景。

(2) 为员工创造一个能充分参与实现组织目标的内部氛围和环境。

确立统一的宗旨和方向是组织经营、发展和运作的目标，员工的充分参与是实现这些目标的基础，因此领导作用的发挥是质量管理体系的建立、实施、保持和改进中应起到的主导地位和关键作用。

3. 全员参与

全员参与是指各级人员是组织之本，只有他们的充分参与，才能使他们的才干为组织带来最大的收益。

理解要点：

"参与管理"是现代管理的重要特征，是一种高效的管理模式，组织的质量管理活动是通过内部各职能、各层次人员参与产品实现过程来实施的，过程的有效性取决于各级人员的意识、能力和主动精神。

组织内人人充分参与是组织良好运作的必需要求，而全员参与的核心是调动人的积极性，参与的关键是激励，组织管理者应善于利用各种激励因素，包括目标、物质、精神、自我价值激励等，提高员工的参与意识，当每个人的才干得到充分发挥并能实现创新和持续改进时，组织将会获得最大的收益(影响流程效率的主要原因：缺少过程跟踪和激励)。

树立质量意识，在不合格(差错)面前主动承担责任；主动地寻求改进；主动地寻求机会来加强他们的技能、知识和经验。

4. 过程方法

过程方法是指将活动和相关的资源作为过程进行管理，可以更高效地得到期望的结果。通过有效地使用资源以降低成本和缩短周期。获得经过改进、协调一致并可预测的结果。关注重点和优先的改进机会。

理解要点：

(1) 过程：一组将输入转化为输出的相互关联或相互作用的活动。来自一个过程的输出通常是其他过程的输入。总的目标通过过程策划和过程控制来实现增值。

(2) 企业每个部门要识别本部门每一个具体的业务过程，把过程编成相应的质量程序文件，即"写我该做的，做我该写的"，主要强调一个可操作性。

5. 管理的系统方法

"系统"是指将组织中为实现目标所需的全部相互关联或相互作用的一组要素予以综合考虑。管理的系统方法是指将相互关联的过程作为系统加以识别、理解和管理，有助于组织提高实现目标的有效性和效率。

理解要点： 针对制定的目标，识别、理解并管理一个由相互联系的过程所组成的体系。

P—策划：根据顾客的要求和组织的方针，建立提供结果所必要的目标和过程。

D—实施：实施过程。

C—检查：根据方针、目标和产品要求，对过程和产品进行监视和测量，并报告结果。

A—处理：采取措施，以持续改进过程业绩。

这些过程息息相关，是一个闭环的系统(PDCA 循环)、是一个持续改进的系统。每个部门是一个子系统，整个公司是一个大系统。

6. 持续改进

持续改进是组织的一个永恒的目标。其主要收益是：通过改善组织能力创造业绩；根据组织的战略意图协调各层次的改进活动；对机遇的快速灵活反应，如图 7.3 所示。.

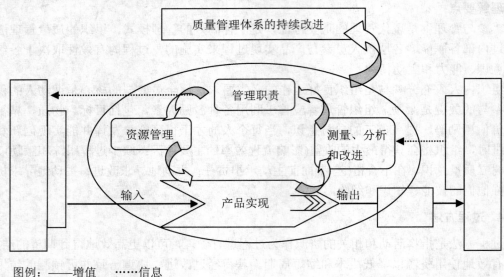

图例：——增值　……信息

图 7.3　质量管理体系的持续改进

7. 基于事实的决策方法

有效决策建立在数据和信息分析的基础上。当输入的信息和数据是足够的且能准确地反映事物的真实性，决策才最正确。

其主要收益是：有信息依据的决策；通过参照事实记录，证明过去决策的有效性以增长能力；增强对各种意见和决定加以评审、质疑和改变的能力。

理解要点：

(1) 实施本原则要开展的活动。

(2) 对相关的质量目标值。

(3) 客户满意度数据。

(4) 供方的数据。

(5) 服务数据、服务检查结果数据。

(6) 使用有效的方法分析数据和信息。

8. 与供方互利的关系

组织与供方是相互依存的、互利的关系，可增强双方创造价值的能力(供应链、三赢)。其主要收益是：增强双方创造价值的能力；对市场或顾客的需求和期望的变化，联合做出灵活、快速的反应；成本和资源的优化。

7.2.3　电子企业建立 ISO 9000 质量管理体系

1. 建立 ISO 9000 质量管理体系的必要性

一个企业要发展，应以质量管理为中心，以顾客为关注焦点，确保实物产品质量。建立和实施 ISO 9000 质量管理体系，才能满足企业规定的质量目标，确保影响产品质量的技术、管理和人的因素处于受控状态。ISO 9000 标准就是这样的质量体系，其质量管理的基本原则为把顾客作为关注焦点，强调领导作用和全员参与，依据产品实际对质量进行过程控制和系统的管理，通过持续改进，达到企业与用户共赢的目的。具体地体现在以下几个方面。

1) 按照"管理的系统方法"和"过程方法"的原则控制所有过程的质量

一个企业的质量管理是通过对企业内各种过程进行管理来实现的，这是 ISO 9000 标准关于质量管理的理论基础。当一个企业为了实施质量体系而进行质量体系策划时，首要的是结合本企业的具体情况，确定应有哪些过程，然后分析每一个过程需要开展的质量活动，确定应采取的有效的控制措施和方法。

2) 控制质量的出发点是预防不合格

ISO 9000 标准要求在产品使用寿命期限内的所有阶段都体现预防为主的思想。通过控制市场调研，准确地确定市场需求，开发新产品，防止因盲目开发造成产品不适合市场需要而滞销，浪费人力、物力；通过控制设计过程的质量，确保设计产品符合使用者的需求，防止因设计质量问题，造成产品质量先天性的不合格和缺陷；通过控制采购的质量，选择合格的供货单位并控制其供货质量，确保生产产品所需的原材料、外购件、协作件等符合规定的质量要求，防止使用不合格外购产品而影响成品质量。

通过确定并执行适宜的生产方法，使用适宜的设备，保证设备正常工作，控制影响质量的参数和人员技能，确保制造出符合设计质量要求的产品，严禁不合格产品的产生；通过按质量要求进行进货检验、过程检验和成品检验，确保产品质量符合要求，防止不合格的零部件、元器件投入生产，防止将不合格的工序产品转入下道工序，防止将不合格的成品交付给顾客；通过控制检验、测量方式和实验设备的质量，确保使用合格的检测手段进行检验和试验，确保检验和试验结果的有效性，防止因检测手段不合格造成对产品质量不正确的判定；通过采取有效措施保护，防止在产品搬运、储存、包装、防护和交付时损坏及变质。在管理和售后服务过程中，文件和资料进行严格的标准化管理，确保所有的场所使用的文件和资料都是现行有效的，防止使用过时或作废的文件，造成产品或质量体系要素的不合格；通过全员培训，对所有对质量有影响的工作人员都进行培训，确保他们能胜任本岗位的工作，防止因知识或技能的不足，造成产品的不合格；当产品发生不合格或顾客投诉时，按照质量追索方法查明原因，针对原因采取纠正措施以防止问题的再发生；还应通过各种质量信息的分析，按照 PDCA 循环的方法主动地发现潜在的问题，防止问题的再次出现，从而改进产品的质量。

3) 质量管理的中心任务是建立并实施文件化的质量体系

产品质量是在产品生产的整个过程中形成的，所以实施质量管理必须建立质量体系，且质量体系要具有很强的操作性和检查性。ISO 9000 要求一个企业所建立的质量体系应形成文件并按文件要求执行。质量体系文件分为 3 个层次："质量手册"、"质量程序文件"和其他质量文件及技术文件。"质量手册"是规定了企业的质量方针、质量目标和用 ISO

9000 标准描述质量体系的文件。"质量程序文件"是为了控制每个过程的质量，对如何进行各项质量活动规定的有效措施和方法。其他质量文件包括作业指导书、报告、表格等，是工作者使用的详细的作业文件。对质量体系文件内容的基本要求是：该做的要写到，写到的要做到，做的结果要有记录，即：写所需做的，做所写的，记录所做的。

质量体系文件是质量体系的软件部分，是供方质量体系的文字描述。质量体系的各个方面，诸如组织机构、质量责任、体系要素的控制程序、技术规程、工艺规程和检验规程等，都要形成文件，作为人们活动的依据。因此，制定体系文件就是质量立法。健全质量体系文件，可使供方各项质量活动有法可依、有章可循，把行之有效的质量管理手段和方法给予制度化、法规化。质量体系文件包括"质量手册"、"质量程序文件"和其他支持性文件(如工艺文件、作业指导书等)。

(1) 质量手册。

质量手册一般可规定以下基本内容。

①企业的质量方针。

②企业的组织机构及其质量职责。

③各质量体系要素的基本控制程序。

④质量手册的管理办法。

(2) 质量程序文件。

书面的质量体系程序是对那些影响质量的活动进行全面策划和管理所用的基本文件。它包括企业中与质量管理有关的各种管理标准、工作标准和规章制度。写你要做的，做你所写的，记录做过的，检查其效果，改正其不足。

(3) 作业指导书。

作业指导书是一种质量文件，它是指导企业的员工如何做好规定的质量活动，如"工艺文件"中的操作卡片等。

2. 电子企业建立 ISO 9000 质量管理体系的步骤

推行 ISO 9000 标准有以下 5 个基本的程序：知识准备→立法→宣传和贯彻→执行→监督和改进。企业可以根据自身的具体情况，对上述 5 个程序进行规划，按照一定的推行步骤，就可以顺利推行 ISO 9000 标准。以下是企业推行 ISO 9000 的典型步骤，这些步骤中完整地包含了上述 5 个程序。

(1) 对企业原有质量体系进行识别、诊断，找出问题所在。

(2) 任命质量管理者代表，组建 ISO 9000 推行组织。

(3) 制定实施 ISO 9000 目标及相关激励措施。

(4) 接受必要的管理意识、质量意识训练和 ISO 9000 标准知识培训。

(5) 根据企业实际情况编写质量体系文件(立法)，即"质量文件"和"质量程序文件"，并进行文件大面积培训宣传、试行、反馈、发布和运行。

(6) 内审员接受资格训练。

(7) 进行若干次内部质量体系审核，通过评审找出差距进行纠正。

(8) 完善和改进质量管理体系。

(9) 向国家认证中心申请 ISO 9000 质量体系认证。

企业在推行 ISO 9000 之前，应结合本企业实际情况，对上述各步骤进行周密的策划，并给出时间上和活动内容上的具体安排，以确保得到有效的实施效果。企业经过若干次内审并逐步纠正后，若认为所建立的质量管理体系已符合所选标准的要求(具体体现为内审所发现的不符合项较少时)，便可申请外部认证。

7.2.4　ISO 9000 质量管理体系的认证

1．企业申请产品质量认证必须具备的基本条件

(1) 中国企业持有工商行政管理部门颁发的"企业法人营业执照"；外国企业持有有关部门机构的登记注册证明。

(2) 产品符合国家标准、行业标准，或符合国务院标准化行政主管部门确认的企业标准。产品由国家质量技术监督局确认和批准的质量检验机构进行抽样，按照标准进行检验、试验合格，有"试验报告"给予证明。

(3) 产品质量稳定，能正常批量生产。质量稳定指的是产品在一年以上连续抽查合格，并提供连续批的检验记录。小批量生产的产品，不能代表产品质量的稳定情况，正式成批生产产品的企业，才能有资格申请认证。

(4) 生产企业建立的质量体系符合 GB/T 19000—ISO 9000 族中质量保证标准的要求，建立适用本企业的质量标准体系(包括组织体系、文件体系、质量保证体系)，并使其有效运行。

具备以上 4 个基本条件，企业即可向相应认证机构申请认证。

2．申请认证企业需要准备的资料

(1) 营业执照复印件或机构成立批文。

(2) 符合 ISO 9000 质量标准的管理体系文件("质量文件"、"质量程序文件"及相应的技术标准和产品标准)。

(3) 相关资质证明(法律、法规有要求时)，如"3C"认证证书、许可证等。

(4) 代表性产品的设计文件、产品标准、生产工艺流程图或服务流程图。

(5) 企业机构设置图。

(6) 适用的法律法规清单。

3．ISO 9000 体系认证步骤

一般 ISO 9000 体系认证分以下 3 种阶段进行。

第一阶段主要任务是进行内审员培训，培训 ISO 9000 相关知识以及进行内审的方法。内审员即企业内部质量审核员，由企业选派员工参加由国家认证培训中心组织或由其授权的质量咨询机构举行的内审员培训班，学习有关 ISO 9000 标准和质量管理的知识，经过考试合格者颁发"内审员合格证"。内审员是企业质量管理工作的骨干。

第二阶段是咨询，流程为：与相关质量认证咨询机构签约，接受质量咨询师进驻企业→在咨询师指导下制定质量认证计划，编制"质量手册"、"质量程序文件"，调整相关组织机构，建立质量体系，进行文件审定→在咨询师指导下试运行，自查及纠正→进行评审辅导→咨询机构出具咨询总结意见。

第三阶段是正式质量体系认证，流程为：向国家质量技术监督局认可的质量认证机构提交认证申请，签订认证合同→审核文件准备和提交→认证机构现场审核，提出整改项目→企业对整改项目提出纠正措施，并整改。认证机构如认定达到要求，即批准，并启动注册手续，颁发 ISO 9000 质量体系认证合格证书。

建立 ISO 9000 质量管理体系的程序如图 7.4 所示。

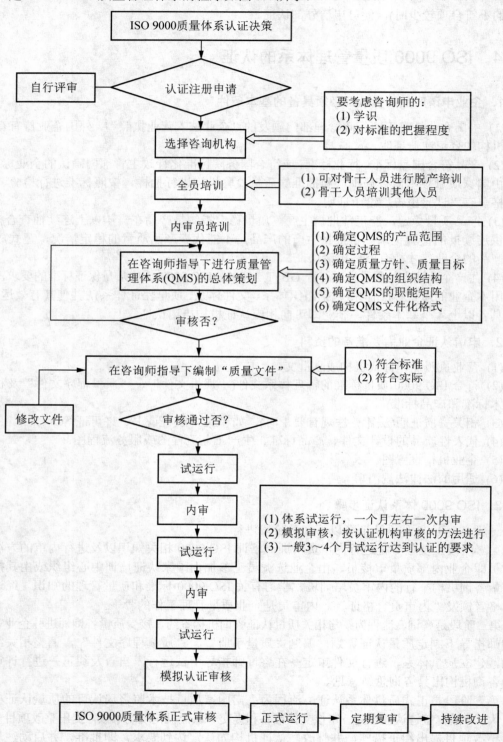

图 7.4　建立 ISO 9000 质量管理体系的程序

7.3　电子产品生产与品质管理

7.3.1　生产管理

1. 生产的概念

生产是一切社会组织将它的输入转化为输出的过程。表 7.1 所示是生产的输入/输出过程的例子。

表 7.1　生产的输入/输出过程

社会组织	主要输入	转化的内容	主要输出
工厂	原材料	加工制造	产品
运输公司	产地的物资	位移	销地的物资
修理站	损坏的机器	修理	修复的机器
电子企业	元器件、零部件	设计、装配	电子整机产品
大学	高中毕业生	教学	高级专门人才

2. 生产管理的概念

生产管理是对生产运作系统的设计、运行与维护过程的管理，它包括对生产运作活动进行计划、组织与控制。

3. 生产管理的任务

通过生产组织工作，按照企业目标的要求，设置技术上可行、经济上合算、物质技术条件和环境条件允许的生产系统；通过生产计划工作，制订生产系统优化运行的方案；通过生产控制工作，及时、有效地调节企业生产过程内外的各种关系，使生产系统的运行符合既定生产计划的要求，实现预期生产的品种、质量、产量、出产期限和生产成本的目标。生产管理的目的就在于做到投入少、产出多，取得最佳经济效益。而采用生产管理软件的目的，则是提高企业生产管理的效率，有效管理生产过程的信息，从而提高企业的整体竞争力。

1) 生产过程的概念

它是指从原材料投入到产品产出的全过程，通常包括工艺过程、检验过程、运输过程、等待停歇过程和自然过程。是劳动过程(基本过程)和自然过程(借助外力作用)的总和。

2) 生产过程的构成

生产过程由生产技术准备过程、辅助生产过程、基本生产过程、生产服务过程和附属生产过程构成。

(1) 生产技术准备过程。

产品在投入生产前所进行的各种生产技术准备工作，如产品设计、工艺设计、工装设计和制造、标准化工作、定额工作、劳动组织、设备布局、新产品鉴定等工作。

(2) 辅助生产过程。

为保证基本生产过程的正常进行而从事的各种辅助性活动，如机械制造企业中的动力生产、工具制造、设备维修等工作。

(3) 基本生产过程。

直接为完成企业的基本产品所进行的生产活动，它代表企业的基本特征和专业方向。例如，电子企业的元器件部装、整机组装；机械制造企业的锻造、加工装配等工作。

(4) 生产服务过程。

为基本生产过程的正常进行而从事的各种生产服务活动，如原材料、半成品和工具的保管、供应、运输、试验与理化检验及包装、发运等工作。

(5) 附属生产过程。

企业根据本身条件和市场需要生产某些非企业专业方向产品的过程，如机械厂利用一些边角余料制造小五金制品等工作。

7.3.2 品质管理在企业中的实现

企业按照 ISO 9000 质量管理标准建立了质量管理体系，要推行全面质量管理。全面质量管理(Total Quality Management，TQM)是指在全社会的推动下，企业中所有部门、所有组织、所有人员都以产品质量为核心，把专业技术、管理技术、数理统计技术集合在一起，建立起一套科学、严密、高效的质量保证体系，控制生产过程中影响质量的因素，以优质的工作、最经济的办法提供满足用户需要的产品的全部活动。其特点是：全面性，控制产品质量的各个环节、各个阶段；全过程的质量管理；全员参与的质量管理；全社会参与的质量管理。全面质量管理过程的全面性，决定了全面质量管理的内容应当包括设计过程、制造过程、辅助过程、使用过程等 4 个过程的质量管理。

(1) 设计过程质量管理的内容。产品设计过程的质量管理是全面质量管理的首要环节。这里所指的设计过程，包括市场调查、产品设计、工艺准备、试制和鉴定等过程(即产品正式投产前的全部技术准备过程)。主要工作内容包括通过市场调查研究，根据用户要求、科技情报与企业的经营目标，制定产品质量目标；组织有销售、使用、科研、设计、工艺、制度和质管等多部门参加的审查和验证，确定适合的设计方案；保证技术文件的质量；做好标准化的审查工作；督促遵守设计试制的工作程序等。

(2) 制造过程的质量管理的内容。制造过程是指对产品直接进行加工的过程。它是产品质量形成的基础，是企业质量管理的基本环节。它的基本任务是保证产品的制造质量，建立一个能够稳定生产合格品和优质品的生产系统。主要工作内容包括组织质量检验工作；组织和促进文明生产；组织质量分析，掌握质量动态；组织工序的质量控制，建立管理点等。

(3) 辅助过程质量管理的内容。辅助过程是指为保证制造过程正常进行而提供各种物资技术条件的过程。它包括物资采购供应、动力生产、设备维修、工具制造、仓库保管和运输服务等。它的主要内容有：做好物资采购供应(包括外协准备)的质量管理，保证采购质量，严格入库物资的检查验收，按质、按量、按期地提供生产所需要的各种物资(包括原材料、辅助材料，燃料等)；组织好设备维修工作，保持设备良好的技术状态；做好工具制造和供应的质量管理工作等。另一方面，企业物资采购的质量管理也将日益显得重要。

(4) 使用过程质量管理的内容。使用过程是考验产品实际质量的过程，它是企业内部质量管理的继续，也是全面质量管理的出发点和落脚点。这一过程质量管理的基本任务是提高服务质量(包括售前服务和售后服务)，保证产品的实际使用效果，不断促使企业研究和改进产品质量。它的主要工作内容有：开展技术服务工作，处理出厂产品质量问题；调查产品使用效果和用户要求。

7.3.3　质量检验

电子企业按照 ISO 9000 质量管理体系运行，其设计过程和生产过程均按照"程序文件"进行，质量检验是过程中不可缺少的重要环节，一般从过程管理来讲，检验可分为元器件入厂检验、生产过程检验和整机检验，而整机检验还可分为定型检验、交收检验等。按检验过程分类，检验可分为全检和抽检。按检验的特点分类，检验可分为外观检验、性能检验和例行试验等。

1. 质量检验的概念

1) 检验的含义和任务

ISO 9000 中的 3.8.2 指出，检验是"通过观察和判断，适当结合测量、试验所进行的符合性评价"。

检验包括 4 个基本要素：

(1) 量度。采用试验、测量、化验、分析与感官检查等方法测定产品的质量特性。

(2) 比较。将测定结果同质量标准进行比较。

(3) 判断。根据比较结果，对检验项目或产品做出合格性的判定。

(4) 处理。对单件受检产品，决定合格放行还是不合格返工、返修或报废。

对受检批量产品，决定是接收还是拒收。对拒收的不合格批产品，还要进一步做出是否重新进行全检或筛选甚至报废的结论。

一般来说，质量检验有 5 项基本任务：

(1) 鉴别产品(或零部件、外购物料等)的质量水平，确定其符合程度或能否接收。

(2) 判断工序质量状态，为工序能力控制提供依据。

(3) 了解产品质量的等级或缺陷的严重程度。

(4) 改善检测手段，提高检测作业发现质量缺陷的能力和有效性。

(5) 反馈质量信息，报告质量状况与趋势，提供质量改进的建议。

为了进行并做好质量检验工作，必须具备下述条件：

(1) 要有一支熟悉业务、忠于职守的质量检验队伍。

(2) 要有可靠和完善的检测手段。

(3) 要有一套齐全、明确的检验标准。

(4) 要有一套既严格又合理的检验管理制度。

2) 检验的质量职能和职能活动

(1) 检验的质量职能。

质量检验作为一个重要的质量职能，其表现可概括为 3 个方面：鉴别的职能、把关的职能和报告的职能。

① 鉴别的职能。检验活动的过程就是依据产品规范(如产品图样、标准及工艺规程等)，按规定的检验程序和方法对受检物的质量特性进行量度，将量度结果与产品规范进行比较，从而对受检物是否合格做出判定。

② 把关的职能。在正确鉴别受检物质量的前提下，一旦发现受检物不能满足规定要求时，应对不合格品做出标记，进行隔离，防止在做出适当处理前被误用。

③ 报告的职能。报告的职能就是信息反馈的职能，是全面质量管理得以有效实施的重要条件。在检验工作的过程中，及时进行信息反馈，采取纠正措施只是报告职能的最起码要求。

(2) 检验的预防作用和改进作用。

检验的预防作用大致反映在下列 4 个方面：

① 生产过程中，要求首件检验符合规范的要求，从而预防批量产品质量问题的发生。

② 通过巡回检验及时发现工序或工步中的质量失控问题，从而预防出现重大的质量事故。

③ 保证检验人员和操作人员统一量仪的量值，从而预防测量误差造成的质量问题。

④ 当终检发现质量缺陷时，及时采取改进措施，预防质量问题的再次发生。

(3) 质量检验的方式及基本类型。

3) 质量检验的方式

质量检验的方式按检验的数量、特征划分，检验方式有以下几种。

(1) 全数检验。全数检验就是对待检产品批 100%地逐一进行检验，又称全面检验或 100%检验。

(2) 抽样检验。抽样检验，是按照数理统计原理预先设计的抽样方案，从待检总体(一批产品、一个生产过程等)取得一个随机样本，对样本中每一个体逐一进行检验，获得质量特性值的样本统计值，并和相应的标准比较，从而对总体质量做出判断(接收或拒收、受控或失控等)。

质量检验的方式按检验的质量特性值的特征划分有：

计数检验；计量检验。计数检验适用于质量特性值为计点值和计件值的场合；计量检验适用于质量特性值为计量值的场合。

质量检验的方式按检验方法的特征划分有以下几种。

(1) 理化检验。理化检验是应用物理或者化学的方法，依靠量具、仪器及设备装置等对受检物进行检验。

(2) 感官检验。感官检验就是依靠人的感觉器官对质量特性或特征做出评价和判断。如对产品的形状、颜色、气味、伤痕、污损、锈蚀和老化程度等，往往要靠人的感觉器官来进行检查和评价。

质量检验的方式按检验对象检验后的状态特征划分有：破坏性检验；非破坏性检验。

4) 质量检验的基本类型

实际的检验活动可以分成 3 种类型，即进货检验、工序检验和完工检验。

(1) 进货检验。

进货检验是对外购货品的质量验证，即对采购的原材料、辅料、外购件、外协件及配套件等入库的接收检验。

(2) 工序检验。

工序检验有时称为过程检验或阶段检验。工序检验的目的是在加工过程中防止出现大批不合格品，避免不合格品流入下道工序。

工序检验通常有 3 种形式，即首件检验、巡回检验、末件检验。

(3) 完工检验。

完工检验又称最终检验，是全面考核半成品或成品质量是否满足设计规范标准的重要手段。

2. 质量检验的主要管理制度

1) 检验计划

检验计划的基本内容应包括检验流程、质量缺陷严重性分级表、检验指导书、测量和试验设备配置计划、人员调配、培训、资格认证等事项的安排和其他需要特殊安排的事宜。

(1) 检验流程图。

检验流程图用来表达检验计划中的检验活动流程、检验站点设置、检验方式和方法及其相互关系，一般应以工艺流程图为基础来设计。

(2) 产品质量缺陷严重性分级，如表 7.2 所示。

表 7.2　检验用产品质量缺陷严重性分级原则

涉及的方面	致命缺陷(Z)	严重缺陷(A)	一般缺陷(B)	轻微缺陷(C)
安全性	影响安全的所有缺陷	不涉及	不涉及	不涉及
电气性能	会引起难以纠正的非正常状态	可能引起易于纠正的非正常状态	不会引起非正常状态	不涉及
寿命	会影响寿命	可能影响寿命	不影响	不涉及
可靠性	必然会造成产品故障	可能会引起难以修复的故障	不会成为故障的起因	不涉及
装配		肯定会造成装配困难或故障	可能会影响顺利装配	不涉及
使用安装	会造成产品安装困难或故障	可能会影响顺利装配	不涉及	不涉及
外观	影响安全性	使产品外观难以接受	对产品外观影响较大	对产品外观有影响
处理权限	总质量师(管理者代表)	质量检验部门负责人	检验工程师	检验员
检验严格性	100%严格检验或加严检验	严格检验(正常检验)	一般正常检验、抽样检验	抽样检验放宽检验

(3) 检验指导书。

检验指导书是产品检验规则在某些重要检验环节上的具体化，是产品检验计划的构成部分。通常对于质量控制点的质量特性的检验作业活动，以及关于新产品特有的、过去没有类似先例的检验作业活动都必须编制检验指导书。

检验指导书的基本内容如下：

① 检验对象。受检物品的名称、图号及在检验流程图上的位置(编号)。

② 质量特性。规定的检验项目、需鉴别的质量特性、规范要求、质量特性的重要性级别、所涉及的质量缺陷严重性级别。

③ 检验方法。检验基准(或层面)、检测程序与方法、检验中的有关计算方法、检测频次、抽样检验的有关规定和数据。

④ 检测手段。检验使用的工具、设备(装备)及计量器具，这些器物应处的状态及使用注意事项。

⑤ 检验判断。正确指明对判断标准的理解、判断比较的方法、判定的原则与注意事项、不合格的处理程序及权限。

⑥ 记录与报告。指明需要记录的事项、方法和记录表式，规定要求报告的内容与方式、程序与时间。

⑦ 对于复杂的检验项目，质量指导书应该给出必要的示意图表及提供有关的说明资料。

2) 三检制

三检制是在生产过程中操作者自检、操作者之间互检和专职检验人员专检相结合的一种检验制度。

(1) 自检就是操作者对自己加工的产品，根据工序质量控制的技术标准自行检验。

(2) 互检就是工人之间相互检验。一般是指：下道工序对上道工序流转过来的在制品进行抽检；同一工作地轮班交接时的相互检验；班组质量员或班组长对本班组工人加工的产品进行抽检等。

(3) 专检就是由专业检验人员进行的检验。专业检验人员熟悉产品技术要求，工艺知识和经验丰富，检验技能熟练，效率较高，所用检验仪器相对正规和精密。因此，专检的检验结果比较正确、可靠。

标识与可追溯性：在检验工作中所检验的产品，一般分为合格品和不合格品，对这些产品一定要进行明确的标识，合格品入库待销售使用，做好批量编号(或条码)管理；不合格品待处理。产品标识和可追溯性的目的主要有两个方面：第一，便于标识产品，防止混料、误发和误用；第二，便于通过产品标识及其相关记录实现产品质量追溯。

3) 不合格品管理

对不合格品(产品、原材料、零部件等)应通过指定机构或人员负责按照标准评审。经过评审，对不合格品可以做出以下的处置。

(1) 返工(Rework)。可以通过再加工或其他措施，使不合格品完全符合规定的要求。

(2) 返修(Repair)。对其采取补救措施后，仍不能完全符合质量要求，但能基本上满足使用要求，判为让步回用品。合同环境下，修复程序应得到需方的同意。修复后需经过复验确认。

(3) 让步(Concession)。不合格程度轻微，不需采取返修补救措施，仍能满足预期使用要求，而被直接让步接收回用。

21世纪高职高专电子信息类实用规划教材

(4) 降级(Regrade)。根据实际质量水平降低不合格品的产品质量等级或作为处理品降价出售。

(5) 报废(Scrap)。如不能采取上述种种处置时，只能报废。报废时，应按规定开出废品报告。

3. 验收抽样检验方案

1) 验收检验中的一些常用术语

(1) 单位产品。

单位产品也可称为个体，是构成产品总体的基本单位。

(2) 样本。

样本由取自产品总体的单位产品(即个体)组成。构成样品的各个单位产品应随机地取自总体，并相互独立，以便使样本的统计特性能够较好地反映总体的分布特性。样本中单位产品的数目称为样本容量或样本大小，一般用 n 来表示。

(3) 交验批。

提供检验的产品总体称为交验批。交验批中单位产品的数目称为批量。当批量有限时常用 N 来表示。

(4) 合格质量水平 AQL。

AQL(Acceptable Quality Level)原来叫"合格质量水平"，在国家标准 GB/T 2828.1—2003《计数抽样检验程序 第 1 部分：按接收质量限(AQL)检索的逐批检验抽样计划》中，AQL 的全称被改为了"接收质量限(Acceptance Quality Limit)"，其定义为"当一个连续系列批被提交验收抽样时，可允许的最差过程平均质量水平。AQL 值的确定一般根据所检验产品在质量中的重要程度或与供方协商的质量水平等因素来确定"。

(5) 缺陷的分级。个体的缺陷往往不止一种，其后果不一定一样。应根据缺陷后果的严重性予以分级。

① 致命缺陷(A 类缺陷)。根据判断对产品的使用及维护人员可能导致人身和财产危害的缺陷或可能损坏重要产品功能的缺陷，叫致命缺陷。

② 重缺陷(B 类缺陷)。不同于致命缺陷，但能引起失效或显著降低产品预期性能的缺陷叫重缺陷。

③ 轻缺陷(C 类缺陷)。不会显著降低产品预期性能的缺陷，或偏离标准差但只轻微影响产品的有效使用或操作的缺陷。

(6) 抽样检验的分类。根据抽样方案是抽取一个还是多个样本，可分为一次抽样、二次抽样、多次抽样、序贯抽样等几种。

① 一次抽样。从批中只抽取一个样本的抽样方式。

② 二次抽样。这是根据第一个样本提供的信息，决定是否抽取第二个样本的抽样方式

③ 多次抽样。这是可能依次抽取多达 K 个样本的抽样方式。

④ 序贯抽样。序贯抽样是逐个地抽取个体。但事先并不固定抽取个数的抽样方式。根据事先规定的规则，直到可以作出接受或拒收此批的决定为止，一般用于大型或贵重产品。

2) 抽样方案

(1) 一次抽样方案。

从批中只抽取一个样本的抽样方式。图 7.6 中，n 为样本大小，d 为样本中测得的不合格品数，A_C 为合格判定数，实施过程如图 7.5 所示。

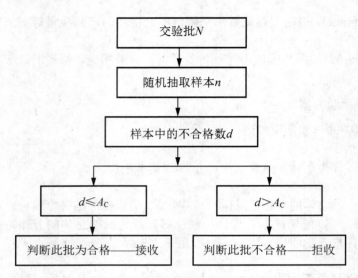

图 7.5　一次抽样方案

(2) 二次抽样方案。

抽样程序如图 7.6 所示。

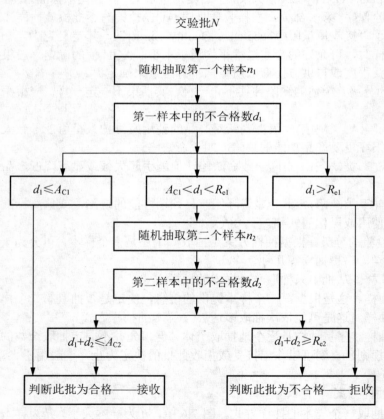

图 7.6　二次抽样方案

图 7.6 中，n_1 为第一次抽样样本，n_2 为第二次抽样样本，A_{C1}、A_{C2} 分别为第一、第二样本合格判定数，R_{e1}、R_{e2} 分别为第一、第二样本不合格判定数。

第 1 次抽样 n_1：

$d_1 \leq A_{C1}$：判定批产品合格(接收)。

$d_1 > R_{e1}$：判定批产品不合格(拒收)。

$A_{C1} < d_1 \geq R_{e2}$：不能判断。

第 2 次抽样 n_2：

$d_1 + d_2 \leq A_{C2}$：判定批产品合格。

$d_1 + d_2 > R_{e2}$：判定批产品不合格。

(3) 计数调整型抽样方案。

宽严程度的调整方案：对批质量相同且质量要求一定的检验批进行连续接受性检验时，可以根据检验批的历史资料和以往的检验结果按照预定规则对方案进行调整的一种抽样方案。调整方式有 3 种：宽严程度的调整、检验水平的调整和检验方式的调整。

宽严程度的调整方案如图 7.7 所示。

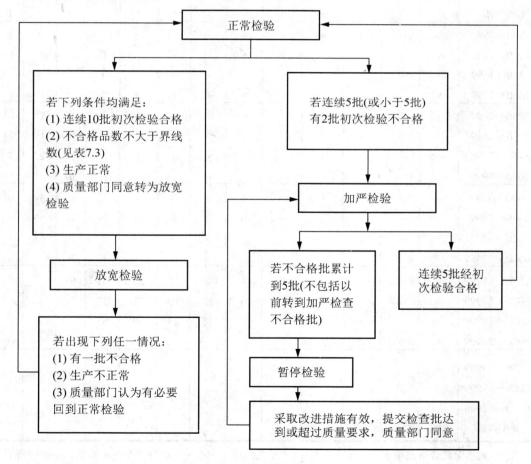

图 7.7　调整型抽样方案

抽样样本与合格质量水平 AQL 值关系见表 7.3。

表 7.3　界限数(L_R)

累计样本大小	合格质量水平(AQL)												
	0.010	0.015	0.025	0.040	0.065	0.10	0.15	0.25	0.40	0.65	1.0	1.5	2.5
10~159	+	+	+	+	+	+	+	+	+	+	+	+	+
160~199	+	+	+	+	+	+	+	+	+	+	+	+	+
200~249	+	+	+	+	+	+	+	+	+	+	+	+	+
250~314	+	+	+	+	+	+	+	+	+	+	+	+	0
315~399	+	+	+	+	+	+	+	+	+	+	+	+	1
400~499	+	+	+	+	+	+	+	+	+	+	+	0	2
500~629	+	+	+	+	+	+	+	+	+	+	+	1	4
630~799	+	+	+	+	+	+	+	+	+	+	0	2	6
800~999	+	+	+	+	+	+	+	+	+	+	1	4	9
1000~1249	+	+	+	+	+	+	+	+	+	0	2	6	12
1250~1599	+	+	+	+	+	+	+	+	+	1	4	9	15
1600~1999	+	+	+	+	+	+	+	+	0	2	6	12	19
2000~2499	+	+	+	+	+	+	+	+	1	4	9	15	25
2500~3149	+	+	+	+	+	+	+	0	2	6	12	19	31
3150~3999	+	+	+	+	+	+	+	1	4	9	15	25	39
4000~4999	+	+	+	+	+	+	0	2	6	12	19	31	50
5000~6299	+	+	+	+	+	+	1	4	9	15	25	39	63
6300~7999	+	+	+	+	+	0	2	6	12	19	31	50	
8000~9999	+	+	+	+	+	1	4	9	15	25	39	63	
10000~12499	+	+	+	+	0	2	6	12	19	31	50		
12500~15999	+	+	+	+	1	4	9	15	25	39	63		
16000~19999	+	+	+	0	2	6	12	19	31	50			
20000~24999	+	+	+	1	4	9	15	25	39	63			
25000~31499	+	+	0										
31500~39999	+	+											
40000~49999	+	0											
50000~62999	+												
≥63000	0												

注：+表示对此合格质量水平，累计连续 10 个批次的样本大小转入放宽检查是不够的，必须接着累计连续合格的样本大小，直到表中有界限数可比较。如果接着累计时出现一批不合格，则此批以前检查的结果以后不能继续使用。

3) 验收抽样检验方案的实施举例

电子产品生产规模大、批量大，特别是电子元器件使用数量大，要做到全数检验是不可能的，除特别要求的产品外，一般按照国家标准 GB/T 2828.1—2003《计数抽样检验程序第 1 部分：按接收质量限(AQL)检索的逐批检验抽样计划》进行，为了理解标准的实施方法，现在举例说明。

【例 7-1】 某电子整机公司采购一批电解电容器产品要进行进货检验，数量 N=3000个，按照工厂质量检验文件的要求查得其 AQL=0.4，采用一般检查Ⅱ级水平。按照抽样检验的方案如何检验并判定该批产品是否合格？

解：

(1) 根据批量 N=3000 个，查表 7.4 所列的样本大小代码，为一般检查Ⅱ级水平代码 K。

(2) 在表 7.5 所列的正常检查一次抽样方案中查得：样本大小代码 K 对应的样本大小(n)为125 个。

(3) 在表 7.5 所列的正常检查一次抽样方案中查得：AQL=0.4，样本大小(n)为 125 个对应的合格判定数 A_C=1、R_e=2。

(4) 按照工厂元器件质量检验文件对该电解电容的参数进行检验，如果检验结果为 4 只产品不合格，判定该批产品为不合格。

(5) 按照工厂元器件质量检验文件对该电解电容的参数进行检验，如果检验结果为 1 只产品不合格，判定该批产品为合格。

注意：上例产品如果原来已经出现连续 5 批(或小于 5 批)有 2 批初次检验不合格，则应该按照图 7.7 所示的判断方法进行加严检查，加严检查按照表 7.6 所示的加严检查一次抽样方案实施。

表 7.4　GB/T 2828.1—2003 样本大小字码

批量范围	特殊检查水平				一般检查水平		
	S-1	S-2	S-3	S-4	Ⅰ	Ⅱ	Ⅲ
1～8	A	A	A	A	A	A	B
9～15	A	A	A	A	A	B	C
16～25	A	A	B	B	B	C	D
26～50	A	B	B	C	C	D	E
51～90	B	B	C	C	C	F	G
91～150	B	B	C	D	D	F	G
151～280	B	C	D	E	E	G	H
281～500	B	C	D	E	F	H	J
501～1200	C	C	E	F	G	J	K
1201～3200	C	D	E	G	H	K	L
3201～10000	C	D	F	G	J	L	M
10001～35000	C	D	F	H	K	M	N
35001～150000	D	E	G	J	L	N	P
150001～500000	D	E	G	J	M	P	Q
≥500001	D	E	H	K	N	O	R

表 7.5 GB/T2828.1—2003 正常检查一次抽样方案

合格质量水平(AQL)（各列数值为 Ac Re；Ac——合格判定数，Re——不合格判定数）

样本大小字码	样本大小	0.010	0.015	0.025	0.040	0.065	0.10	0.15	0.25	0.40	0.65	1.0	1.5	2.5	4.0	6.5	10	15	25	40	65	100	150	250	400	650	1000
A	2	↓	↓	↓	↓	↓	↓	↓	↓	↓	↓	↓	↓	↓	↓	↓	↓	0 1	1 2	2 3	3 4	5 6	7 8	10 11	14 15	21 22	30 31
B	3	↓	↓	↓	↓	↓	↓	↓	↓	↓	↓	↓	↓	↓	↓	↓	0 1	1 2	2 3	3 4	5 6	7 8	10 11	14 15	21 22	30 31	44 45
C	5	↓	↓	↓	↓	↓	↓	↓	↓	↓	↓	↓	↓	↓	↓	0 1	1 2	2 3	3 4	5 6	7 8	10 11	14 15	21 22	30 31	44 45	↑
D	8	↓	↓	↓	↓	↓	↓	↓	↓	↓	↓	↓	↓	↓	0 1	1 2	2 3	3 4	5 6	7 8	10 11	14 15	21 22	30 31	44 45	↑	↑
E	13	↓	↓	↓	↓	↓	↓	↓	↓	↓	↓	↓	↓	0 1	1 2	2 3	3 4	5 6	7 8	10 11	14 15	21 22	30 31	44 45	↑	↑	↑
F	20	↓	↓	↓	↓	↓	↓	↓	↓	↓	↓	↓	0 1	1 2	2 3	3 4	5 6	7 8	10 11	14 15	21 22	30 31	44 45	↑	↑	↑	↑
G	32	↓	↓	↓	↓	↓	↓	↓	↓	↓	↓	0 1	1 2	2 3	3 4	5 6	7 8	10 11	14 15	21 22	30 31	44 45	↑	↑	↑	↑	↑
H	50	↓	↓	↓	↓	↓	↓	↓	↓	↓	0 1	1 2	2 3	3 4	5 6	7 8	10 11	14 15	21 22	30 31	44 45	↑	↑	↑	↑	↑	↑
J	80	↓	↓	↓	↓	↓	↓	↓	↓	0 1	1 2	2 3	3 4	5 6	7 8	10 11	14 15	21 22	30 31	44 45	↑	↑	↑	↑	↑	↑	↑
K	125	↓	↓	↓	↓	↓	↓	↓	0 1	1 2	2 3	3 4	5 6	7 8	10 11	14 15	21 22	30 31	44 45	↑	↑	↑	↑	↑	↑	↑	↑
L	200	↓	↓	↓	↓	↓	↓	0 1	1 2	2 3	3 4	5 6	7 8	10 11	14 15	21 22	30 31	44 45	↑	↑	↑	↑	↑	↑	↑	↑	↑
M	315	↓	↓	↓	↓	↓	0 1	1 2	2 3	3 4	5 6	7 8	10 11	14 15	21 22	30 31	44 45	↑	↑	↑	↑	↑	↑	↑	↑	↑	↑
N	500	↓	↓	↓	↓	0 1	1 2	2 3	3 4	5 6	7 8	10 11	14 15	21 22	30 31	44 45	↑	↑	↑	↑	↑	↑	↑	↑	↑	↑	↑
P	800	↓	↓	↓	0 1	1 2	2 3	3 4	5 6	7 8	10 11	14 15	21 22	30 31	44 45	↑	↑	↑	↑	↑	↑	↑	↑	↑	↑	↑	↑
Q	1250	↓	↓	0 1	1 2	2 3	3 4	5 6	7 8	10 11	14 15	21 22	30 31	44 45	↑	↑	↑	↑	↑	↑	↑	↑	↑	↑	↑	↑	↑
R	2000	↓	0 1	1 2	2 3	3 4	5 6	7 8	10 11	14 15	21 22	30 31	44 45	↑	↑	↑	↑	↑	↑	↑	↑	↑	↑	↑	↑	↑	↑

注：

↓——使用箭头下面的第一个抽样方案，当样本大小不小于批量时，将该批量逐个检查，抽样方案的判定组仍保持不变。

↑——使用箭头上面的第一个抽样方案。

Ac——合格判定数；Re——不合格判定数。

表 7.6 GB/T2828.1-2003 加严检查一次抽样方案

合格质量水平(AQL)

样本大小字码	样本大小	0.010		0.015		0.025		0.040		0.065		0.10		0.15		0.25		0.40		0.65		1.0		1.5		2.5		4.0		6.5		10		15		25		40		65		100		150		250		400		650		1000	
		Ac	Re	Ac	Re	Ac	Re	Ac	Re	Ac	Re	Ac	Re	Ac	Re	Ac	Re	Ac	Re	Ac	Re	Ac	Re	Ac	Re	Ac	Re	Ac	Re	Ac	Re	Ac	Re	Ac	Re	Ac	Re	Ac	Re	Ac	Re	Ac	Re	Ac	Re	Ac	Re	Ac	Re	Ac	Re	Ac	Re
A	2	↓		↓		↓		↓		↓		↓		↓		↓		↓		↓		↓		↓		↓		↓		↓		↓		0	1	1	2	2	3	3	4	5	6	8	9	12	13	18	19	27	28	41	42
B	3	↓		↓		↓		↓		↓		↓		↓		↓		↓		↓		↓		↓		↓		↓		↓		0	1	1	2	2	3	3	4	5	6	8	9	12	13	18	19	27	28	41	42	↑	
C	5	↓		↓		↓		↓		↓		↓		↓		↓		↓		↓		↓		↓		↓		↓		0	1	1	2	2	3	3	4	5	6	8	9	12	13	18	19	27	28	41	42	↑		↑	
D	8	↓		↓		↓		↓		↓		↓		↓		↓		↓		↓		↓		↓		↓		0	1	1	2	2	3	3	4	5	6	8	9	12	13	18	19	27	28	41	42	↑		↑		↑	
E	13	↓		↓		↓		↓		↓		↓		↓		↓		↓		↓		↓		↓		0	1	1	2	2	3	3	4	5	6	8	9	12	13	18	19	27	28	41	42	↑		↑		↑		↑	
F	20	↓		↓		↓		↓		↓		↓		↓		↓		↓		↓		↓		0	1	1	2	2	3	3	4	5	6	8	9	12	13	18	19	27	28	41	42	↑		↑		↑		↑		↑	
G	32	↓		↓		↓		↓		↓		↓		↓		↓		↓		↓		0	1	1	2	2	3	3	4	5	6	8	9	12	13	18	19	27	28	41	42	↑		↑		↑		↑		↑		↑	
H	50	↓		↓		↓		↓		↓		↓		↓		↓		↓		0	1	1	2	2	3	3	4	5	6	8	9	12	13	18	19	27	28	41	42	↑		↑		↑		↑		↑		↑		↑	
J	80	↓		↓		↓		↓		↓		↓		↓		↓		0	1	1	2	2	3	3	4	5	6	8	9	12	13	18	19	27	28	41	42	↑		↑		↑		↑		↑		↑		↑		↑	
K	125	↓		↓		↓		↓		↓		↓		↓		0	1	1	2	2	3	3	4	5	6	8	9	12	13	18	19	27	28	41	42	↑		↑		↑		↑		↑		↑		↑		↑		↑	
L	200	↓		↓		↓		↓		↓		↓		0	1	1	2	2	3	3	4	5	6	8	9	12	13	18	19	27	28	41	42	↑		↑		↑		↑		↑		↑		↑		↑		↑		↑	
M	315	↓		↓		↓		↓		↓		0	1	1	2	2	3	3	4	5	6	8	9	12	13	18	19	27	28	41	42	↑		↑		↑		↑		↑		↑		↑		↑		↑		↑		↑	
N	500	↓		↓		↓		↓		0	1	1	2	2	3	3	4	5	6	8	9	12	13	18	19	27	28	41	42	↑		↑		↑		↑		↑		↑		↑		↑		↑		↑		↑		↑	
P	800	↓		↓		↓		0	1	1	2	2	3	3	4	5	6	8	9	12	13	18	19	27	28	41	42	↑		↑		↑		↑		↑		↑		↑		↑		↑		↑		↑		↑		↑	
Q	1250	↓		↓		0	1	1	2	2	3	3	4	5	6	8	9	12	13	18	19	27	28	41	42	↑		↑		↑		↑		↑		↑		↑		↑		↑		↑		↑		↑		↑		↑	
R	2000	↓		0	1	1	2	2	3	3	4	5	6	8	9	12	13	18	19	27	28	41	42	↑		↑		↑		↑		↑		↑		↑		↑		↑		↑		↑		↑		↑		↑		↑	
S	3150	0	1	1	2	2	3	3	4	5	6	8	9	12	13	18	19	27	28	41	42	↑		↑		↑		↑		↑		↑		↑		↑		↑		↑		↑		↑		↑		↑		↑		↑	

注：↓ —— 使用箭头下面的第一个抽样方案，当样本大小不小于批量时，将该批看做做定量，抽样方案的判定组仍保持不变。

↑ —— 使用箭头上面的第一个抽样方案。

Ac —— 合格判定数；Re —— 不合格判定数。

表 7.7 GB/T2828.1-2003 放宽检查一次抽样方案

样本大小字码	样本大小	0.010		0.015		0.025		0.040		0.065		0.10		0.15		0.25		0.40		0.65		1.0		1.5		2.5		4.0		6.5		10		15		25		40		65		100		150		250		400		650		1000	
		A_c	R_e	A_c	R_e	A_c	R_e	A_c	R_e	A_c	R_e	A_c	R_e	A_c	R_e	A_c	R_e	A_c	R_e	A_c	R_e	A_c	R_e	A_c	R_e	A_c	R_e	A_c	R_e	A_c	R_e	A_c	R_e	A_c	R_e	A_c	R_e	A_c	R_e	A_c	R_e	A_c	R_e	A_c	R_e	A_c	R_e	A_c	R_e	A_c	R_e	A_c	R_e
A	2	↓	↓	↓	↓	↓	↓	↓	↓	↓	↓	↓	↓	↓	↓	↓	↓	↓	↓	↓	↓	↓	↓	↓	↓	↓	↓	↓	↓	↓	↓	0	1	1	2	2	3	3	4	5	6	7	8	10	11	14	15	21	22	30	31	↑	↑
B	2	↓	↓	↓	↓	↓	↓	↓	↓	↓	↓	↓	↓	↓	↓	↓	↓	↓	↓	↓	↓	↓	↓	↓	↓	↓	↓	↓	↓	0	1	1	2	2	3	3	4	5	6	7	8	10	11	14	15	21	22	30	31	↑	↑	↑	↑
C	2	↓	↓	↓	↓	↓	↓	↓	↓	↓	↓	↓	↓	↓	↓	↓	↓	↓	↓	↓	↓	↓	↓	↓	↓	↓	↓	0	1	1	2	2	3	3	4	5	6	7	8	10	11	14	15	21	22	30	31	↑	↑	↑	↑	↑	↑
D	3	↓	↓	↓	↓	↓	↓	↓	↓	↓	↓	↓	↓	↓	↓	↓	↓	↓	↓	↓	↓	↓	↓	↓	↓	0	1	1	2	2	3	3	4	5	6	7	8	10	11	14	15	21	22	30	31	↑	↑	↑	↑	↑	↑	↑	↑
E	5	↓	↓	↓	↓	↓	↓	↓	↓	↓	↓	↓	↓	↓	↓	↓	↓	↓	↓	↓	↓	↓	↓	0	1	1	2	2	3	3	4	5	6	7	8	10	11	14	15	21	22	30	31	↑	↑	↑	↑	↑	↑	↑	↑	↑	↑
F	8	↓	↓	↓	↓	↓	↓	↓	↓	↓	↓	↓	↓	↓	↓	↓	↓	↓	↓	↓	↓	0	1	1	2	2	3	3	4	5	6	7	8	10	11	14	15	21	22	30	31	↑	↑	↑	↑	↑	↑	↑	↑	↑	↑	↑	↑
G	13	↓	↓	↓	↓	↓	↓	↓	↓	↓	↓	↓	↓	↓	↓	↓	↓	↓	↓	0	1	1	2	2	3	3	4	5	6	7	8	10	11	14	15	21	22	30	31	↑	↑	↑	↑	↑	↑	↑	↑	↑	↑	↑	↑	↑	↑
H	20	↓	↓	↓	↓	↓	↓	↓	↓	↓	↓	↓	↓	↓	↓	↓	↓	0	1	1	2	2	3	3	4	5	6	7	8	10	11	14	15	21	22	30	31	↑	↑	↑	↑	↑	↑	↑	↑	↑	↑	↑	↑	↑	↑	↑	↑
J	32	↓	↓	↓	↓	↓	↓	↓	↓	↓	↓	↓	↓	↓	↓	0	1	1	2	2	3	3	4	5	6	7	8	10	11	14	15	21	22	30	31	↑	↑	↑	↑	↑	↑	↑	↑	↑	↑	↑	↑	↑	↑	↑	↑	↑	↑
K	50	↓	↓	↓	↓	↓	↓	↓	↓	↓	↓	↓	↓	0	1	1	2	2	3	3	4	5	6	7	8	10	11	14	15	21	22	30	31	↑	↑	↑	↑	↑	↑	↑	↑	↑	↑	↑	↑	↑	↑	↑	↑	↑	↑	↑	↑
L	80	↓	↓	↓	↓	↓	↓	↓	↓	↓	↓	0	1	1	2	2	3	3	4	5	6	7	8	10	11	14	15	21	22	30	31	↑	↑	↑	↑	↑	↑	↑	↑	↑	↑	↑	↑	↑	↑	↑	↑	↑	↑	↑	↑	↑	↑
M	125	↓	↓	↓	↓	↓	↓	↓	↓	0	1	1	2	2	3	3	4	5	6	7	8	10	11	14	15	21	22	30	31	↑	↑	↑	↑	↑	↑	↑	↑	↑	↑	↑	↑	↑	↑	↑	↑	↑	↑	↑	↑	↑	↑	↑	↑
N	200	↓	↓	↓	↓	↓	↓	0	1	1	2	2	3	3	4	5	6	7	8	10	11	14	15	21	22	30	31	↑	↑	↑	↑	↑	↑	↑	↑	↑	↑	↑	↑	↑	↑	↑	↑	↑	↑	↑	↑	↑	↑	↑	↑	↑	↑
P	315	↓	↓	↓	↓	0	1	1	2	2	3	3	4	5	6	7	8	10	11	14	15	21	22	30	31	↑	↑	↑	↑	↑	↑	↑	↑	↑	↑	↑	↑	↑	↑	↑	↑	↑	↑	↑	↑	↑	↑	↑	↑	↑	↑	↑	↑
Q	500	↓	↓	0	1	1	2	2	3	3	4	5	6	7	8	10	11	14	15	21	22	30	31	↑	↑	↑	↑	↑	↑	↑	↑	↑	↑	↑	↑	↑	↑	↑	↑	↑	↑	↑	↑	↑	↑	↑	↑	↑	↑	↑	↑	↑	↑
R	800	0	1	1	2	2	3	3	4	5	6	7	8	10	11	14	15	21	22	30	31	↑	↑	↑	↑	↑	↑	↑	↑	↑	↑	↑	↑	↑	↑	↑	↑	↑	↑	↑	↑	↑	↑	↑	↑	↑	↑	↑	↑	↑	↑	↑	↑

合格质量水平(AQL)

注：
↓——使用箭头下面的第一个抽样方案，当样本大小大于批量时，将该批量看做抽样方案的判定组仍保持不变。
↑——使用箭头上面的第一个抽样方案；A_c——合格判定数；R_e——不合格判定数。

【例 7-2】 某电视机生产工厂，二车间日产电视机 1000 台，在车间检验员全数检查合格后，工厂质量部对其进行抽样检查，AQL=0.25，请问如何抽样？如何判断？

解： 根据题意所知：N=1000 台、AQL=0.25，还从工厂整机质量检验标准中查到，检查方案按照正常检查一次抽样方案Ⅱ级水平。从表 7.4 查到样本代码为 J，再从表 7.5 中查到抽样样本为 80 台，判定值为 A_c=0、R_e=1。按照整机质量检验标准对其进行视频、音频、安全等性能的检查，发现有 1 台不合格，可以判定该批产品不合格。建议二车间查找原因，进行整改。

表 7.7 所列为放宽检查一次抽样方案，在产品检验中按照电子公司质量检验规程根据图 7.7 所示的调整型抽样方案实施。

4. 原材料进货检验

1) 进货检验的概念

进货检验主要是指企业购进的原材料、外购配套件和外协件入厂时的检验，这是保证生产正常进行和确保产品质量的重要措施。为了确保外购物料的质量，入厂时的验收检验应配备专门的质检人员，按照规定的检验内容、检验方法及检验数量进行严格认真的检验。原则上，供货生产厂家所生产的物料是通过全数检验合格的。电子整机企业除了对严重影响安全性的元器件实施全数检验外，一般采用抽样检验的方法，预先按照元器件的相关国标规定科学、可靠的抽检方案和验收条件。

2) 进货检验形式

进货检验包括首件(批)样品检验和成批进货检验两种。

(1) 首件(批)样品检验。

首件(批)样品检验的目的，主要是为对供应单位所提供的产品质量水平进行评价，并建立具体的衡量标准。所以首件(批)检验的样品，必须对今后的产品有代表性，以便作为以后进货的比较基准。通常在以下 3 种情况下应对供货单位进行首件(批)检验：首次交货；设计或产品结构有重大变化；工艺方法有重大变化，如采用了新工艺或特殊工艺方法，也可能是停产很长时间后重新恢复生产。

(2) 成批进货检验。

成批进货检验，可按不同情况进行 A、B、C 分类，A 类是关键的，必检；B 类是重要的，可以全检或抽检；C 类是一般的，可以实行抽检或免检。这样，既要保证质量，又可减少检验工作量。成批进货检验既可在供货单位进行，也可在购货单位进行，但为保证检验的工作质量，防止漏检和错检，一般应制定"入库检验指导书"或"入库检验细则"，其形式和内容可根据具体情况设计或规定。进货物料经检验合格后，检验人员应做好检验记录并在入库单上签字或盖章，及时通知库房收货，做好保管工作。对于原材料、辅助材料的入厂检验，往往要进行理化检验，如分析化学成分、力学性能试验等工作，验收时要着重材质、规格、炉批号等是否符合规定。

3) 进货检验程序

进货检验一般程序如图 7.8 所示。

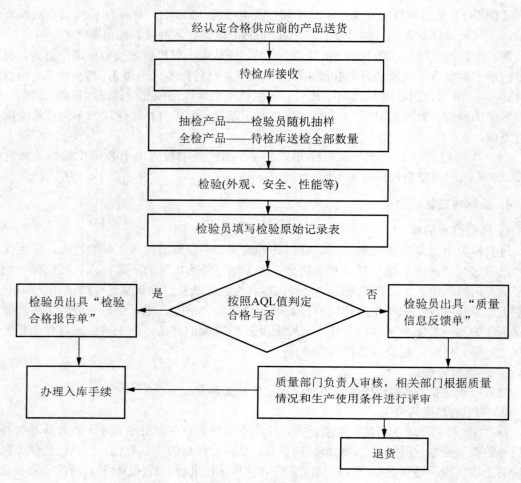

图 7.8　进货检验程序

5. 生产过程中的检验

　　各生产车间从材料库或元件库领出已入库检验合格的原材料或元器件，按照产品图纸的要求进行机械加工或电气加工时，每个车间班组的专职检验人员应根据设计图、工艺卡以及按下道工序要求拟定出来的检验卡和产品技术条件进行各项参数的检验测量，剔除不合格的原材料或元器件，确保产品质量。这种在生产过程中的连续检验工作，是在产品设计和工艺合理的情况下保证产品质量的关键。因此，在生产过程中，每道工序都应该有检验标准，不便用语言和图纸表示出来的缺陷，也要建立标准样品作为该工序检验的依据，并作为检验卡的附件保存；否则检验人员有权拒绝检验工件，甚至可以勒令停止加工，以免产生废、次品，直到有了检验标准为止。生产过程中各阶段的检验工作，应该由操作工人的自检、生产小组的互检(即由班组长或班组长指定的人对组内加工的零件进行检验)、专职人员的检验相结合，这是工厂进行全面质量管理的主要措施。产品的质量管理工作不是单纯的管、卡，而是要为降低产品生产成本提供有效的帮助。当加工过程中出现废、次品时，要协助操作者找出产生废、次品的原因，或由专职检验人员主持召开有产品设计、工

第 7 章　电子产品品质管理

艺和生产管理干部及操作工人参加的质量分析会议，找出造成废、次品的生产薄弱环节。杜绝废、次品，尽早地把不合格产品剔除，以免流入后续工序造成人力和物力的浪费。在生产线上的专职检验人员要对产品按照工艺文件规定的各项功能和性能进行全数检验，特别是安全性能必须逐台检验，严格把好质量关。

6. 交收检验

交收检验是产品通过生产定型且稳定生产后，由生产企业的质量检验部门对生产单位检验合格的连续批量产品进行的质量检验。交收检验的项目内容按照产品企业标准或相应的行业标准进行，交收检验可采用对全部交收的产品进行检验，也可采用 GB/T 2828《计数抽样检验程序》规定的抽样方案进行抽检，产品合格与否按产品标准规定的质量限(AQL)值进行判定。在做交收检验时，允许对产品的不合格项进行调试、维修后，再对本批次产品进行交收检验。

7. 例行试验

1) 概述

例行试验是指对定型的产品或连续批量生产的产品进行周期性的检验和试验，以确定生产企业是否能持续、稳定地生产出符合标准要求的产品。在电子产品连续批量生产时，每年应对该产品进行一次例行试验。当产品的设计、工艺、结构、材料等发生变化时，也应当对该产品进行试验。例行试验的样品应是在检验合格的整机中随机抽取。例行试验的内容按照产品标准规定执行，主要包括外观、结构、功能、主要技术参数、电磁兼容、环境试验及寿命试验等。

2) 例行试验的内容

例行试验的内容应根据产品试验大纲规定或与使用单位共同议定或按国标规定。无论是无线电整机厂，还是元器件厂，都要进行以下试验工作：

(1) 机械试验。

机械试验包括振动试验、振动稳定性试验、振动强度试验、冲击试验、离心加速度试验。

(2) 气候试验。

气候试验是用来检查产品在设计、工艺、结构上采取的用来防止或减弱恶劣环境气候条件对原材料、元器件和整机参数影响的那些措施的效果，找出疵点和原因，以便采取防护措施和工艺处理，从而达到提高无线电整机产品可靠性和耐恶劣环境条件性的目的。气候试验一般包括高、低温试验，温度循环试验，潮湿试验，低气压和低温低气压试验等。

① 高温试验。产品在使用和储存时，都会遇到高温对产品带来的不良影响。由于金属膨胀程度不同，使紧固件松动，活动部分卡住；加速高分子材料的分解、老化，使电子元器件的寿命缩短；电子元器件的参数随温度变化而变化，直接影响产品的稳定性，使产品工作的可靠性降低。高温试验是用来考核高温对产品的影响，确定在高温条件下产品参数的稳定性和储存适应性，观察产品有无各种疵点，如材料破坏、变色、漏电、软化等。高温试验一般在烘箱中进行，大型产品可以在特别设计的高温间进行。试验方法有以下两种：

- 高温性能试验。将已通电工作的产品置入烘箱中，使温度升高到产品额定温度范围的上限值(一般电子产品为 40～45℃)，并保持温度均匀和恒定若干小时后，在箱内测量产品的工作特性，看产品能否正常工作。
- 高温储存、运输试验。产品在不通电的情况下置入高温箱内，使温度上升到产品额定使用温度范围的上限值(一般电子产品为 40～45℃)，并保持箱内温度均匀和恒定若干小时后，取出置于室温下恢复 1 小时，然后通电测量产品的工作特性是否符合技术条件要求，并检查产品有无机械损伤。

② 低温试验。产品在使用和储存、运输中，也会受到低温影响：使润滑油的黏度增大，导致轴承黏滞、产品内部的鼓风机停转。轻则使产品输出功率下降，重则损坏大功率的管子。温度低到一定程度后，因金属材料收缩不等，产品内部活动部分被卡住使接插件接触不良；元器件性能改变；使气密性产品的泄漏率增大。

③ 温度循环试验。由于温度的交替变化，产品会受到以下影响：

- 金属材料的热膨胀不同，会引起紧固件松动。
- 电子元器件的参数变化，导致无线电整机的技术指标变化。
- 灌封材料碎裂，涂敷层剥落。
- 材料的物理性能会发生变化。

高、低温循环试验的目的是考核产品在较短时间内，抵抗温度剧烈变化的承受能力；是否因材料的热胀冷缩引起材料开裂、接插件接触不良、产品参数恶化等失效现象。温度循环试验通常在高、低温箱中进行。至于高、低温交替存放时间和转换时间的长短及循环次数，应按产品试验大纲要求。

④ 潮湿试验。在沿海地区和船舶上工作的无线电整机产品经常受到高温、高湿、海雾等侵蚀，引起金属腐蚀，各种零部件的抗电强度下降，绝缘电阻降低，由于元件参数变化，产品的主要技术指标变化，影响工作的稳定性和可靠性。潮湿试验是用来考查产品长期处于高温环境中参数的稳定性和储存、运输的适应性，并观察产品有无各种疵点。

⑤ 低气压试验。随着海拔高度的增加，大气压力按指数规律递减，所以在高空和高原地区工作的无线电整机产品必须考虑低气压给产品带来的不良影响：抗电强度降低；产品内部容易产生电离击穿、飞弧和电晕等现象；散热条件变差，使元器件性能发生变化，造成产品技术指标变化；使气密性产品的密封外壳变形，焊缝开裂；造成机械接触部分的机械动作困难等。高空用无线电整机产品，不仅有低气压作用，还伴有低温的影响，所以低气压试验是将产品放入具有密封容器的低温、低压箱中进行，以模拟高空气候环境。用机械泵降低容器内气压到规定值，其值随产品运用高度不同而不同，然后测量产品参数是否符合技术条件要求。

(3) 特殊试验。这项试验不是所有的产品都需要做的试验，应根据产品使用环境条件和用户的要求而定。本试验包括盐雾试验、防尘试验、抗霉菌试验、抗辐射试验等。

① 盐雾试验。由于海风和飞溅的浪花把海水卷入大气中，与潮湿大气结合形成带盐分的雾滴——盐雾，所以在海岸边、舰船上工作的电子产品会遭到盐雾的侵蚀，带来不良后果：锈蚀或锈断元器件的引线，造成电气功能部件失效；对金属表面有较大的侵蚀和电解腐蚀作用，使金属表面产生凹点；腐蚀绝缘材料，使之产生失光、裂纹、变色等老化现象。

盐雾试验是模拟海上大气环境，考核金属镀层和化学涂敷层对盐雾的抗蚀能力，以及无线电整机产品对盐雾的适应能力。

② 防尘试验。大气中含有灰尘、粉尘，沙漠地区除灰尘外，还有沙子。这些沙尘若沉积在电子产品的表面并吸收潮气，会降低材料的绝缘性能。如果吸潮的沙尘中含有酸、碱性腐蚀物时，还会导致金属腐蚀。假如沙尘侵入轴承、开关、电位器等可动部件的活动部分，则会引起接触不良或零件磨损，甚至损坏。因此，在干热带户外使用的电子产品必须做防尘试验，以考查沙尘侵入产品内部的可能性及其表面腐蚀和损坏情况。

③ 抗霉菌试验。霉菌能在多种非金属表面生长繁殖，尤其是吸湿性较强的材料上，在湿热环境，温度为 15～30℃，湿度大于 70% 的条件下，每 15～20min 霉菌会分裂繁殖一次，使霉菌成倍增长。

④ 抗辐射试验。辐射包括核辐射、太阳辐射和宇宙射线辐射。这些辐射对产品的影响如下：

- 核辐射。随着原子弹、氢弹的生产，对电子产品提出了防核辐射的要求。核辐射对产品的影响和破坏最大的要算快中子和 γ 射线，它们的穿透能力很强，可使器件的 PN 结退化，造成电子产品完全失效。
- 太阳辐射。太阳的辐射经过大气吸收和云层反射后，到达地面的太阳光已经比较微弱，但太阳光里的紫外线和红外线对电子产品的影响很大：紫外线会使有机材料老化、缩短寿命，红外线能使电子产品的温度上升，造成有机材料的老化和分解、产品过热、油漆退色、剥落、橡胶制品发硬开裂。
- 宇宙射线。通常，由质子和 γ 射线、α 射线及电子组成的宇宙射线，对材料的损害不大，但其中的 α 射线如果直接辐射到电子产品上，对电子产品的危害就大。抗辐射试验是用来考核电子产品在辐射条件下防辐射措施和抵抗辐射的能力。

(4) 运输试验。它是用来考查产品对包装、储存、运输环境条件的适应能力，目前工厂做运输试验是将已包装好电子产品的包装箱按标志"向上"的位置放到卡车的后部，卡车负荷按产品试验大纲规定，卡车以每小时若干公里的速度(如 20～30km/h)在 3 级公路(相当于一般乡间的土路)上行驶若干公里(如 200km)的行车试验。运输试验后打开包装箱，检查产品有无机械损伤和紧固件有无松脱现象，然后通电测试产品的主要技术指标是否符合整机技术条件的规定。

(5) 寿命试验。寿命试验是用来考查产品寿命的规律性。这种试验定期由工厂的例行试验室从验收合格的产品中随意抽取样件进行，当制造产品用的材料、工艺、结构更动，影响到产品的寿命时，也要进行寿命试验，以此作为产品可靠性预测以及产品设计和改进质量的依据。寿命试验可分为储存寿命试验和工作寿命试验两种。由于储存寿命试验花的时间太长，常采用工作寿命试验，又叫功率老化试验。它是在给产品加上规定的工作电压条件下进行的试验。试验过程中按技术条件规定，间隔一定时间进行参数测试，如间隔 25h、50h、125h、250h、375h 和 500h。当超过 500h 后，可以每隔 250h 测量一次。

7.4 电子产品的"3C"认证

2001 年 12 月，国家质检总局发布了《强制性产品认证管理规定》，以强制性产品认证制度替代原来的进口商品安全质量许可制度和电工产品安全认证制度。国家强制性产品认证制度于 2002 年 5 月 1 日起正式实施。国家强制性认证标志名称为"中国强制认证"(China Compulsory Certification，CCC)。中国强制认证标志实施以后，逐步取代了原来实行的"长城"安全标志和 CCIB 标志。中国强制性产品认证简称 CCC 认证或 3C 认证。图 7.9 为 3C 认证的标志。

  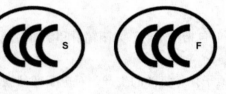 

(a) 安全与电磁兼容标志　　(b) 安全标志　　　(c) 消防认证标志　　(d) 电磁兼容标志

图 7.9 "3C"认证标志图例说明

3C 认证是一种法定的强制性安全认证制度，也是国际上广泛采用的保护消费者权益、维护消费者人身财产安全的基本做法。列入《实施强制性产品认证的产品目录》中的产品包括家用电器、汽车、安全玻璃、医疗器械、电线电缆、玩具等 20 大类 135 种产品。

1. 3C 认证流程

(1) 申请人向指定认证机构提交意向申请书。

(2) 准备申报资料、递交正式申请材料(5 个工作日)。

(3) 认证受理、下发送样通知(2 个工作日)。

(4) 样品送到指定实验室，开始进行实验(20 个工作日)。

(5) 安排 3C 认证工厂现场审查(10 个工作日)。

(6) 3C 工厂现场审核(1 个工作日)。

(7) 认证资料审核(5 个工作日)。

(8) 颁发 3C 证书(1 个工作日)。

(9) 购买 3C 标志，对 3C 认证产品加贴标志，认证结束。

2. 3C 认证申请书的填写

产品的生产者、制造商、销售者和进口商都可以作为申请人，向认证机构提出认证申请。申请人可以通过网络或书面形式进行申请。填写申请书注意以下几点。

(1) 初次申请时，由于需要进行工厂审查，填写申请书时应选择"首次申请"，在备注栏中注明需要进行"初次工厂审查"、希望工厂审查时间。再次申请时，再次申请不需要进行工厂审查，填写申请书时应选择"再次申请"，在工厂编号栏中填上相应的编号。变更申请时，应填写原证书编号，获得新证书时需要退回原证书。派生产品申请时，应注意在备注栏中填写与原产品的差异尤为重要，这样可以有助于判断出是否需要进行送样进行形式试验。

(2)"3C"证书是根据需要来选择中文、英文版本，因此需要用正确的简体中文、英文填写申请书；国内申请人需要英文的认证证书，境外申请人需要中文的认证证书时，要求申请人准确翻译有关内容。

(3) 申请人可以同时申请 CCC+CB^①或 CQC+CB 认证，申请 CB 时需注意填写翻译准确的英文信息。

(4) 需认真阅读各类产品的划分单元原则和指南，以保证在一个申请书中申请多个型号规格产品时，这些型号为同一个申请单元。

(5) 在一个申请书中一个型号规格产品具有多个商标或多个型号规格产品具有多个商标时，应注意确保这些商标为已注册过或经过商标持有人的授权。

(6) 在申请多功能产品时，确定产品的类别时应以产品的主要功能的检测标准来确定。

(7) 填写申请信息中的申请人、制造商、生产厂名称应填写法人名称，不应填写个人名称。

申请人的申请获得受理，会被赋予一个唯一的申请编号，产品认证工程师还会提供一个该申请的"产品评价活动计划"，它包括：从提交申请到获证全过程的申请流程情况；申请认证所需提交的资料(申请人、生产厂、产品等相关资料)；申请认证所需提供的检测样品型号和数量及送交到的检测机构；认证机构进行资料审查及单元划分工作时间；样品检测依据的标准、预计的检测周期；预计安排初次工厂审查时间，根据工厂规模制定的工厂审查所需的时间；样品测试报告的合格评定及颁发证的工作时间；预计的认证费用［申请费、批准与注册费、测试费(包括整机测试、随机安全零部件测试)、工厂审查费等］。

3. 3C 认证须提交的技术资料种类

(1) 总装图、电气原理图、线路图等。

(2) 关键元器件和主要原材料清单。

(3) 同一申请单元内各个型号产品之间的差异说明。

(4) 其他需要的文件。

(5) 根据需要，提交 CB 证书及报告。

(6) 变更申请应将变更申请书与原证书一同退回。

4. 提交样品的注意事项

(1) 多个规格型号产品申请，应提供各规格型号产品的差异说明，样机应是具有代表性型号，覆盖到全部的规格型号，避免送样型号重复。

(2) 需要进行整机和元器件随机试验时，除整机外还需提供元器件技术资料和样品。

(3) 派生产品申请应提供与原机型之间的差异说明，必要时提供原机型的试验测试数据。

(4) 境外工厂需要初次工厂审查时，应填写"非常规工厂审查表"，提供产品描述，产品描述经实验室确认后，即可在试验阶段进行工厂审查。

---

① "CB"CB 认证标识，IECEE CB 体系是电工产品安全测试报告互认的第一个真正的国际体系。基于各个国家的国家认证机构(NCB)之间形成的多边协议，制造商可以凭借一个 NCB 颁发的 CB 测试证书获得 CB 体系其他成员国的国家认证。

(5) 实验室验收样机，样机验收合格后，申请人应索取"合格样品收样回执"；若样机不符合要求，实验室将"样品问题报告"发给申请人，申请人整改后重新补充送样，验收合格后发给申请人"收样回执"。

质量认证工程师收到寄送的申请资料，经审核合格后，进行样机检测。若出现可整改的不合格项，实验室填写"产品检测整改通知"，描述不合格的事实，确定整改的时限，同时还向申请人发出"产品整改措施反馈表"，由申请人在落实整改措施后填写并返回检测机构。实验室对申请人提交的整改样品、相关文件资料和填写好的"产品整改措施反馈表"进行核查和确认，并对原不合格项目及相关项目进行复检。复检合格后检测机构继续进行检测。获得产品认证的生产者、销售者、进口商应当保证提供实施认证工作的必要条件，保证获得认证的产品持续符合相关的国家标准和技术规则，按照规定对获得认证的产品加施认证标志；不得利用认证证书和认证标志误导消费者，不得转让、买卖认证证书和认证标志或者部分出示、部分复印认证证书，接受相关质检行政部门的监督检查或跟踪检查。

本 章 小 结

本章从电子产品的特点入手，介绍了电子产品的质量及其重要性和质量管理的方法，主要阐述了一个电子企业要保证电子产品质量水平所要采取的措施。

(1) 质量管理的概念和标准，ISO 9000 质量管理标准，标准的基本原则。

(2) 企业推行 ISO 9000 的必要性、方法；建立 ISO 9000 管理体系的程序。

(3) 详细介绍了电子产品质量检验的概念、检验的程序和方法，特别是以实际例子介绍了 GB/T 2828《计数抽样检验程序》抽样检验的具体方法。

(4) 电子产品强制性认证即 3C 认证及其程序。

习 题 7

1. 简述电子产品的基本要求。

2. 简单地讲，企业的管理标准化具体规范途径有哪些？

3. 简述 ISO 9000 标准的主要核心标准有哪几个？

4. ISO 9000 标准质量管理的基本原则是什么？

5. 简述推行 ISO 9000 的典型步骤和过程。

6. 质量程序文件主要包含哪些内容？

7. 企业申请 ISO 9000 认证必须具备哪些条件？准备哪些资料？

8. 简述 ISO 9000 认证的步骤。

9. 全面质量管理的特点是什么？

10. 简述产品在设计、试制和制造过程中的质量管理工作。

11. 简述生产过程的概念。

12. 检验的质量职能有哪些？

13. 质量检验的基本类型有哪几种？在电子产品生产中的作用是什么？

14. 什么是"三检制"？主要在什么过程使用？

15. 如何进行不合格品管理？

16. 为什么企业电子产品验收一般采用抽样方案，而不采用全数检验方案？

17. 某电子整机公司检验科进厂检验员，检验一批三极管产品，数量 N=5000 只，按照工厂质量检验文件的要求查得其 AQL=0.4，采用一般检查Ⅱ级水平。检验结果是有 4 只三极管 U_{CE0} 达不到标称值的要求，请判定该批产品是否合格？

18. 某电子公司检验科检验员，检验一批进货的电阻产品，数量 20000 个，检验标准规定 AQL=0.15，采用一般检查Ⅱ级水平。检验结果是有 1 只电阻阻值达不到标称值的要求，请判定该批产品是否合格？

19. 某计算机公司检验科，检验开关电源产品，数量 1000 个，按照与供方签订的技术协议规定 AQL=0.25，采用加严检查一次抽样方案(Ⅱ级水平)。检验结果是有 1 个电源稳压范围达不到要求，请判定该批产品是否合格？

20. 简述 3C 认证的含义和实施时间。

21. 简述 3C 认证的流程。

22. 3C 认证申请书填写应注意哪些问题？提交哪些技术资料？提交样品应注意哪些事项？

第 8 章

实 训 项 目

- 电阻器、电容器的识别与检测
- 半导体分立器件的识别与检测
- 手工焊接训练
- 折卸焊接
- 常用仪器仪表的使用
- 集成可调直流稳压电源组装实训
- 超外差收音机产品生产实训
- 音频功率放大器实训

8.1 电阻器、电容器的识别与检测

8.1.1 实训目的

使学生掌握直观判别电阻器、电容器的类别、阻值、容值、额定功率、额定电压及允许偏差等基本参数的方法，掌握用 RLC 电桥测试仪、万用表测试电阻值的方法，并比较测试数据，做出质量判别。

8.1.2 实训仪表和器材

RLC 电桥测试仪；万用表；色环电阻若干、热敏电阻若干、电容器若干。

8.1.3 实训内容及实习报告

各电阻阻值识别、标称功率识别、允许偏差识别，填写如表 8.1 所示的实训报告一，并做质量判定。

表 8.1　实训报告一：电阻器的识别和检测

序　号	电阻类别	标　志	识别				测量阻值	质量判定
			材　料	标称阻值	允许偏差	额定功率		

各电容器电容值识别、额定电压识别、允许偏差识别，填写如表 8.2 所示的实训报告二，并做质量判别。

表 8.2 实训报告二：电容器的识别和检测

序 号	电容类别	标 志	识 别			测量电容值	质量判别
			材 料	标称容量	额定电压		

8.2 半导体分立器件的识别与检测

8.2.1 实训目的

- 使学生熟悉二极管、三极管的外形和引脚识别方法。
- 熟悉二极管、三极管的类别、型号和主要性能参数。
- 掌握用晶体管图示仪测试二极管的正向压降、反向击穿电压和反向饱和电流、测试三极管的输出特性曲线、三极管放大倍数和反向击穿电压，并做出质量判别。

8.2.2 实训仪表和器材

晶体管图示仪；二极管若干、三极管若干。

8.2.3 实训内容及步骤

1. 晶体管图示仪操作步骤

(1) 使用时要正确选择阶梯信号。

(2) 在测量三极管的输出特性时，阶梯电流不能太小；否则，不能显示出三极管的输出特性。阶梯电流更不能过大，这样容易损坏管子。应根据实际测量三极管的参数来确定其大小。

(3) "集电极功耗电阻"的选用

当测量晶体管的正向特性时，选用低阻挡；当测量反向特性时，选用高阻挡。集电极功耗电阻过小时，集电极电流就过大；若集电极功耗电阻过大，就达不到应该有的功耗。

(4) 测试前的开机与调节

开启电源，按下电流开关，此时指示灯亮，待预热 10min 后即可进行正常测试。调节辉度聚焦、辅助聚焦。调节方法：面板上开关位置按表 8.3 所示设置。

表 8.3　调节辉度聚焦

集电极电源	峰值电压范围	0～5V
	集电极电压调节	0
	功耗电阻	1kΩ
X 轴	U_C(电压/度)	0.5V/度
	X 工作方式选择开关	⊥(中)
Y 轴	I_C(电流/度)	1mA/度
	Y 工作方式选择开关	⊥(中)
X、Y 位移	Y 位移旋钮置于中心位置	

Y、X 灵敏度分别进行 10° 校准：调节方法是将 Y、X 移位旋钮置于中心位置，将 Y(或 X)方式开关置于"校准"位置，"拉校"电位器拉出，此时光点应有 10° 偏转。

阶梯调零：调节方法是将面板上开关位置按表 8.4 所示设置。

表 8.4　阶梯调零设置

集电极电源	峰值电压范围	0～5V
	集电极电压调节	0
	极性	NPN+
	功耗电阻	1kΩ
X 轴	U_C(电压/度)	1V/度
	X 工作方式选择开关	+(上)
Y 轴	I_C(电流/度)	1μA/度
	Y 工作方式选择开关	+(上)
阶梯信号	极性	+
	方式	重复
	输入	正常

集电极电压调节从 0 慢慢加大到 100%，用 Y 轴移位将扫描线与第一条线度线重合，然后将 Y 轴-I_C(电流/度)打至阶梯位置，屏幕上出现 11 条扫描线，调节调零电位器，使第一条扫描线与第一条刻度线重合。

2. 二极管的测试

例如，硅整流二极管 1N4001 的测试：

面板上开关位置按表 8.5 所示设置。

表 8.5　测试二极管的相关设置

集电极电源	峰值电压范围	0～10V
	集电极电压调节	0
	极性	NPN+
	功耗电阻	250Ω
X 轴	U_C(电压/度)	0.1V/度
	X 工作方式选择开关	+(上)
Y 轴	I_C(电流/度)	1mA/度
	Y 工作方式选择开关	+(上)

将二极管负正两极按 E、C 插好，测量选择"左"或"右"置于被测管一边。集电极电压调节从 0 慢慢加大。

此时从示波器显示的伏安特性曲线上可以读出：二极管正向压降。

如要测试二极管反向击穿电压和反向饱和电流，就需要将二极管反向接入，或者可用峰值电压范围旁边的正、负极选择。

3. 三极管的测试

例如，NPN 型 3DG945 晶体管的测量：

面板上开关位置按表 8.6 所示设置。

表 8.6　测试三极管的相关设置

集电极电源	峰值电压范围	0～5V
	集电极电压调节	0
	极性	NPN+
	功耗电阻	250Ω
X 轴	U_C(电压/度)	0.5V/度
	X 工作方式选择开关	+(上)
Y 轴	I_C(电流/度)	1mA/度
	Y 工作方式选择开关	+(上)
阶梯信号	极性	+
	方式	重复
	输入	正常
	串联电阻	0
	阶梯选择	5μA/级
	级/族	10

将待测三极管按 E、B、C 插好，测量选择"左"或"右"置于被测管一边。集电极电压调节从 0 慢慢加大。

此时从示波器显示的输出特性曲线上可以读出：

三极管放大倍数，就是 I_C 的读数(Y 轴格数×电流挡位数)比上 I_B 的读数(读数×阶梯信号电流挡指数)。

三极管集电极和发射极的反向击穿电压，是将基极短路，峰值电压范围按规格选择合适挡位，X 轴调至 10～50V 或合适挡位，Y 轴调至 0.5～0.1mA 合适挡位，顺时针旋转"峰值电压%"旋钮，逐渐加大，将出现类似于二极管的反向击穿电压的曲线，读数和二极管反向击穿电压读数一样。

8.2.4　实习报告

在实训报告中画出二极管的伏安特性曲线，并记录读数。画出三极管输出特性曲线，并记录读数。

8.3　手工焊接训练

8.3.1　实训目的

焊接技术是电子技术专业人员必须熟练掌握的一项基本功，同时也是保证整机电路可靠工作的重要环节。手工焊接技术是电子专业学生必须熟练掌握的一项基本技能。

(1) 学会常用焊接工具的使用。

(2) 了解电烙铁的结构、选型、烙铁头温度判断。

(3) 了解焊接材料的性质。

(4) 学会手工焊接五步操作法。

(5) 会对焊点质量进行判断。

8.3.2　实训工具和器材

实训工具和器材如表 8.7 所示。

表 8.7　实训工具和器材

焊接工具及材料		辅助工具	
电烙铁	1 把	尖嘴钳	1 把
烙铁架	1 个	斜口钳	1 把
焊锡丝	若干	尖嘴镊	1 把
松香	若干	小刀	1 把
元器件或引脚	若干	锉刀	1 把
PCB 板	1 块		

8.3.3　实训内容及步骤

(1) 在不通电的情况下，按照图 8.1 所示，练习手握烙铁的姿势和焊锡丝拿握的方法。

(2) 检查烙铁是否安全、烙铁头是否氧化完整。

(3) 将烙铁插入符合工作电压的电源插口。

(4) 将印制电路板和元器件(引脚成形)、焊锡丝等准备好，等待焊接。

(5) 将要焊接的元器件(或引脚)插入印制电路板的正面(元件面)。

(6) 待烙铁加热后，在印制电路板的焊接面(覆铜面)按照第 3 章所述的 5 步法进行焊接(焊接过程中认真体会 5 步焊接法的意义)。

(7) 用斜口钳剪掉多余的引脚。

(8) 焊接完毕几个点后检查焊点的质量，总结经验继续焊接。

(a) 烙铁正确握法　　　　　　　　(b) 焊锡丝握法

图 8.1　烙铁和焊锡丝的正确握法

8.3.4　实习报告

实习报告应包含以下内容：

(1) 对照 5 步焊接法，总结焊接的体会。

(2) 对工具的使用体会。

(3) 对照标准焊点对自己焊接的焊点质量作出评价。

8.4　拆　卸　焊　接

8.4.1　实训目的

拆卸焊接技术是电子技术专业人员必须熟练掌握的一项基本功，是电子产品样品制作和维修时的必需工作，同时也是保证整机电路可靠工作的重要环节。

(1) 学会常用焊接工具和拆焊工具的使用。

(2) 了解电烙铁和拆焊工具的结构、选型、烙铁头温度判断。

(3) 了解焊接材料的性质。

(4) 会对焊点质量进行判断。

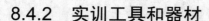

8.4.2　实训工具和器材

实训工具和器材如表 8.8 所示。

表 8.8　实训工具和器材

焊接工具及材料		辅助工具	
电烙铁	1 把	尖嘴钳	1 把
烙铁架	1 个	斜口钳	1 把
焊锡丝	若干	尖嘴镊	1 把
松香	若干	小刀	1 把
元器件或引脚	若干	锉刀	1 把
焊有元器件的 PCB 板	1 块	拆焊吸锡枪	1 把

8.4.3　实训内容及步骤

(1) 在不通电的情况下，按照图 8.1 所示，练习手握烙铁的姿势和焊锡丝拿握的方法。

(2) 检查烙铁是否安全，烙铁头是否氧化完整。

(3) 将烙铁插入符合工作电压的电源插口。

(4) 将焊有元器件的印制电路板放在工作台上，等待拆焊。

(5) 待烙铁加热后，在印制电路板的焊接面(覆铜面)用烙铁对要拆卸的元器件焊点进行加热，看到焊锡熔化时，立即用吸锡枪吸去熔化的焊锡(一次吸不干净可以再次进行)，用镊子小心取下元器件。

(6) 拆卸焊接中注意不要伤及周围元器件或印制板，拆除元器件的焊盘应保证有孔，为再次焊接新的元器件做好准备。

8.4.4　实习报告

实习报告应包含以下内容：

总结焊接和拆焊的心得体会；是否还有其他拆焊方法；是否能熟练掌握焊接技术。

8.5　常用仪器仪表的使用

8.5.1　实训目的

(1) 通过常用仪器仪表的使用实训，练习常用仪器仪表的基本使用方法，熟悉常用仪器仪表的基本工作原理。

(2) 学习低频信号发生器的使用方法。

(3) 学习用示波器测试交流信号的周期、幅度和频率。

(4) 学习频率特性测试仪的使用方法。

(5) 学习超高频毫伏表的使用方法。

8.5.2　实训仪器仪表

SR-8 双踪示波器、XD2 低频信号发生器、BT3 频率特性测试仪、DA22 超高频毫伏表。

8.5.3　实训内容及步骤

1. 双踪示波器的使用

准备一台双踪示波器，按下列步骤学习示波器的使用方法。

(1) 接通示波器的电源，预热 10min，寻找示波器的光点。如果看到了光点，可调节"辉度"旋钮，使光点亮度适当。如果看不到光点，可按下示波器上的"寻迹"按键，寻找光点的位置，适当调节 Y 轴和 X 轴位移旋钮，使光点出现在荧光屏上。

(2) 调节 Y 轴及 X 轴位移旋钮，使亮点移到屏幕中心位置。将触发方式开关置于"常态"位置，选择"内"触发，触发耦合方式选择"AC"，Y 轴耦合开关"DC－AC"置于"DC"挡，扫描微调置于"校准"位置，Y_A 轴灵敏度开关"V/div"置于 0.2V 挡。

(3) 用无衰减的同轴探头将示波器机内的 1V、1kHz 的矩形方波测试信号接到 Y_A 输入端，调节触发电平旋钮，使荧光屏上的波形稳定。按表 8.9 所列的值改变扫描速度开关"t/div"，进行测试，并记录(记录表见表 8.9)。

表 8.9　测量方波信号的幅度和周期的记录表

旋钮的位置	所显示的格数	信号的峰-峰值	信号的周期	信号的频率
Y_A 轴 "V/div" 置 0.2V				
"t/div" 置 1ms				
"t/div" 置 0.5ms				
"t/div" 置 0.2ms				

2. 示波器和低频信号发生的使用

准备一台双踪示波器和一台低频信号发生器，按下列步骤学习用示波器测试外部信号。

(1) 将示波器通电，预热 10min，调节示波器的相关旋钮，使示波器的荧光屏上出现扫描线。

(2) 将低频信号源通电，预热 10min，调节其信号输出电压，使电压表指示在 1～5V 内。将频率调在 1kHz 挡上，用示波器观察其波形。改变低频信号源输出信号的频率，观察示波器波形显示情况的变化。

(3) 将信号源频率调为 1kHz、10kHz、100kHz 时，调节示波器的相关旋钮，使示波器荧光屏上出现清晰、稳定的波形，分别测试其信号的电压幅度和频率，并填入表 8.10 中。

表 8.10　用示波器测量正弦信号的幅度和周期的记录表

信号发生器的输出频率/kHz	示波器测得的信号电压幅度	示波器测得的信号周期	换算成信号的频率
1			
10			
100			

3. 频率特性测试仪的使用

频率特性测试仪又称扫频仪，它是一种可以在示波管屏幕上直接显示被测电路频率特性的专用仪器。按照下列步骤学习高频信号发生器的使用方法。

(1) 显示系统检查。接通电源，预热 10min，调节好"辉度"和"聚焦"旋钮。使扫描线清晰、稳定，亮度适中。

(2) 扫频仪的内部频标检查。将"频标选择"旋钮置于 1MHz 或 10MHz 挡。观察荧光屏上出现的菱形频标，再调节"频标幅度"旋钮，观察菱形频标的幅度应能均匀地改变。

(3) 频偏检查。将"频率偏移"旋钮调至最大和最小，观察屏幕上显示的频标数量的变化。

(4) 扫频信号频率范围检查。将与 Y 轴输入端相接的检波头电缆直接与"扫频输出电压"端相接，调节"波段"开关，在每一波段上，荧光屏上都应显示一个矩形方框。将"频标选择"旋钮置于 10MHz 挡，旋转"中心频率"调节旋钮，在屏幕上显示的方框线上会出现一个顶端凹陷的频标，此频标就是"零频"频标。根据频标的数量，检查扫频信号输出的频率范围。改变"波段"开关的位置，每一个波段都这样检查。

(5) 输出扫频电压的检查。将"扫频输出"端接 75Ω 输出电缆，用超高频毫伏表测试其输出电压，输出电压的有效值应大于 0.1V。

(6) 幅频特性曲线的测量。将扫频仪与被测电路按图 8.2 所示的测试图进行连接。"输出衰减"和"Y 轴增益"旋钮置于合适的位置，调节"中心频率"度盘，在荧光屏幕上显示被测电路的幅频特性曲线。根据频标就可直接读出幅频特性曲线上的频率值，在两个频标之间的频率值可根据相邻两个频标之间占据的水平距离进行粗略的估算。

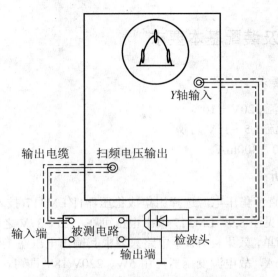

图 8.2　用扫频仪测量幅频特性曲线示意图

8.5.4　实训报告要求

(1) 按照双踪示波器的使用实训内容及步骤进行示波器的使用练习，将测试结果记录在表中。列出测试结果，叙述测试步骤。

(2) 按照用示波器测试外部正弦信号的内容和步骤进行示波器的使用练习，将测试结果记录在表中。列出测试结果，叙述测试步骤，分析测试数据。

(3) 按照频率特性测试仪的使用步骤和内容练习频率特性测试仪的使用，自制一个表格，记录"频标选择"在 1MH 和 10MHz 处，"波段"选择旋钮分别在 Ⅰ、Ⅱ、Ⅲ 时频标的数目。

(4) 绘出被测电路的幅频特性曲线。

8.6　集成可调直流稳压电源组装实训

8.6.1　实训目的

通过集成可调直流稳压电源组装实训，使学生掌握可调直流稳压电源的工作原理，学会识别电路原理图，熟悉零部件准备工艺，元器件的插装工艺及焊接技术，熟悉工艺文件的编制，掌握整机组装工艺技术的过程，最后进行整机的装配和调试，并达到产品的质量要求，从而锻炼和提高学生的动手能力，巩固和加深对整机组装工艺和技术文件的理解和掌握。

实训器材：LM317 可调直流稳压电源套件、电压表、电力表、电阻负载、万用表、烙铁、镊子等。

8.6.2　电路分析及装配基本要求

1. 电气性能主要要求

(1) 输入电压：交流 220V±10%。

(2) 输出电压：直流 1.5～15V 可调。

(3) 输出电流：200～300mA。

2. 电路选择与分析

根据电源要求，该直流稳压电源选择用集成稳压器件 LM317(技术参数见附录 B)进行设计、制作，参考电路图见图 8.9。LM317 输出电压可在 1.25～37V 之间连续可调，输出最大电流可达 1.5A，电路简单，效果良好。本电路只要求其输出电压在 1.5～15V 之间连续可调，输出电流为 200～300mA，故电源变压器可用 5W、220V/18V 即可。图 8.3 所示为本设计电源的电路原理图。交流 220V 市电经变压器变压(降压)、二极管桥式整流、电容 C_2 滤波后送入 LM317 第③脚(输入端)，第②脚输出稳定的直流电压。第①脚为调整端，调整端与输出端之间为 1.5V 的基准电压。为了保证稳压器的输出性能，R_2 的阻值应小于 240Ω。为了使输出电压可调，调整端与地之间接电位器 RP_1，改变 RP_1 的阻值即可改变输出电压。输出电压计算公式为

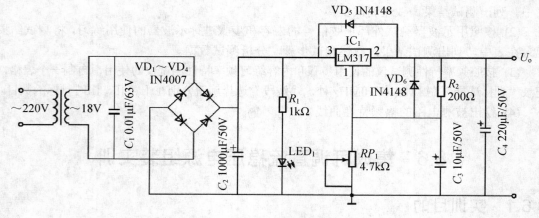

图 8.3　直流可调稳压电源原理

$$U_\circ = \frac{1.25(1 + RP_1)}{R_2} \tag{8.1}$$

C_1 用于滤除由交流市电引入的高频干扰，选用瓷介电容器，C_2(1000μF)组成电容滤波电路，C_3(10μF)用于旁路基准电压的纹波电压，提高稳压电源的纹波抑制性能。在使用中，负载可能为 500～5000pF 的容性负载，稳压器的输出端会发生自激现象，电解电容器 C_4(220μF 铝电解电容器)正是为此而设计，它可进一步改善输出电压的纹波。VD_5、VD_6 是保护二极管，若输入端发生短路，C_4 的放电电流会反向流经 LM317，使其有可能被冲击而损坏。VD_5 的接入可旁路反向冲击电流，使 LM317 得到保护。同理，若输出端短路，C_3 上

的放电电流被 VD_6 短路，从而起到保护 LM317 的作用。图中 R_1 与 LED_1 构成工作指示电路，当电源线插上市电插座后，若变压、整流、滤波、稳压正常时，发光二极管 LED_1 发光，R_1 为 LED_1 的限流电阻。

3. 主要元器件要求

(1) VD_1～VD_4 为 1N4007 整流二极管，VD_5、VD_6 选用开关二极管 1N4148。

(2) R_1：1kΩ，R_2：200Ω，RP_1：4.7kΩ。

(3) C_1 选用瓷介电容，C_2 选用耐压大于 50V 的电解电容器，C_3、C_4 选用耐压大于 25V 的电解电容器。

4. 装配主要要求

电路制作与调试把所有的元器件及变压器都设计、安装在专用的万能板或印制电路板上。制作时，LM317 外配散热器使用，注意散热器要放在电路板边沿，电位器也要方便调节。焊接时，应使 R_2、C_2、C_3 尽可能靠近 LM317 的引脚。检查元器件焊接无误后，用万用表 $R×10$ 挡测试电源输出正、负极间电阻值，应有几十至几百欧(不能为 0)。然后将变压器的电源插头插入 220V 的交流电源插座上，印制电路板上发光管发亮，表明电源接通。再用万用表直流电压挡接在电源输出正、负极上，调节电位器，万用表所测电源输出电压应随之改变，制作即结束。

8.6.3　实训内容及实习报告

(1) 对照图 8-3 所示电路图，参照附录 B 编制下述工艺文件。

① 元器件配套明细表。

② 元器件引出端成形工艺表。

③ 装配工艺流程图。

④ 装配工艺过程卡片。

⑤ 参数测试示意图。

(2) 检测验证项目所提供的元器件，做好检测记录。

(3) 按照所编制的工艺文件进行电源的组装。

(4) 按照所编制的工艺文件进行电源的调试。

(5) 检验并验收。

8.7　超外差收音机产品生产实训

8.7.1　实训目的

通过收音机组装实训，使学生掌握超外差式收音机的工作原理，学会识别电路原理图与印制板图，熟悉零部件准备工艺，元器件的插装工艺，以及焊接技术，熟悉工艺文件的编制，掌握整机组装工艺技术的过程，最后进行整机的装配和调试，并达到产品的质量要求，从而锻炼和提高学生的动手能力，巩固和加深对整机组装工艺和技术文件的理解和掌握。

实训器材：超外差式 DS05-7B 七管收音机套件、万用表、烙铁、镊子等。

8.7.2　分析原理

超外差式收音机由调谐、本振、变频、中放、检波、低放、功放电路及电源等几个部分组成，其工作原理组成框图和各级信号输出波形示意图如图 8.4 所示。超外差式就是通过输入回路先将电台高频调制波接收下来，和本地振荡回路产生的本地信号一并送入混频器，再经中频回路进行频率选择，得到一固定的中频载波(如调幅中频国际上统一为 465kHz 或 455kHz)调制波。超外差式收音机具有接收高低端电台(不同载波频率)的灵敏度一致、灵敏度高、选择性好的优点。超外差式收音机原理框图及各级信号波形如图 8.4 所示。

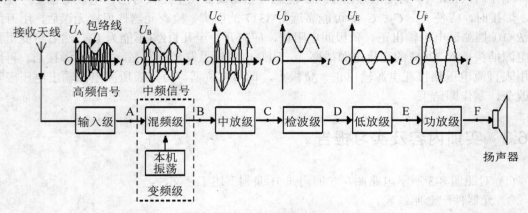

图 8.4　超外差式收音机原理框图及各级信号波形

超外差式 DS05-7B 七管收音机电路见图 8.5，主要由以下几个部分电路组成。

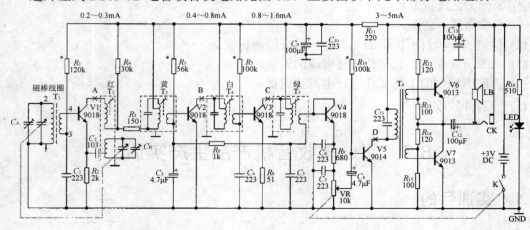

图 8.5　超外差式 DS05-7B 七管收音机原理

输入调谐电路：由双连可变电容器的 C_A 和 T_1 的初级线圈组成的 LC 串联谐振回路在其固有振荡频率等于外界某电磁波频率时产生串联谐振，从而将某台的调幅发射信号接收下来,并通过线圈耦合到下一级电路。

变频电路：本机振荡和混频合起来称为变频电路，它的作用是把通过输入调谐电路收到的不同频率电台信号变换成固定的 465kHz 的中频信号，由 V_1、C_B、T_2 和 T_3 组成。

中频放大电路：由 V_2、T_4、V_3 和 T_5 组成的两级中频放大器，作用是将中频信号进行放大，以达到足够的中放增益(60dB)。同时要有合适的通频带(10kHz)，频带过窄，音频信号中各频率成分的放大增益将不同，将产生失真；频带过宽，抗干扰性将减弱、选择性降低。为了实现中放级的幅频特性，中放级都以 LC 并联谐振回路为负载的选频放大器组成，级间采用变压器耦合方式。

检波电路：由 V_4、C_8、C_9、R_9、VR 组成。V_4 在电路中的使用相当于一个二极管，当 V_4 输入到某一正半周峰值时，V_4 导通，C_6 充电，当 V_4 的输入电压小于 C_6 上的电压时，V_4 截止，C_6 放电，放电时间常数远大于充电时间常数，这样在放电时 C_6 上的电压变化不大。在下一个峰点到来时，V_4 导通，C_6 继续充电。这样就能将中频信号中包含音频信息的包络线检测出来。

功率放大电路：由 V_5、V_6、V_7、T_6 组成，功率放大器的任务是不仅要输出较大的电压，而且能够输出较大的电流。

8.7.3　实训内容及实习报告

1. 编制工艺文件

对照图 8.6 所示电路图和图 8.7 所示印制板图，参照附录编制下述工艺文件。
(1) 元器件配套明细表。
(2) 元器件引出端成形工艺表。
(3) 装配工艺流程图。
(4) 装配工艺过程卡片。
(5) 参数测试示意图。

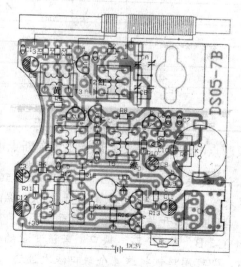

图 8.6　超外差式收音机印制板图

2. 元器件检查

对本项目元器件进行检测验证并做好检测记录。

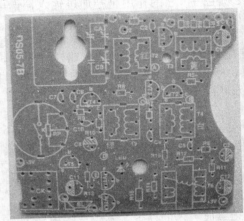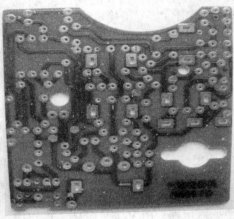

图 8.7　超外差式收音机印制板图安装元件面和焊接面

3. 按照所编制的工艺文件进行收音机的组装

4. 收音机的调试

在收音机组装完成后，为了验证电路的工作是否正常，需要对收音机进行必要的测试，在本次组装过程中，主要的测试工作有：

(1) 测试各晶体管 e、b、c 三极静态工作电压，并填入表 8.11。

表 8.11　各管静态工作电压

三极管	V_c	V_b	V_e
V_1			
V_2			
V_3			
V_4			
V_5			
V_6			
V_7			

(2) 收音机整机电流及断点电流测量(在测量断点电流前断点电流测试点不应连接上)。

注： 测量电流，电位器开关关掉，装上电池，用万用表的 50mA 挡，表笔跨接在电位器开关的两端(黑表笔接电池负极、红表笔接开关另一端)。若电流指示 10mA 左右，则说明可以通电，将电位器开关打开(音量旋至最小，即测量静态电流)，用万用表分别依次测量 D、C、B、A 4 个电流缺口，若被测量的数字在规定(参考电路原理图)的参考植左右，即可用烙铁将这 4 个缺口依次连通，再把音量开到最大。当测

21世纪高职高专电子信息类实用规划教材

量不在规定值左右时，仔细检查三极管的极性有无装错，中周是否装错位置及虚假错焊等，若哪一级不正常，则说明哪一级有问题。将数据填写于表 8.12 中。

表 8.12 各断点电流及整机电流测试

I_a	I_b	I_c	I_d	整机电流

(3) 收音机统调是通过调试收音机的输入回路、本机振荡频率、中放回路的中频频率校正，从而达到在接收的频率范围内机子具有良好的频率跟踪特性。跟踪是指在接收的频率范围内，当接收任一频率的电台时，本机振荡频率与要接收的频率通过混频电路后都应该输出标准的中频频率信号，在超外差 AM 波段中，中频频率为 465kHz。

5. 检验合格并验收

8.8 音频功率放大器实训

8.8.1 实训目的

(1) 通过音频功率放大器的安装和调试，学习电子产品的装配、调试等基本技能。
(2) 学习电子元器件的识别和检测方法。
(3) 学习电路图的识别与分析。
(4) 学习常见工艺文件的编写方法。

8.8.2 电路分析及组装基板要求

1. 电路原理分析

音频功率放大器的电路如图 8.8 所示。该音频功率放大器采用两片集成功率音频放大器 TDA2030 来实现。采用双电源供电的 BTL 电路，也称为平衡桥式功放电路。在这种放大器中负载(扬声器)是接在两个功率放大器的输出端，其中一个放大器的输出是另一放大器的镜像输出，也就是放大器的输出信号幅度相等，相位相差 180°，这时负载上的信号电压就是单个放大器输出的 2 倍。如图 8.8 所示的音频功率放大器，集成功率放大器电路 N1 及其外围电路组成同相放大器，音频信号通过电位器 RP 的取样分压，在经电容 C_1 耦合至 N1 的同相输入端 1 脚，进行同相放大，放大器的输出从 N1 的 4 脚输出，输出信号分为两路，一路直接加到负载(扬声器的一端)，另一通过电阻 R_7 加到 N2 的反相输入端 2 脚，N2 构成一个倒相器，倒相 180° 的音频信号，再加到负载(扬声器)的另一端。二极管 V_1、V_2、V_3 和 V_4 是保护二极管，防止输出电压峰值损坏集成电路。

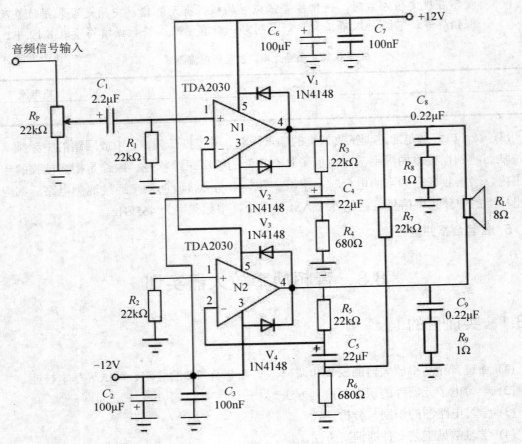

图 8.8　音频功率放大器

2. 装配要求

按照图 8.14 给定的电路图，先在坐标纸上按照元器件实物图的大小，绘出元器件的布局图，经检查无误后，在万能电路板上按照自己绘制的布局图进行组装。在组装时要考虑集成电路 N1、N2 加装散热器的位置，电阻 R_8、R_9 要选用 1W 的碳膜电阻。为了避免信号过高将扬声器损坏，可先不接扬声器，当两路放大器电路调试正常后，再接入扬声器。

3. 调试说明

按照如图 8.14 所示的电路图进行装配后，经检查无误后，用直流稳压电源对放大器加 +12V 和 -12V 的电源进行供电，在电路中的音频信号输入端接音频信号输入，可用低频信号发生器或函数信号发生器作为信号源，其频率可调制 1kHz，信号幅度在 700mV 以内。N1 所提供的电压增益约有 33 倍，即 30dB。调节 RP，用双踪示波器观察 N1 的 4 脚输出信号、N2 的 4 脚输出信号，使两路输出信号无波形失真现象，可用示波器粗略测试输出波形的幅度，计算放大器的电压增益。

调试结束后，可接入扬声器，这时扬声器应发出 1kHz 的音频声音。有条件的情况下，可将实际的声源信号接入放大器的音频信号输入端，调节电位器 RP，使扬声器中发出圆润、细腻的声音。

8.8.3 实训内容及实训报告要求

(1) 按照给定音频功率放大器电路图，在坐标纸上绘出电路布局图。然后在万用电路板上进行电路组装。

(2) 按照电路分析及组装基板要求所提供的方法进行调试。

(3) 按照工艺文件要求的格式，编制音频功率放大器的概略图、工艺流程图(Ⅰ)、配套明细表等工艺文件。

(4) 实训报告要求有电路图、电路原理分析、电路组装布局图及指定的工艺文件。

附录 A

常用半导体分立元件和集成电路主要参数

1. 二极管

(1) 常用二极管参数如表 A.1 所示。

表 A.1　常用二极管参数

型号	用　　途	最大正向整流电流(平均值)/mA	最高反向工作电压(峰值)/V	最高反向工作电压下的反向电流	最大整流电流下的正向压降N
2CP10	系面结型硅管,在频率为 50 kHz 以下的电子设备中作为整流用	5~100	25	≤5	≤1.5
2CP11			50		
2CP12			100		
2CP21A	系面结型硅管,在频率为 3 kHz 以下的电子设备中作为整流用	300	50	≤250	≤1
2CP21			100		
2CP22			200		
2CP3A	系面结型硅管,在频率为 3 kHz 以下的电子设备中作为整流用	300	200	≤5	≤1
2DP3B			400		
2DP3C			600		
2DP4A	系面结型硅管,在频率为 3 kHz 以下的电子设备中作为整流用	500	200	≤5	≤1
2DP4B			400		
2DP4D			800		
2DP5A	系面结型硅管,在频率为 3 kHz 以下的电子设备中作为整流用	1000	200	≤5	≤1
2DP5B			400		
2DP5C			600		
2DP5D			800		
2DP5E			1000		
2DP5F			1200		
2CZ82A	在频率为 3 kHz 以下的电子设备中作为整流用	100	25	≤5	≤1
2CZ82B			50		
2CZ82C			100		
2CZ82D			200		
2CZ82E			300		
2CZ82F			400		

(2) 稳压二极管参数如表 A.2 所示。

表 A.2　稳压二极管参数表

型号	用途	稳定电压/V	动态电阻/Ω	电压温度系数/(%/℃)	最大稳定电流/mA	耗散功率/W
2CW1		7～85	≤6	≤0.07	33	
2CW2	在电子仪器仪表中作稳压用	8～9.5	≤10	≤0.08	29	
2CW3		9～105	≤12	≤0.09	26	0.28
2CW4		10～12	≤15	≤0.095	23	
2CW5		115～14	≤18	≤0.095	20	
2CW7		25～35	≤80	−0.06～+0.02	71	
2CW7A		32～45	≤70	−0.05～+0.03	55	
2CW7B		4～55	≤50	−0.04～+0.04	45	
2CW7C	在电子仪器仪表中作稳压用	5～65	≤30	−0.03～+0.05	38	
2CW7D		6～75	≤15	0.06	33	0.24
2CW7E		7～85	≤15	0.07	29	
2CW7F		8～95	≤20	0.08	26	
2CW7E		9～105	≤25	0.09	23	
2CW7F		10～12	≤30	0.095	20	
2CW21		3～45	≤40	≥0.8	220	
2CW21A		4～4.5	≤30	−0.06～+0.04	180	
2CW21B		5～65	≤15	−0.03～+0.05	160	
2CW21C	在电子仪器仪表中作稳压用	6～75	≤7	−0.02～+0.06	130	
2CW21D		7～85	≤5	≤0.08	115	1
2CW21E		8～95	≤7	≤0.09	105	
2CW21F		9～105	≤9	≤0.095	95	
2CW21G		10～12	≤12	≤0.095	80	
2CW21H		115～14	≤16	≤0.10	70	
2DW7A	在电子仪器仪表中作精密稳压用(可作双向稳压管用)	5.8～6.6	≤25			
2DW7B		5.8～6.6	≤15	0.005	30	0.2
2DW7C		6.1～65	≤10			
2DW12A		5～65	≤20	−0.03～+0.05		
2DW12		6～75	≤10	0.01～0.07		
2DW12C		7～85	≤10	0.01～0.08		
2DW12D	在电子仪器仪表中作稳压用	8～9.5	≤10	0.01～0.08		0.25
2DW12E		9～115	≤20	0.01～0.09		
2DW12F		11～135	≤25	0.01～0.09		
2DW12G		13～165	≤35	0.01～0.09		
2DW12H		16～205	≤45	0.01～0.1		

(3) 开关二极管性能参数如表 A.3 所示。

表 A.3　开关二极管的性能参数表

型　号	用　途	最大正向电流 mA	最高反向工作电压/V	反向击穿电压/V	零偏压电容/pF	反向恢复时间/ns
2CK1	系台面型硅管，用于脉冲及高频电路中	100	30	>40	<30	<150
2CK2			60	>80		
2CK3			90	>120		
2CK4			120	>150		
2CK5			180	>180		
2CK6			210	>210		
2CK22A	系外延平面型硅管,用于开关、脉冲及超声高频电路中	10	10		≤3	≤5
2CK22B		10	20			
2CK22C		10	30			
2CK22D		10	40			
2CK22E		10	50			
2CK23A		50	10			
2CK23B		50	20			
2CK23C		50	30			
2CK23D		50	40			
2CK23E		50	50			
2CK42A	系平面型硅管，主要用于快速开关、逻辑电路和控制电路中	150	10	≥15	≤5	≤6
2CK42B			20	≥30		
2CK42C			30	≥45		
2CK42D			40	≥60		
2CK42E			50	≥75		
2CK43A	系外延平面型硅管,主要用于高速电子计算机、高速开关、各种控制电路、脉冲电路等	10	10	≥15	≤1.5	≤2
2CK43B			20	≥30	≤1.5	≤2
2CK43C			30	≥45	≤1.5	≤2
2CK43D			40	≥60	≤1.5	≤2
2CK43E			50	≥75	≤1.5	≤2
2CK44A			10	≥15	≤5	≤2
2CK44B			20	≥30	≤5	≤2
2CK44C			30	≥45	≤5	≤2
2CK44D			40	≥60	≤5	≤2
2CK44E			50	≥75	≤5	≤2

2. 常用三极管

(1) 部分高频小功率三极管的主要参数如表 A.4 所示。

表 A.4   部分高频小功率三极管的主要参数

型号	I_{CEO} /μA	h_{FE}	$U_{(BR)CEO}$ /V	f_T /MHz	I_{CM} /mA	P_{CM} /mW
3CG5A-F	≤1	≥20	≥15	≥30	50	500
3CG3A-E	≤1	≥20	≥15	≥50	50	300
3CG15A-D	≤0.1	≥20	≥15	≥600	50	300
3CG21A-G	≤1	40~200	≥15	≥100	50	300
3CG23A-G	≤1	40~200	≥15	≥60	150	700
3CG6A-D	≤0.1	10~200	≥15	≥100	20	100
3CG8A-D	≤1	≥10	≥15	≥100	20	200
3CG12A-C	≤1	20~200	≥30	≥100	300	700
3CG7A-F	≤5	≥20	60~250	≥100	500	1000
3CG30A-D	≤0.1	≥30	≥12	400~900	15	100
3CG56A-B	≤0.1	≥20	≥20	≥500	15	100
3CG79A-C	≤0.1	≥20	≥20	≥600	20	200
3CG80	≤0.1	≥30	≥20	≥600	30	100
3CG83A-E	≤50	≥20	≥100	≥50	100	1000
3CG84	≤0.1	≥30	≥20	≥600	15	100
3CG200-203	≤0.5	20~270	≥15	≥100	20	100
3CG253-254	≤0.1	30~220	≥20	≥400	15	100
3CG300	≤1	55~270	≥18	≥100	50	300
3CG380	≤0.1	≥40	≥30	≥100	100	300
3CG388	≤0.1	≥40	≥25	≥450	50	300
3CG415	≤0.1	40~270	≥150	≥80	50	800
3CG471	≤0.1	40~270	≥30	≥50	1000	800
3CG732	≤0.1	≥40	≥50	≥150	150	400
3CG815	≤0.1	40~270	≥45	≥200	200	400
3CG945	≤0.1	40~270	≥40	≥100	100	250
3CG1815	≤0.1	≥40	≥50	≥100	150	400

(2) 部分低频大功率三极管主要参数如表 A.5 所示。

表 A.5　部分低频大功率三极管主要参数

型号	P_{CM} /W	I_{CM} /A	I_{CBO} /mA	h_{FE}	$U_{(BR)CBO}$ /V	$U_{(BR)EBO}$ /V
3CD30A～E	300	30	≤3	≥10	30～150	≥3
3CD010A～D	75	10	≤1	≥20	20～80	≥5
3CD020A～D	200	25	≤3	≥20	20～80	≥5
3CD050A～D	300	50	≤3	≥20	20～80	≥5
CD568A～B	1.8	1	≤0.015	55～270	≥100	≥6
CD715B	1.8	3	≤0.02	≥55～270	≥35	≥5
3CF3A	30	7	≤2	≥10～60	40～240	≥4
CS11～12	10	1	≤0.5	30～250	≥30	≥4
CS15～16	15	1.5	≤0.1	40～200	≥100	≥5
CS35～36	30	3	≤0.1	40～200	≥100	≥5
3DD12A～D	50	5	≤1	25～250	≥150	≥4
3DD12E	50	5	≤1	≥10	700	≥6
3DD13A～G	50	2	≤1	≥20	150～1200	≥4
3DD15A～F	50	5	≤1	≥20	60～500	≥4
3DD100A～E	20	1.5	≤0.2	≥20	150～350	≥5
3DD205	15	1.5	≤0.5	40～200	≥200	≥5
3DD207	30	3	≤0.1	40～250	≥200	≥4
3DD301A～D	25	5	≤0.5	≥15	≥80	4～6
DD01A～F	15	1	≤0.5	≥20	100～400	≥5
DD03A～C	30	3	≤1	25～250	30～250	≥5

部分高频大功率三极管的主要参数如表 A.6 所示。

表 A.6　部分高频大功率三极管的主要参数

型　号	I_{CEO} /μA	h_{FE}	$U_{(BR)CEO}$ /V	f_T /MHz	I_{CM} /mA	P_{CM} /mW
3DA87A～E	≤5	≥20	80～300	40～100	100	1000
3DA88A～E	≤5	≥20	80～300	≥40	100	2000
3DA93A～D	≤5	≥20	80～250	≥100	100	1000
3DA150	≤2	≥30	≥100	≥50	100	1000
3DA151	≤10	≥30	≥100	≥50	100	1000
3DA152	≤0.2	30～250	≥30	≥10	300	3000

(3) 复合管的主要参数如表 A.7 所示。

表 A.7　复合管(达林顿管)的主要参数

型　号	P_{CM} /W	f_T /MHz	I_{CM} /A	$U_{(BR)CBO}$ /V	$U_{(BR)EBO}$ /V	I_{EBO} /mA	h_{FE} min	h_{FE} max	U_{CES} /V	备注
3DD30LA~E	30	1	5	100~600	5	2	500	10000	2	DL30
3DD50LA~E	50	1	10	100~600	5	2	500	10000	2.5	DL50
3DD75LA~E	75	1	12.5	100~600	5	2	500	10000	3	DL75
3DD100LA~E	100	1	15	100~600	5	2	500	10000	3	DL100
3DD200LA~E	200	1	20	100~600	5	2	500	10000	3.5	DL200
3DD300LA~E	300	1	30	100~600	5	2	500	10000	3.5	DL300
TIP122	65		5	100	5	0.5	1000		3	TO-220
TIP127	65		5	100	5	0.5	1000		3	TO-220
TIPI32	70		5	100	5	0.5	500		4	
TIPI37	70		8	100	5	0.5	500		4	
TIPI42	125		10	100	5	2	500		4	TO-3P
TIPI47	125	1	10	100	5	2	1000		4	TO-3P
TIPI42T	80	1	10	100	5	2	500		4	TO-220
TIPI42T	80	1	10	100	5	2	1000		4	TO-220
TIPI47T	80	1	10	100	5	2	500		4	TO-220

MOS 增强型开关场效应管主要参数如表 A.8 所示。

表 A.8　MOS 增强型开关场效应管主要参数

型号	沟道	I_{DS} /nA (max)	I_{SD} /nA (max)	I_G /nA (max)	$r_{DS(on)}$ /Ω (max)	U_{DDS} /V (min)	U_{SDS} /V (min)	U_{GBS} /V (min)	C_{11SS} /pF (max)	$P_{(tot)}$ /mW	封装形式排列	国外替代型号
3D03												BSD21
C		10	10	10	100							2
D		10	10	10	50						A4	213
E	N	10	10	10	25	15	15	15	10	150	01B	214
CA		100	100	100	100						(M)	215
DA		100	100	100	50							
EA		100	100	100	25							3N06
3C03												
C		−10	−10	−10	100							
D		−10	−10	−10	75						A4	
E	P	−10	−10	−10	50	−15	−15	−15	15	150	01B	
CA		−100	−100	−100	100						(M)	
DA		−100	−100	−100	75							
EA		−100	−100	−100	50							

(4) 通用晶体三极管主要参数如表 A.9 所示。

表 A.9 通用晶体三极管主要参数

型号	极性	P_{CM} /mW	I_{CM} /mA	$U_{(BR)CEO}$ /V	$U_{(BR)EBO}$ /V	I_{CBO} /μA	I_{CEO} /μA	$U_{CE(sat)}$ /V	h_{FE}	f_T /MHz	封装形式
S9011	NPN	400	30	30	5	0.1		0.3	30～200	150	TO-92
S9012	NPN	625	500	20	5	0.1		0.6	60～300		TO-92
S9015	NPN	450	100	45	5	0.05		0.7	60～600	100	
S9016	NPN	400	25	20	5	0.05		0.3	30～200	400	
S9018	NPN	400	50	15	4	0.05		0.5	30～200	700	TO-92
MPSA92	NPN	600	500	300	5	0.1		0.5	40	50	TO-92S
SC8050	NPN	300	700	20	5	0.1		0.5	60～300	150	TO-92S
SC3904	NPN	300	200	60	5	0.1		0.3	100～300	300	
SC4401	NPN	300	600	40	6	0.1		0.4	100～300	250	
SC1950	NPN	300	500	35	5	0.1		0.25	70～240	300	TO-92S
SC2999	NPN	150	30	25	5	0.1			40～200	450	TO-92S
SA8500	PNP	300	700	25	5	1		0.5	60～300	150	
SA5401	PNP	300	600	150	5	0.01		0.5	60～240	100	TO-92S
SA1050	PNP	300	150	150	5	0.1		0.25	70～700	80	TO-92S
SA608	PNP	300	100	30	5	1		0.5	60～560	80	
S8050	NPN	1000	1500	25	6	0.1		0.5	85～300	100	TO-92S
S8550	PNP	1000	1500	25	6	0.1		0.5	85～300	100	
E8050	NPN	625	700	25	5	1		0.5	60～300	150	TO-92S
E8550	PNP	625	700	25	5	1		0.5	60～300	150	
2N5551	NPN	625	600	160	6	0.05		0.2	80～250	100	TO-92S
2N5401	PNP	625	600	150	5	0.05		0.5	60～240	100	TO-92S
2SC2258	NPN	1000	100	35	7	1.0	1.0	1.2	40	100	TO-92S
A608	PNP	400	100	30	5.0	0.1	1.0	0.5	60～560	180	TO-92
C815	NPN	400	200	45	5.0	0.1	0.5	0.5	40～400	200	TO-92
C1959	NPN	500	500	30	5.0	0.1	0.5	0.25	70～240	300	TO-92
A562TM	PNP	500	500	30	5.0	0.1	1.0	0.25	100～600	200	TO-92
338	NPN	600	10^3	25	5.0	0.1	1.0	0.7	100～600	100	TO-92
328	PNP	600	10^3	25	5.0	0.05	1.0	0.7	100～300	100	TO-92
8050	NPN	800	10^3	25	5.0	0.05	1.0	0.5	100～300	300	TO-92
8550	PNP	800	10^3	25	6.0	0.1	1.0	0.5	85～340	300	TO-92
C1383	NPN	10^3	10^3	25	6.0	0.1	1.0	0.4	85～340	200	TO-92L
A683	PNP	10^3	10^3	25	5.0	0.1	1.0	0.4	100～320	200	TO-92L
A966	PNP	900	1500	30	5.0	0.01	0.1	2.0	100～300	120	TO-92L

21世纪高职高专电子信息类实用规划教材

续表

型号	极性	P_{CM}/mW	I_{CM}/mA	$U_{(BR)CEO}$/V	$U_{(BR)EBO}$/V	I_{CBO}/μA	I_{CEO}/μA	$U_{CE(sat)}$/V	h_{FE}	f_T/MHz	封装形式
2222A	NPN	400	600	40	5.0	0.1	0.1	1.0	100～300	300	TO-92
3904	NPN	625	200	40	6.0	0.1	0.1	0.3	100～300	300	TO-92
3906	PNP	625	20	40	6.0	0.05	1.0	0.4	80～250	250	TO-92
5551	NPN	625	600	160	5.0	0.05	1.0	0.2	60～240	100	TO-92
5401	PNP	625	600	150	6.0	0.1	1.0	0.5	>40	100	TO-92
SA42	NPN	625	500	300	5.0	0.25	1.0	0.5	>40	50	TO-92
SA92	PNP	625	500	300	7.0	1.0	1.0	0.5	30～150	50	TO-92
C2482	NPN	900	100	300	6.0	1.0	1.0	1.0	40～200	50	TO-92L
C2271	NPN	900	100	300	5.0	0.1	0.5	0.6	70～240	50	TO-92L
C2229	NPN	800	50	150	8.0	0.1	1.0	0.5	40～250	120	TO-92L
C1008	NPN	800	700	60	8.0	0.1	1.0	0.7	80～240	50	TO-92
A708	PNP	800	700	60	5.0	0.1	0.1	0.7	70～700	100	TO-92
C1815	NPN	400	150	50	5.0	0.1	0.1	0.25	70～400	80	TO-92
A1015	PNP	400	150	50	5.0	0.1	0.1	0.3	90～600	80	TO-92
C945	NPN	250	100	50	5.0	0.1	0.1	0.3	90～600	250	TO-92
A733	PNP	250	100	50	4.0	0.1	0.1	0.3	40～180	180	TO-92
C1674	NPN	250	20	20	3.0	0.1	0.1	0.3	64～202	400	TO-92
9012	PNP	400	500	25	3.0	0.5	0.5	1.0	64～202	—	TO-92
9013	NPN	400	500	25	3.0	0.5	0.5	1.0	60～103	—	TO-92
9014	NPN	310	50	18	3.0	0.05	0.1	0.5	60～103	80	TO-92
9015	PNP	310	50	18	3.0	0.05	0.1	0.5	28～198	150	TO-92
9016	NPN	310	20	20	3.0	0.05	0.1	0.5	28～198	600	TO-92
9018	NPN	310	50	12	2.0	0.05	0.1	0.6	106～300	600	TO-92
1702	NPN	600	10^3	25	5.0	0.1	0.1	0.4	20～200	—	TO-92
1802	PNP	600	10^3	25	5.0	0.1	0.1	0.4	40～240	—	TO-92
C388ATM	NPN	300	50	25	4.0	0.1	0.1	0.2	60～960	300	TO-92
C2216	NPN	300	50	45	4.0	0.1	0.1	0.2	120～400	300	TO-92
C536	NPN	400	100	30	5.0	1.0	1.0	0.5	60～300	100	TO-92
C2230	NPN	800	100	160	5.0	0.1	0.5	0.5	120～400	50	TO-92L
C2383	NPN	900	10^3	160	6.0	1.0	1.0	1.5	60～300	100	TO-92L
A1013	PNP	900	10^3	160	6.0	1.0	1.0	1.5	60～300	50	TO-92L
C3117	NPN	10^3	1500	160	6.0	1.0	1.0	0.45	100～400	120	TO-92L
A1249	PNP	10^3	1500	160	6.0	1.0	1.0	0.5	100～400	120	TO-92L
2906	PNP	625	600	40	5.0	0.02	0.1	1.6	40～120	200	TO-92
2907	PNP	625	600	40	5.0	0.02	0.1	1.6	100～300	200	TO-92

3. 74 系列 TTL 国内外型号对照表

74 系列 TTL 国内外型号对照表如表 A.10 所示。

表 A.10　74 系列 TTL 国内外型号对照表

名　称	国产型号	参考型号	国外型号	插座引脚号
4-2 输入与非门	CT74LS00	T4000	74LS00	14
4-2 输入或非门	CT74LS02	T4002	74LS02	14
六反相器	CT74LS04	T4004	74LS04	14
4-2 输入与门	CT74LS08	T4008	74LS08	14
4-2 输入与门(O,C)	CT74LS09	T4009	74LS09	14
双 4 输入与非门	CT74LS20	T4020	74LS20	14
双 4 输入与门	CT74LS21	T4021	74LS21	14
双 4 输入或门	CT74LS32	T4032	74LS32	14
BCD-十译码器	CT74LS42	T4042	74LS42	16
BCD-长段译码/驱动器 (有上拉电阻)	CT74LS48	T4048 T1048	74LS48	16
BCD-长段译码/驱动器(O,C)	CT74LS49	T4049	74LS49	14
双上升 D 触发器(有预置、消除端)	CT74LS74	T4074	74LS74	14
4 位数值比较器	CT74LS85	T4085	74LS85	14
4-2 输入异或门双下降沿 JK 触发器	CT74LS86	T4086	74LS86	14
(预置清除时钟)	CT74LS114	T4114	74LS114	14
3 线-8 线译码器	CT74LS138	T4138	74LS138	14
双 2 线-4 线译码器	CT74LS139	T4139T334	74LS139	16
双 4 选 1 数据选择器(有选通输入端)	CT74LS153	T4153	74LS153	16
4 位二进制同步计数器(异步清除)	CT74LS161	T4161	74LS161	16
4 上升沿 D 触发器(有公共清除端)	CT74LS175	T4175	74LS175	16
十进制同步加/减计数器	CT74LS190	T4190	74LS190	16
4 位二进制同步加/减计数器	CT74LS191	T4191	74LS191	16
4 位双向移位寄存器(并行存取)	CT74LS194	T4194	74LS194	16
双、单稳态触发器(有施密特触发器)	CT74LS221	T4221	74LS221	14
4 线七段译码器/驱动器 (BCD 输入、O、C、15 V)	CT74LS247	T4247	74LS247	14
4 线七段译码器/驱动器 (BCD 输入,有上拉电阻)	CT74LS248	T4248	74LS248	16
二-五-十进制计数器	CT74LS290	T4290	74LS290	14

4. 常用运算放大器国内外型号对照表

运算放大器国内外型号对照表如表 A.11 所示。

表 A.11　运算放大器国内外型号对照表

类型	中国型号	外国型号 型号	外国型号 公司	类型	中国型号	外国型号 型号	外国型号 公司
通用运算放大器	CF741	LM741	美国 NSC	通用运算放大器	CF108 CF308	LM 108	美国 NSC
		MC1741	美国 MOT			LM308	美国 NSC
		μPC741	日本 NEC			Am108	美国 AMD
		μPC151	日本 NEC			Am308	美国 AMD
		SG741	意大利 SGS			μA108	美国 FC
		HA17741	日本日立			μA308	美国 FC
		Am741	美国 AMD			CA108	美国 RCA
		AN 1741	日本松下			CA308	美国 RCA
		CA741	美国 RCA		CF1458	LM 1458	美国 NSC
		μA741	美国 FC			MC1458	美国 MOT
	CF709	LM709	美国 NSC			CA1458	美国 RCA
		MC1709	美国 MOT			μPc1458	日本 NEC
		μA709	美国 FC			LM 1558	美国 NEC
		CA709	美国 RCA			MC1558	美国 MOT
通用运算放大器	CF101 CF301	LM101	美国 NSC			CA1558	美国 RCA
		LM301	美国 NSC	通用运算放大器	CF158 CF358	LM158	美国 NSC
		Am101	美国 AND			LM358	美国 NSC
		Am301	美国 AND			CA158	美国 RCA
		CA101	美国 RCA			CA358	美国 RCA
		CA301	美国 RCA			μPC158	日本日立
		μA101	美国 FC			μPC358	日本日立
		μA301	美国 FC			LM2904	美国 NSC
	CF107 CF307	LM107	美国 NSC			LM324	美国 NSC
		LM307	美国 MOT			CA124	美国 RCA
		Am107	日本日立		CF124	CA324	美国 RCA
		Am307	美国 MD		CF324	LM2902	美国 NSC
		CA107	美国 RCA			MA124	美国 FC
		CA307	美国 RCA			MA324	美国 FC
	CF747	LM747	美国 NSC		CF714	Ma714	美国 FC
		LM747	美国 NSC			OP07	美国 PMI
		HA17747	日本日立	高速运算放大器	CF715	UA715	美国 FC
		Am747	美国 AMD			Am715	美国 AMD
		CA747	美国 RCA			HA17715	日本日立
	CF4741	CM4741	美国 MOT		CF118 CF318	LM118	美国 NSC
		PC4741	日本 NEC			LM318	美国 NSC
	CF714	UA714	美国 FC			Am118	美国 AMD
		OP07	美国 PMI			Am318	美国 AMD
	CF3078	CA3078	美国 RCA				

5. 常用 CMOS(CC4000 系列)

数字集成电路国内外型号对照表如表 A.12 所示。

表 A.12　数字集成电路国内外型号对照表

名　称	中　国		国外型号
	型号	参考型号	
4-2 输入或非门	CC4001	5G803　C009 C039　C069	CD4001　HEF4001　SCL4001 HCF4001　TC4001　M74C02
超前进位 4 位全加器	CC4008	CH4008　5G843 C632　C662　C692	CD4008　HEF4008　MC14008 TP4008　HCF4008
4-2 输入与非门	CC4011	C066　C036 C006　CH4011	CD4011　HEF4011　SCL4011 HCF4011　TC4011　MC14011
双 D 触发器	CC4013	C013　C043 C073　5G822	CD4013　HEF4013　TP4013 HCF4013　TC4013　SCL4013
双 4 位移位寄存器(串入、并出)	CC4015	CH4015　5G861 C423　C453　C393	CD4015　HEF4015　TP4015 SCL4015　TC4015　MC14015
二-十进制计数器/译码器	CC4017	CC4017　5G858 C187　C217　C157	CD4017　TP4017 SCL4017　TC4017
双 JK 触发器	CC4027	CH4027　5G824 C044　C074　C014	CD4027　HEF4027　SCL4027 HCF4027　TC4027　TP4027
BCD 十进制译码器	CC4028	CH40228　5G833 C331　C361　C301	CD4028　HEF4028　TC4028 SCL4028　MC14028
BCD 七段译码器/驱动器	CC4055	C276　C306 CH4217　5G831	CD4055　TC4055
双 4 输入或门	CC4072	C00　C032 C062　5G831	CD4072　HEF4072　TP4072 HCF4072　TC4072　MC14072
双 4 输入与门	CC4082	CH4082　5G809 C031　C061　C001	CD4082　HEF4082　TP4082 HCF4082　TC4082　MC14082
可预置数二-十进制同步可逆 计数器 4-16 线译码器	CC4510 CC4514	C158　C188 C218　CH4510 C270　C300 C330　CH4514	CD4510　HEF4510　SCL4510 HCF4510　TC4510　MC14510 CD4514　HEF4514　SCL4514 HCF4514　TC4514　MC14514
双、单稳态触发器	CC14528	CH4528	MC14528
双 4 位通道数据选择器	CC4529	CH4529	MC14529
单定时器	CC7555	CH7555　5G7555	ICL7555
六施密特触发器	CC40106	CG40106　CM40106	CD40106　MC14584
十进制计数/锁存/译码/驱动器	CC40110	C193　CH267 5G8659	CD4010
BCD 加法计数器	CC40162	C180　5G852	CD40162　TC40162　MC14162
可预置数 4 位二进制计数器	CC40193	C184　5G854	CD40193

6. LM117/LM317 三端可调整稳压器集成电路

LM117/LM317 是美国国家半导体公司的三端可调整稳压器集成电路。我国和世界各大集成电路生产商均有同类产品可供选用，是使用极为广泛的一类串联集成稳压器。LM117/LM317 的输出电压范围是 1.2～37V，负载电流最大为 1.5A。它的使用非常简单，仅需两个外接电阻来设置输出电压。此外，它的线性调整率和负载调整率也比标准的固定稳压器好。LM117/LM317 内置有过载保护、安全区保护等多种保护电路。通常 LM117/LM317 不需要外接电容，除非输入滤波电容到 LM117/LM317 输入端的连线超过 6 英寸(约 15cm)。使用输出电容能改变瞬态响应。调整端使用滤波电容能得到比标准三端稳压器高得多的纹波抑制比。输出极性：LM117 负电压输出，LM317 正电压输出。

1) LM317 特性简介

- 可调整输出电压低到 1.2V。
- 保证 1.5A 输出电流。
- 典型线性调整率 0.01%。
- 典型负载调整率 0.1%。
- 80dB 纹波抑制比输出短路保护。
- 过流、过热保护。
- 调整管安全工作区保护。
- 标准三端晶体管封装。
- 电压范围 LM117/LM317 1.25～37V 连续可调。

2) 外形引脚图

外形引脚图见图 A.1。

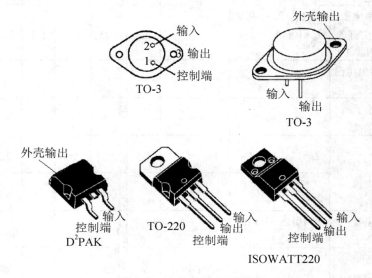

图 A.1　LM317 外形引脚图

3) LM317/117 主要电气参数(见表 A.13)

表 A.13 LM317/117 主要电气参数

符号	参数	测试条件		LM117/LM217			LM317			单位
—	—	—	—	最小	典型	最大	最小	典型	最大	—
ΔU_o	线路调整	$V_i-U_o=3\sim40V$	$T_j=25℃$	—	0.01	0.02	—	0.01	0.04	%/V
					0.02	0.05	—	0.02	0.07	%/V
ΔU_o	负载调节	$U_o\leqslant5V\sim$ $=10mA\sim I_{MAX}$	$T_j=25℃$	—	5	15		5	25	mV
				—	20	20		20	70	mV
		$U_o\geqslant5V$ $I_o=10mA\sim I_{MAX}$	$T_j=25℃$	—	0.1	0.3	—	0.1	0.5	%
				—	0.3	1	—	0.3	1.5	%
I_{ADJ}	调整引脚电流			—	50	100	—	50	100	mA
ΔI_{ADJ}	调整引脚电流	$U_i-U_o=2.5\sim40V$ $I_o=10mA\sim I_{MAX}$		—	0.2	5	—	0.2	5	mA
U_{REF}	参考电压(在引脚3和引脚1)	$U_i-U_o=2.5\sim40V$ $I_o=10mA\sim I_{MAX}$ $P_D\leqslant P_{MAX}$		1.2	1.25	1.3	1.2	1.25	1.3	V
$\Delta U_o/U_o$	输出电压温度稳定性	—		—	1	-	—	1	—	%
$I_o(min)$	最小负载电流	$U_i-U_o=40V$		—	3.5	5	—	3.5	10	mA
$I_o(max)$	最大负载电流	$U_i-U_o\leqslant15V\ P_D$		—	1.5	2.2	—	1.5	2.2	A
		$U_i-U_o=40V$ P_D		—	0.4	—	—	0.4	—	A
eN	输出噪声电压	$B=10Hz\sim10kHz$ $T_j=25℃$			0.003			0.003		%
SVR	电源电压抑制	$T_j=25℃$ $f=120Hz$	CADJ =0	66	65	—		80	—	dB
			CADJ=10uF		80	—	66	80	—	dB

4) LM317 应用电路(见图 A.2)

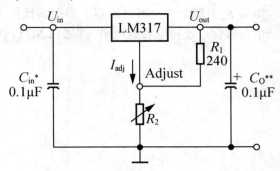

图 A.2　LM317 应用电路

5) LM317 外围参数计算(见图 A.3)

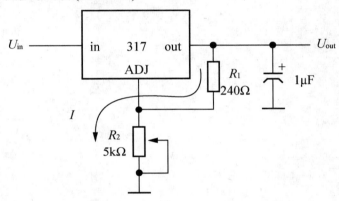

图 A.3　LM317 外围参数计算

决定 LM317 输出电压的是电阻 R_1、R_2 的比值，假设 R_2 是一个固定电阻。因为输出端的电位高，电流经 R_1、R_2 流入接地点。LM317 的控制端消耗非常少的电流，可忽略不计。所以，控制端的电位是 IR_2 又因为 LM317 控制端，输出端接脚间的电位差为 1.25V，所以 U_{out}(输出)的电压是

$$U_{out} = 1.25 + IR_2 \text{ (V)}$$

接下来，计算电流 I，U_{out} 与 adj 接脚间的电位差为 1.25V，电阻 R_1，电流 I 是 $1.25/R_1$。

$$U_{out} = 1.25 + IR_2 = 1.25 + \frac{1.25}{R_1} \times R_2 = 1.25 \times \left(1 + \frac{R_2}{R_1}\right) = 1.25 + \left(1 + \frac{5000}{240}\right) = 27.3 \text{(V)}$$

6) 使用注意事项

(1) 适当调整 R_1、R_2，可以达成高压稳压的目的。但 LM317 的 U_{in}，U_{out} 引脚间的电位差不能超过 35V。所以在高压应用时，通常都会在 U_{in} 与 U_{out} 之间加入一只齐纳二极管保护 LM317。

(2) 另一个要注意的是，LM317 的最大供应电流是 1.5 A。如果需要更高的电流，则应寻求不同的封装形式，或者使用其他编号，如 LM317 对应的 LT1085CT 或 LM337 对应的

LT1033CT，就能够提供 3A 的电流，但仍为 TO-220 封装。

(3) LM317 使用时，如果 R_2 并联一个电容，可以大幅提高抵抗谐波的能力。并联一个电容的同时，应该多加一个二极管，使得电容放电时，保护 LM317 不受损坏。

附录 B

主要工艺文件样表

表 B.1　工艺文件封面

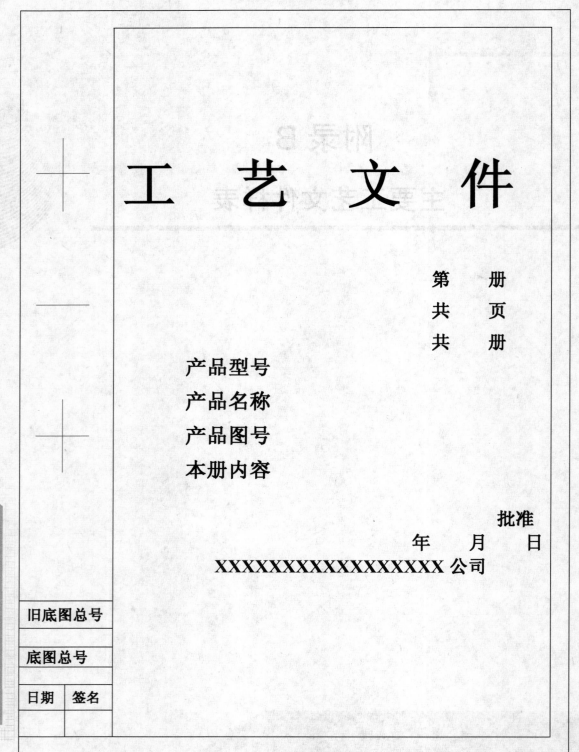

工 艺 文 件

第　　　册
共　　　页
共　　　册

产品型号
产品名称
产品图号
本册内容

批准
年　月　日
XXXXXXXXXXXXXXXXX 公司

旧底图总号	
底图总号	
日期	签名

表 B.2　工艺文件明细表

工艺文件明细表			产品名称			
			产品图号			
序号	零部整件图号	零部整件名称	文件代号	文件名称	页数	备注

续表

		工艺文件明细表		产品名称			
				产品图号			
	序号	零部整件图号	零部整件名称	文件代号	文件名称	页数	备注
旧底图总号							
底图总号			拟制				
			审核				
日期	签名						
			标准化			第　页	
更改标记	数量	更改单号	签名	日期	批准	共　页	

描图:　　　　　　描校:

表 B.3　工艺流程图

| | 工艺流程图(Ⅰ) | 产品名称 | | 名称 | |
| | | 产品图号 | | 图号 | |

旧底图总号

底图总号						拟制			
						审核			
日期	签名								
						标准化			
		更改标记	数量	更改单号	签名	日期	批准		第　页共　页

描图:　　　　　　　描校:

表 B.4　工艺说明

工艺说明		名称		编号	
		图号			

旧底图总号									
底图总号					拟制				
					审核				
日期	签名								
					标准化			第　　页	
	更改标记	数量	更改单号	签名	日期	批准		共　　页	
			描图:		描校:				

表 B.5　工艺器具明细表

工位器具明细表			产品名称		
			产品图号		
序号	型号	名称		数量	备注

旧底图总号					

底图总号			拟制		
			审核		
日期	签名				
			标准化		第　　页
	更改标记	数量	更改单号	签名	日期	批准	共　　页

描图:　　　　　描校:

表 B.6 仪器仪表明细表

仪器仪表明细表		产品名称	
		产品图号	
序号	型号	名称	数量	备注

旧底图总号

底图总号				拟制	
				审核	
日期	签名				
				标准化	
更改标记	数量	更改单号	签名	日期	批准	第 页共 页

描图: 描校:

表 B.7　元器件引出端成形工艺表

序号	项目代号	元器件引出端 名称型号及规格	成形工艺表 成形标记代号	产品名称 长度/mm		数量	设备及工装	工时定额	备注
				产品图号					

旧底图总号

底图总号　　　　　　　　　　　　拟制

　　　　　　　　　　　　　　　　审核

日期　签名

　　　　更改标记　数量　更改单号　签名　日期　批准　　　标准化

　　　　　　　　　　　　　　　　　　　　　　　　第　页共　页

描图:　　　　　　　描校:

表 B.8　导线及线材加工卡片

					导线长度 /mm			连接点 *I*	连接点 *H*	设备及工装	*L*时定额	备注
		导线及线扎加工卡片			产品名称					名称		
					产品图号					图号		
序号	线号	名称牌号规格	颜色	数量	*L*全长	*A*剥头	*B*剥头	连接点*I*	连接点*H*	设备及工装	*L*时定额	备注

旧底图总号						
底图总号					拟制	
					审核	
日期	签名					
					标准化	
更改标记	数量	更改单号	签名	日期	批准	第　页共　页

描图:　　　　描校:

21世纪高职高专电子信息类实用规划教材

表 B.9 装备工艺过程卡

装配工艺过程卡			产品名称		名称	
			产品图号		图号	

装入件及辅助材料			工作地	工序号	工种	工序（步）内容及要求	设备及工装	工时定额
序号	代号、名称、规格	数量						

旧底图总号						
底图总号				拟制		
				审核		
日期	签名					
		更改标记	数量	更改单号	签名	日期
					标准化	
					批准	第 页 共 页

表 B.10 检验卡

				检验卡			产品名称		名称		
							产品图号		图号		
	工作地		工序号				来自何处		交往何处		
	序号	检测内容及技术要求		检测方法	检验器具					备 注	
					名称	规格及精度					

旧底图总号					
底图总号			拟制		
			审核		
日期	签名				
			标准化		
更改标记	数量	更改单号	签名	日期	批准

第 页共 页

描图:　　　　描校:

21世纪高职高专电子信息类实用规划教材

表 B.11　参数测试示意图

| 参数测试示意图 | 产品名称 | | 名称 | |
| | 产品图号 | | 图号 | |

旧底图总号

底图总号					拟制			
					审核			
日期	签名							
					标准化			第　页　共　页
		更改标记	数量	更改单号	签名	日期	批准	
			描图:			描校:		

表 B.12　配套明细表(元器件明细表)

| 配套明细表 | | | 产品名称 | | |
| | | | 产品图号 | | |
序号	代　号	名　　称	数量	来自何处	交往何处	备注

旧底图总号

底图总号

| | | | | 拟制 | | |
| | | | | 审核 | | |

日期	签名					
				标准化		
更改标记	数量	更改单号	签名	日期	批准			第　页共　页

描图:　　　　描校:

表 B.13 材料消耗工艺定额明细表

						产品名称					
			材料消耗工艺定额明细表			产品图号					
								每( )件(套)		材料利用率/%	材料使用率/%
序号	图号	名称	件数	材料名称及代号	材料规格	编号	净重/kg	毛重/kg	工艺定额/kg		

旧底图总号						
底图总号				拟制		
				审核		
日期	签名					
				标准化		第 页 共 页
		更改标记	数量	更改单号	签名	日期	批准

描图: 描校:

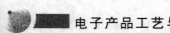

表 B.14 材料消耗工艺定额汇总表

	材料消耗工艺定额汇总表					产品名称		
						产品图号		
序号	材料名称	牌号	代号	规格	编号	每( )件(套)工艺定额	材料利用率/%	材料使用率/%
旧底图总号								
底图总号					拟制			
					审核			
日期	签名							
					标准化			
	更改标记	数量	更改单号	签名	日期	批准		第 页共 页

描图: 　　　　　　描校:

表 B.15　外协件明细表

| | 外协件明细表 | | | 产品名称 | | | | |
| | | | | 产品图号 | | | | |
序号	图号	名称	数量	协作内容	协作单位	协议书编码	备注

旧底图总号						
底图总号				拟制		
				审核		
日期	签名					
				标准化		第　页共　页
		更改标记	数量	更改单号	签名	日期	批准
		描图:			描校:		

参 考 文 献

1. 廖芳. 电子产品制作工艺与实训. 第 3 版. 北京：电子工业出版社，2010
2. 杨清学. 电子产品组装工艺与设备. 北京：人民邮电出版社，2007
3. 范泽良，龙立钦. 电子产品装接工艺. 北京：清华大学出版社，2009
4. 赵杰. 电子元器件与工艺. 南京：东南大学出版社，2004
5. 蔡建军. 电子产品工艺与标准化. 北京：北京理工大学出版社，2008
6. 程婕. 电子产品制造工程训练. 西安：西北工业大学出版社，2008
7. 兰如波，陈国庆. 电子工艺实训教程. 北京：北京理工大学出版社，2008
8. 宁铎，等. 电子工艺实训教程. 西安：西安电子科技大学出版社，2006